Chemie
BOS Bayern
Jahrgangsstufe 12

Autoren:
Eva Fiedler
Hubert Wirth

D1667049

VERLAG EUROPA-LEHRMITTEL · Nourney, Vollmer GmbH & Co. KG
Düsselberger Straße 23 · 42781 Haan-Gruiten

Europa-Nr.: 80123

Autoren des Buches
„Chemie BOS Bayern – Jahrgangsstufe 12"

Eva Fiedler, Donauwörth
Hubert Wirth, Buchdorf

Lektorat:
Josef Dillinger, Hausen

Bilderstellung und -bearbeitung: Zeichenbüro des Verlags Europa-Lehrmittel, Ostfildern

1. Auflage 2021
Druck   5   4   3   2   1

Alle Drucke derselben Auflage sind parallel einsetzbar, da sie bis auf die Behebung von Druckfehlern identisch sind.

ISBN: 978-3-7585-8012-3

© 2021 by Verlag Europa-Lehrmittel, Nourney, Vollmer GmbH & Co. KG, 42781 Haan-Gruiten
www.europa-lehrmittel.de

Umschlaggestaltung: braunwerbeagentur, Radevormwald
unter Verwendung einer Grafik von © elenabsl – stock.adobe.com
Layout und Satz: Daniela Schreuer, 78256 Steißlingen
Druck: RCOM Print GmbH, 97222 Würzburg-Rimpar

Vorwort

Der Inhalt dieses Buches setzt das kompetenzorientierte Modell des für die Fach- und Berufsoberschulen Bayern geltenden Lehrplans Plus passgenau um. Anhand der einzelnen Lernbereiche können die dort beschriebenen Kompetenzen erworben werden. Die gewonnenen Kenntnisse und Fähigkeiten bilden die Grundlagen, um bestimmte Vorgänge in der Natur oder bei technischen Prozessen zu verstehen. Für eine fortlaufende technische und gesellschaftliche Entwicklung sind die Erkenntnisse der Chemie maßgeblich mitverantwortlich.

Das Buch ist speziell für den Chemieunterricht in der 12. Jahrgansstufe an der Berufsoberschule in Bayern konzipiert und richtet sich an alle Ausbildungsrichtungen, in denen dieses Fach unterrichtet wird:
- Agrarwirtschaft, Bio und Umwelttechnologie (ABU)
- Gesundheit (GH)
- Technik (T)

Wie der Fachlehrplan Chemie beginnt auch dieses Buch mit dem Lernbereich 1 „**Wie Chemiker denken und arbeiten**". Die im LehrplanPlus allgemein formulierten Kompetenzerwartungen werden in den anderen Kapiteln immer wieder aufgegriffen und vertieft. Wie die anderen Lernbereiche ist dieser für alle Ausbildungsrichtungen verbindlich, diese prozessbezogenen Kompetenzen sollen aber „quer zu den anderen" unterrichtet werden. So sollte zu Beginn des Schuljahres im Rahmen der verbindlichen Sicherheitsunterweisung im Unterricht auf die Sicherheit beim Experimentieren eingegangen werden. Die abgedruckte Betriebsanweisung ist auf den Arbeitsbereich Schule abgestimmt. Der Erwerb der übrigen dort beschriebenen Fähigkeiten erfolgt in den weiteren Lernfeldern.

Verpflichtend für alle Ausbildungsrichtungen sind dies:
- **Atombau des Periodensystems** (Kapitel 2)
- **Salze und Ionenbindung** (Kapitel 3)
- **Molekulare Stoffe und Elektronenpaarbindungen** (Kapitel 4)
- **Säure-Base-Reaktionen** (Kapitel 5)

Das Lernfeld **Funktionelle Gruppen und Reaktionsmechanismen der organischen Chemie** wird nur in den Ausbildungsrichtungen Technik sowie Agrarwirtschaft, Bio und Umwelttechnologie unterrichtet. Das Lernfeld „**Grundlagen der Organischen Chemie**" für die Ausbildungsrichtung Gesundheit zeigt dazu einige Überschneidungen. Kapitel 6 deckt diesen Bereich der organischen Chemie für alle Schülerinnen und Schüler ab.

Die Inhalte zu „Reaktionsgeschwindigkeit und chemisches Gleichgewicht", welche einzig in Agrarwirtschaft, Bio und Umwelttechnologie zu finden sind, konnten hier nicht berücksichtigt werden.

Der Umfang der einzelnen Kapitel orientiert sich auch an der empfohlenen Stundenzahl. Vertiefende, nicht explizit im Lehrplan erwähnte und somit nicht verpflichtende Inhalte sind in einzelnen Kapiteln als „Exkurs" gekennzeichnet.

Arbeiten mit dem Buch

Nach jedem Kapitel folgen die Verständnisfragen der Rubrik „Alles Verstanden?". Deren Beantwortung zeigt, ob wichtige Inhalte verstanden wurden. Sie dienen als kurzer Schnelltest für den Leser.

Die Umsetzung der Inhalte erfolgt bei den „Aufgaben" in den Kapiteln 2 bis 6 (Lernfelder 2 bis 6). Je nach Kompetenzerwartung sind die Aufgabenstellungen umfangreicher und komplexer!

Die Autoren nehmen Hinweise und Verbesserungsvorschläge dankbar an.

Winter 2020/2021   Die Autoren

Inhaltsverzeichnis

1   Wie Chemiker arbeiten und denken

Die Chemie beschäftigt sich mit dem Aufbau, den Eigenschaften und der Umwandlung von Stoffen. Wie in jeder Naturwissenschaft gibt es auch in der Chemie bestimme Arbeitstechniken und Herangehensweisen an eine Problemstellung. Diese finden sich in jedem Teilbereich und in allen Kapiteln wieder.

Nach der Bearbeitung dieses Kapitels

- kennen Sie die möglichen Gefahren von Chemikalien und wie mit ihnen sicher umgegangen wird.
- können Sie die Arbeitstechniken bei den experimentellen Untersuchungen von alltäglichen und technischen Phänomenen umsetzen und die gewonnenen Daten sach-, adressaten-, und situationsgerecht veranschaulichen.
- können Sie an Beispielen den naturwissenschaftlichen Erkenntnisweg beschreiben und bewerten.
- können Sie modellhaft Bindungsverhältnisse und Wechselwirkungen einfacher Moleküle veranschaulichen und somit die Reaktivität und die entsprechenden Stoffeigenschaften erklären. Dabei unterscheiden Sie zwischen der Stoff- und Teilchenebene und nutzen die Fach- und Alltagssprache korrekt.
- nutzen Sie die Symbol- und Formelsprache zur Beschreibung des Aufbaus von Stoffen aus Atomen, Molekülen und Ionen sowie zur Beschreibung von chemischen Reaktionen. Dazu stellen Sie die Teil- und Gesamtgleichungen auf, um eine chemische Reaktionen zu beschreiben.
- kennen Sie den Einfluss von Reaktionsbedingungen auf eine chemische Reaktion.

1.1   Sicherheit beim Experimentieren

Nach der Bearbeitung dieses Abschnitts

- kennen Sie die Bedeutung der Gefahrstoffkennzeichnung und sind mit den wichtigsten Laborregeln vertraut gemacht worden.
- sind Sie in der Lage, Maßnahmen zum sicheren Umgang mit Chemikalien umzusetzen.
- wissen Sie, wie Chemikalien umweltgerecht entsorgt werden.

1.1.1   Gefahrstoffkennzeichnung

Viele Chemikalien sind giftig (toxisch) und verursachen gesundheitliche Schäden, wenn sie durch Einatmen, Verschlucken oder über die Haut in den menschlichen Körper gelangen. Sie können die Gesundheit beeinträchtigen, Krebs verursachen und bis zum Tode führen. Manchmal genügt ein Hautkontakt oder gar ein Spritzer in das Auge, um irreparable Schäden am Gewebe zu verursachen. Sind Chemikalien z. B. brennbar oder explosiv, so können auch hier Gefahren für die Gesundheit entstehen.

Im Schullabor ist das Arbeiten mit Chemikalien oft nicht zu vermeiden. Deshalb ist ein sachgemäßer Umgang mit diesen Gefahrenstoffen unerlässlich.

Für jeden Gefahrenstoff liegt vom Hersteller ein Sicherheitsdatenblatt vor, auf dem mögliche Gefahren und Sicherheitshinweise vermerkt sind. Jedes Gebinde und jeder Behälter mit einem Gefahrenstoff ist mit einem Etikett versehen, welches auf Gefährdungen hinweist (**Bild 1**).

Bild 1: Gefahrenstoffbehälter

Die Gefahrenstoffe werden nach der CLP-Verordnung (Classification, Labelling and Packaging) klassifiziert. Diese übernimmt das Global Harmonisierte System zur Einstufung und Kennzeichnung von Chemikalien (GHS).

Die geltenden Rechtsverordnungen (z. B. CLP-Verordnung EG 1272/2008, Arbeitsschutzgesetz, Technische Regeln Gefahrstoffe, DIN-Normen) werden in der Richtlinie zur Sicherheit im Unterricht (RiSU) reflektiert, diese ist in Bayern für die Schulen verbindlich. Die aktuelle Version kann auf der Homepage des Bayerischen Staatsministeriums für Unterricht und Kultus herunter geladen werden: https://www.km.bayern.de/lehrer/unterricht-und-schulleben/sicherheit.html

Einen ersten Eindruck über die Gefährlichkeit einer Chemikalie zeigen die Gefahrenpiktogramme nach CLP-Verordnung (**Tabelle 1**). Die weltweit einheitlichen Symbole zeigen die Gefahren, welche von einem Stoff ausgehen. Sie müssen auf allen Gebinden deutlich angebracht sein, in dem Chemikalien enthalten sind. Geht von der Chemikalie eine schwerwiegende Gefahr aus, weist zudem noch das Signalwort „**Gefahr**" darauf hin. Das Signalwort „**Achtung**" wird bei Stoffen mit einer geringeren Gefährdungskategorie verwendet.

Tabelle 1: Gefahrenpiktogramme nach CLP

Gefahrenpiktogramm	Symbol, Kodierung	Bezeichnung der Gefahrenklasse	Gefahrenpiktogramm	Symbol, Kodierung	Bezeichnung der Gefahrenklasse
Physikalische Gefahren			**Gesundheitsgefahren**		
	Explodierende Bombe GHS01	explosive Stoffe/ Gemische und Erzeugnisse mit Explosivstoff		Totenkopf mit Knochen GHS06	akute Toxizität, Kat. 1, 2, 3
	Flamme GHS02	• entzündbare Stoffe • Stoffe, die bei Kontakt mit Wasser entzündbare Gase entwickeln • pyrophore Stoffe (Gefahr der Selbstentzündung)		Ausrufezeichen GHS07	• akute Toxizität, Kat. 4 • Augenreizung, Hautreizung • Sensibilisierung der Haut • Spezifische ZielorganToxizität, Kat. 3: Atemwegsreizung • Verursachung von Schläfrigkeit und Benommenheit
	Flamme über Kreis GHS03	• oxidierend wirkende Stoffe • brandfördernde Stoffe, können Brände verstärken oder Brand oder Explosionen verursachen		Gesundheitsgefahr GHS08	• C – krebserzeugend • M – mutagen • R – reproduktionstoxisch • Sensibilisierung der Atemwege • Spezifische ZielorganToxizität, Kat. 1, 2 • Aspirationsgefahr
	Gasflasche GHS04	Gase unter Druck		Ätzwirkung GHS05	• hautätzend, Kat. 1 • schwere Augenschädigung
			Umweltgefahren		
	Ätzwirkung GHS05	auf Metalle korrosiv wirkend, Kat. 1		Umwelt GHS09	gewässergefährdend
Kat.: Gefahrenkategorie					

Auf allen Gebinden und Behälter von Chemikalien sind Etiketten oder Aufkleber aufgebracht. Darauf sind folgende Information angeben:

- Produktname
- **Gefahrenpiktogramme** nach GHS
- Das Signalwort „**Gefahr!**" oder „**Achtung!**"
- Gefahrenhinweise (**H-Sätze**)
- Sicherheitshinweise (**P-Sätze**)
- Hersteller bzw. Lieferant

Die Gefahren- und Sicherheitshinweise sind standardisierte Textbausteine. Das GHS verwendet dafür ein Kodierungssystem (**Bild 1**). So bedeutet zum Beispiel: H241 „Erwärmung kann Brand oder Explosion verursachen." Der Buchstabe „H" steht für einen **Gefahrenhinweis** (Hazard Statement), die Gefahrenklasse „2" für eine physikalische Gefahr. Die fortlaufende Nummer ist der 41. Hinweis dieser Gefahrengruppe und bedeutet hier: „Erwärmung kann Brand oder Explosion verursachen". So geben die H-Sätze eine genaue Beschreibung der Gefahren. Ein Stoff, der beispielsweise „Giftig bei Verschlucken" ist, wird mit H301 gekennzeichnet.

Die P-Sätze hingegen nennen Sicherheitshinweise, welche beim Umgang zu beachten sind. Bei einem Stoff, der bei Erwärmung einen Brand oder eine Explosion verursachen kann, ist es ratsam, diesen von anderen brennbaren Materialien fernzuhalten (P220).

Die H- und P-Sätze können auch kombiniert werden, was durch ein „+" gekennzeichnet ist. So steht die Kombination von H301 + H311 + H331 für: „Giftig bei Verschlucken, Hautkontakt oder Einatmen." P308 + P311 gibt die Empfehlung: „Bei Exposition oder falls betroffen: Giftinformationszentrum, Arzt oder … anrufen." Wenn es der Platz zulässt, ist auf dem Etikett die Bedeutung der H- und P-Sätze angegeben (**Bild 2**). Im Anhang dieses Buches finden sich die weitere H- und P-Sätze.

Chemikalien können durch Einatmen, Verschlucken oder auch über die Haut in den Körper gelangen! Ist jemand einer chemischen Substanz ausgesetzt, so wird dies als **Exposition** bezeichnet.

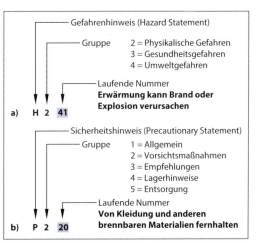

Bild 1: Kodierung nach GHS bei
a) Gefahrenhinweisen
b) Sicherheitshinweisen

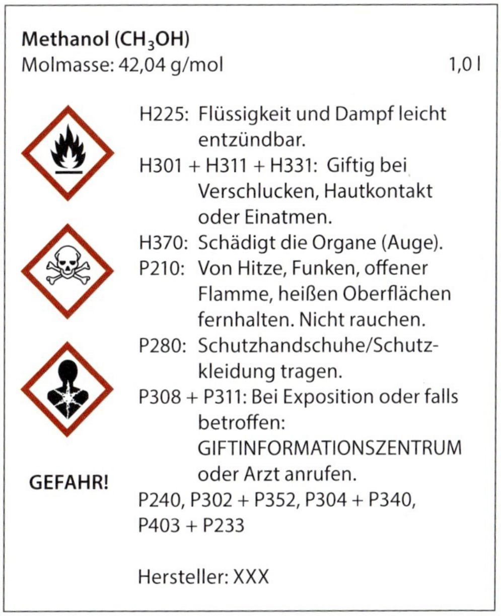

Methanol (CH₃OH)
Molmasse: 42,04 g/mol   1,0 l

GEFAHR!

H225: Flüssigkeit und Dampf leicht entzündbar.
H301 + H311 + H331: Giftig bei Verschlucken, Hautkontakt oder Einatmen.
H370: Schädigt die Organe (Auge).
P210: Von Hitze, Funken, offener Flamme, heißen Oberflächen fernhalten. Nicht rauchen.
P280: Schutzhandschuhe/Schutzkleidung tragen.
P308 + P311: Bei Exposition oder falls betroffen: GIFTINFORMATIONSZENTRUM oder Arzt anrufen.
P240, P302 + P352, P304 + P340, P403 + P233

Hersteller: XXX

Bild 2: Etikett von Methanol

Auch im Haushalt werden Chemikalien wie Gartendünger, Putzmittel, Spiritus oder Waschbenzin verwendet, welche mit Gefahrensymbolen gekennzeichnet sind (**Bild 1**). Sie können nicht nur für den Anwender, sondern auch für die Umwelt zu einer Gefahr werden. Im Gegensatz zu den Laborchemikalien sind hier die Gefahren- und Sicherheitshinweise für den Verbraucher immer ausgeschrieben abgeduckt. Diese sollten vor dem Verwenden auch gelesen und entsprechend beachtet werden. So kann beispielsweise bei natriumhypochlorithaltigen Desinfektionsreiniger durch nicht Beachten der Hinweise und unsachgemäßer Handhabung lebensbedrohliches Chlorgas freigesetzt werden. Haushaltschemikalien sind immer von Kindern fern zu halten und müssen entsprechend verwahrt werden.

Bild 1: Waschbenzin mit Gefahrenpiktogramm

Viele Haushaltsmittel, vor allem Putzmittel, sind Gefahrstoffe und entsprechend gekennzeichnet.

1.1.2 Schutzausrüstung und Verhalten bei Unfällen

Je nach Gefährlichkeit einer Chemikalie ist eine entsprechende Schutzausrüstung zu tragen. Beim Experimentieren im Unterricht sollte immer eine Schutzbrille getragen werden. Bei besonderen Gefährdungen sind gegebenenfalls noch Schutzhandschuhe (**Bild 2**) anzuziehen. Versuche, deren Gefährdung drüber hinausgeht und weiter gehende Schutzausrüstung erfordern, sind als Schülerversuche in der Regel nicht geeignet und bleiben der Fachlehrkraft, unter Einhaltung aller Sicherheitsvorkehrungen, vorbehalten. Sollte es trotz alle Vorsichtsmaßnahmen dennoch zu einem Unfall kommen, so ist Ruhe zu bewahren und besonnen zu handeln. Die Schutzeinrichtungen sind entsprechen gekennzeichnet (**Bild 3**). Der Standort und Inhalt des Erste-Hilfe-Kasten sollte jedem bekannt sein. Bei allen Körperschäden sollte man den **Arzt aufsuchen**.

Bild 2: Beispiele für Gebotszeichen

- **Schnittwunden:** kleinere Schnittwunden mit einem Wundpflaster versorgen. Starke Blutungen mit einem Druckverband versorgen. Arzt aufsuchen!
- **Verbrennung:** kleine Verbrennungen (handflächengroß) sofort mit fließendem Leitungswasser kühlen (die Wassertemperatur spielt eine untergeordnete Rolle), die Wunde keimfrei bedecken. Arzt aufsuchen!
- **Verätzung:** die Stelle sofort und ausgiebig (ca. fünf Minuten) mit Wasser ausspülen. Bei einer Verätzung der Augen ist schnelles Handeln gefordert! Das betroffene Auge nachhaltig (ca. fünf 5 Minuten) mit der Augenspülung/-dusche ausspülen. Arzt aufsuchen!
- **Vergiftung: kein** Erbrechen herbeirufen, Giftnotruf (089 / 19240) wählen und Anweisungen befolgen.
- **Gasvergiftungen:** Die eigene Sicherheit beachten! Betroffenen aus der Gefahrenzone bringen und mit Frischluft versorgen. Bei Atemstillstand: wenn vorhanden Defibrillationsgerät verwenden, Herz-Lungen-Wiederbelebung durchführen, Notruf wählen.

Bild 3: Ausgewählte Zeichen

1.1.3   Entsorgung

Im Schullabor fallen in der Regel nur kleine Mengen an Chemikalienreste an. Stoffe, ohne Gefahrensymbole dürfen über den Hausmüll, bestimmte Säuren oder Laugen dürfen nach einer Neutralisation über den Abguss beseitigt werden. Alle anderen Stoffe müssen gesammelt und fachgerecht z. B. bei einem Entsorgungsunternehmen oder an einer Schadstoffsammelstelle entsorgt werden. Es gilt die Grundregel: **Vermeiden ist besser als Entsorgen!** Bevor mit dem Experiment begonnen werden kann, muss geklärt werden, welche Abfälle entstehen und wie diese entsorgt werden. Auf den Sicherheitsdatenblättern des Lieferanten finden sich entsprechende Hinweise. Nur wenn die Fachlehrkraft dazu auffordert, kommen Chemikalienreste in den Ausguss, ansonsten sind die Reste in ein entsprechendes Sammelgefäß unter dem Abzug zu entsorgen. Es wird empfohlen vier Sammelbehälter bereit zu stellen (**Bild 1**).

Bild 1: Sammelbehälter für chemische Abfälle

- G1: flüssige organische Abfälle – halogenfrei
- G2: flüssige organische Abfälle – halogenhaltig
- G3: feste organische Abfälle
- G4: anorganische Abfälle (z. B. Säuren, Schwermetalle)

1.1.4   Laborregeln und Betriebsanweisung

Wegen der besondern Gefahren im Labor gelten hier besondere Regeln. Dazu zählen:
- Sich mit den örtlichen Gegebenheiten vertraut machen! Der Standort des Feuerlöscher, des Lössandes und des Telefons einprägen.
- Sich mit der Handhabung von Feuerlöschern und Augendusche vertraut machen.
- Versuchsanleitungen, im Besonderen die Sicherheitshinweise immer exakt einhalten. Wenn erforderlich Schutzausrüstung wie Schutzbrille und Handschuhe tragen.
- Den Arbeitsplatz sowie die Arbeitsgeräte sauber halten.
- Die H- und P-Sätze befolgen. Nur Eindeutig beschriftete Chemikalien verwenden. Sich aus z. B. Sicherheitsdatenblättern Informationen über die Gefährlichkeit einholen.
- Die Erste-Hilfe Maßnahmen kennen und sie regelmäßig wiederholen.
- Vorsicht beim Erhitzen von Flüssigkeiten im Reagenzglas, Gefahr von plötzlichem Herausspritzen durch Siedeverzug. Reagenzglas nur im unteren Viertel befüllen, Öffnung nicht in Richtung einer Person richten und nur unter Schütteln erhitzen.
- Nach den Experimenten die Hände gründlich waschen.
- Im Labor nicht essen, trinken, rauchen oder schminken, keine Geschmacksproben, Geruchsproben nur wenn in der Anleitung gefordert.
- Chemikalienbehälter nach Entnahme sofort wieder verschließen. Verwechselung von Verschlüssen ausschließen.
- Pipetierhilfen verwenden, Flüssigkeiten nicht mit dem Mund ansaugen!
- Vorratsflaschen immer mit festem Griff anfassen.
- Beim Verdünnen von Säuren oder Laugen immer nach der Regel: „Zuerst das Wasser, dann die Säure oder Lauge"!
- Laborabfälle in den dafür vorgesehenen Gefäßen entsorgen.

Damit diese Regeln immer eingehalten werden, muss eine regelmäßige Sicherheitsunterweisung erfolgen. Nachfolgend ist eine entsprechende Betriebsanweisung gezeigt:

Schule:	**Betriebsanweisung** gem. § 14 GefStoffV	freigegeben (Unterschrift Schulleitung):

Betriebsanweisung für Schülerinnen und Schüler

Arbeitsbereich: Die Betriebsanweisung gilt für Schüler[innen], die mit gefährlichen Stoffen und Gemischen umgehen. Sie gilt insbesondere für den Unterricht in den Fächern Biologie, Chemie, Physik, Naturwissenschaft, Technologie sowie im Fotolabor. Die gefährlichen Eigenschaften von Stoffen sind unter anderem durch Gefahrenklassen und Gefahrenpiktogramme nach der CLP-Verordnung charakterisiert.

Gefahrenpiktogramme nach GHS (Globally Harmonized System)

Explosive Stoffe
Gemische/Erzeugnisse mit Explosivstoff
Selbstzersetzliche Stoffe/Gemische
Organische Peroxide

Akute Toxizität

Entzündbare Gase, Aerosole,
Flüssigkeiten und Feststoffe
Selbstzersetzliche Stoffe/Gemische
Selbsterhitzungsfähige Stoffe/
Gemische
Stoffe/Gemische, die mit Wasser
entzündbare Gase entwickeln
Pyrophore Flüssigkeiten/Feststoffe
Organische Peroxide

Gesundheitliche Schäden
Akute Toxizität
Ätz-/Reizwirkung auf die Haut
Schwere Augenschädigung/
-reizung
Sensibilisierung der Atemwege
oder der Haut
Spezifische Zielorgan-Toxizität
(einmalige Exposition)

Brandfördernd
Oxidierende Gase, Flüssigkeiten und
Feststoffe

Gesundheitsgefahr
Sensibilisierung der Atemwege
o. Haut
Krebserzeugend (carcinogen)
Erbgutverändernd (mutagen)
Reproduktionstoxizität
Spezifische Zielorgan-Toxizität
Aspirationsgefahr

Komprimierte Gase
Unter Druck stehende Gase

Umweltgefährlich
Gewässergefährdend

Ätzend
Ätz-/Reizwirkung auf die Haut
Schwere Augenschädigung/
-reizung
Korrosiv gegenüber Metallen

Achtung!
Die Ozonschicht Schädigend

Gefahren für Mensch und Umwelt

Es gibt Hinweise auf die besonderen Gefahren sowie Sicherheitsratschläge für Gefahrstoffe. In den H-Sätzen (H = Hazard Statement) sind die Gefahrenhinweise, in den P-Sätzen (P = Precautionary Statement) die Sicherheitsratschläge zusammengefasst. Die H- bzw. P-Sätze findet man u. a.

- Auf den Etiketten der Chemikalienbehälter und im Sicherheitsdatenblatt.
- Auf entsprechenden Wandtafeln.

Schutzmaßnahmen und Verhaltensregeln

Die Fachräume dürfen nicht ohne Aufsicht der Lehrerin oder des Lehrers betreten werden. Wegen der besonderen Gefahren ist hier ein umsichtiges Verhalten notwendig. Den Anweisungen der Fachlehrerin oder des Fachlehrers ist unbedingt Folge zu leisten.

- In Experimentierräumen nicht essen, trinken, rauchen, schminken oder schnupfen.
- Geräte, Chemikalien, Schaltungen nicht ohne Aufforderung durch die Fachlehrkraft berühren.
- Elektrische Energie oder Gas nur nach Aufforderung durch die Fachlehrkraft einschalten.
- Offene Gashähne, Gasgeruch, beschädigte Steckdosen und Geräte oder andere Gefahrenstellen der Lehrerin oder dem Lehrer sofort melden.

Beim Experimentieren

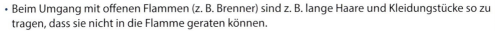

- Die Versuchsvorschriften müssen genau befolgt werden, die Hinweise der Fachlehrkräfte beachten.
- Versuche erst nach Aufforderung der Fachlehrkraft durchführen.
- Die ausgehändigte Schutzausrüstung (z. B. Schutzbrille, Schutzhandschuhe) muss beim Experimentieren benutzt werden.
- Beim Umgang mit offenen Flammen (z. B. Brenner) sind z. B. lange Haare und Kleidungstücke so zu tragen, dass sie nicht in die Flamme geraten können.
- Geruchsproben nur nach Aufforderung der Fachlehrkraft vornehmen.
- Das Pipettieren mit dem Mund ist verboten.

Die Reinigung und Entsorgung von Chemikalien

Chemikalien nicht in den Ausguss gießen. Die Gefahrstoffe werden gesammelt und entsorgt. Nur wenn die Fachlehrkraft ausdrücklich darauf verweist, darf von dieser Regel abgewichen werden. Werden Gefahrstoffe verschüttete oder verspritzt, ist dies der Fachlehrkraft sofort zu melden.

Verhalten in Gefahrensituationen

- Ruhe bewahren und den Anweisungen der Lehrkraft folgen. Je nach Art der Situation:
- Not-Aus betätigen,
- Fachlehrerin oder Fachlehrer unverzüglich informieren,
- Flucht- und Rettungsplan, Alarmplan beachten,
- Fachraum verlassen,
- Erste Hilfe leisten,
- Schulleitung und Ersthelfer informieren.

Notausgang

Nur bei Entstehungsbränden (je nach Ausmaß) zusätzlich :

- Brandbekämpfung mit geeigneten Löschmitteln (Löschsand, Feuerlöscher),
- Erforderlichenfalls Feuerwehr verständigen.

Standorte: Feuerlöscher: _____ Löschsand: _____

Erste Hilfe

Aushang im Raum _____ beachten.

Ersthelfer[innen] sind: _____

Erste Hilfe-Raum: Raum Nr. _____ Sekretariat/Schulleitung: Telefon-Nr. _____

Verbandkasten: Raum Nr. _____ Feuerwehr/Rettungsdienst: Telefon-Nr. 112

Telefon: Raum Nr. _____ Giftnotzentrale: Telefon-Nr. 089 / 19240

Datum: _____ Unterschrift Schüler: _____

ALLES VERSTANDEN?

Folgendes Etikett ist auf einem Gefäß aufgebracht:

1. Wofür stehen H- und P-Sätze?

2. Welche Gefahren gehen von dieser Chemikalie aus und welche Sicherheitsaspekte sind zu beachten?

3. Es wurde aus Versehen etwas von dieser Chemikalie verschüttet. Wie gehen Sie vor?

4. Einiges an Chemikalien wurde aus dem Gefäß genommen, wird aber nicht mehr benötigt. Was machen Sie mit den Resten?

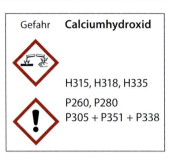

Gefahr   **Calciumhydroxid**

H315, H318, H335

P260, P280
P305 + P351 + P338

1.2   Experimente planen und durchführen

Nach der Bearbeitung dieses Abschnitts können Sie

• die wichtigsten Laborgeräte benennen.
• den naturwissenschaftlichen Erkenntnisweg beschreiben, um Experimente zu planen.
• Versuche richtig protokollieren und die gewonnenen Daten darstellen.

1.2.1   Laborgeräte

Im Schullabor werden für die Versuche spezielle Chemiegeräte verwendet. Vor dem Experiment müssen alle benötigten Laborgeräte bereitgestellt werden. Es kann nur dann erfolgreich verlaufen, wenn diese sauber und in einem einwandfreien Zustand sind. Nach dem Versuch werden diese umgehend gründlich gereinigt und sicher aufbewahrt. In Schulversuchen müssen oftmals Chemikalien abgemessen oder bestimmte physikalische Größen bestimmt werden.

Mengenmessgeräte:

Die Masse in Gramm (g) oder Kilogramm (kg) wird mithilfe einer Waage ermittelt, eine solche Mengenangabe erfolgt in der Regel bei Feststoffen, seltener bei Flüssigkeiten bzw. Lösungen. Bei einer „Spatelspitze" wird der Spatel vorne einen Zentimeter mit dem Feststoff bedeckt, bei der Angabe ein „Spatel" wird die Schaufel des Spatels voll bedeckt. Diese, in Versuchsanleitungen oft verwendeten Angaben, sind weniger exakt und bei Kleinstmengen üblich.

Volumenmessgeräte

Das Volumen wird im Schullabor für Flüssigkeiten oder Gase in Liter (l) oder in Milliliter (ml) angegeben. Dabei gilt: 1000 ml = 1,000 l.

Eine recht grobe Abschätzung des Volumens kann mit einem Becherglas oder Erlenmeyerkolben erfolgen (**Bild 1**). Zum genauen Abmessen sind die Glasgeräte allerdings nicht geeignet. Das Becherglas ist ein einfaches Glasgefäß, welches beispielsweise zum Zusammengießen oder auch zum Erhitzen von Flüssigkeiten verwendet wird. Der Erlenmeyerkolben wird wegen den verjüngenden Hals zum Rühren oder Schwenken von Flüssigkeiten verwendet, er eignet sich gut zum Erhitzen von Flüssigkeiten.

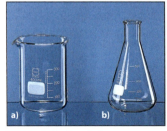

Bild 1: a) Becherglas,
b) Erlenmeyerkolben

Um Volumina genauer abzumessen sind andere Messgeräte besser geeignet. Sehr schnell, aber immer noch recht ungenau, kann ein bestimmtes Volumen mit einem Messzylinder (**Bild 1**) abgemessen werden. Da dieser aber einen relativ großen Zylinderdurchmesser hat, ist ein exaktes Arbeiten hier nicht möglich, da eine kleine Änderungen des Volumens hier kaum zu erkennen ist.

Wird ein bestimmtes Volumen benötigt, um beispielsweise eine Maßlösungen herzustellen, oder um eine Lösung zu auf eine bestimmte Konzentration zu verdünnen, dann eignen sich die bauchigen Messkolben (**Bild 1**).

Messzylinder und Messkolben sind auf „in" geeicht. Das bedeutet, **in dem Gefäß** ist exakt das entsprechende Volumen (bei angegebener Temperatur und Messtoleranz), beim Ausgießen verbleibt immer ein kleiner Rest im Gefäß.

Dem gegenüber stehen Messgeräte, die diesen Rückstand berücksichtigen und auf „ex" geeicht sind. Dazu gehören Büretten, Messpipetten oder Vollpipetten (**Bild 2**).

Um mit einer Messpipette ein gewünschtes Volumen abzumessen, wird die Flüssigkeit mit einem Hilfsmittel wie dem Peleusball (**Bild 2**) aufgezogen und die gewünschte Menge eingestellt. Nach dem Abgeben des Volumens wird noch eine kurze Zeit gewartet und dann die Spitze abgestreift. Keinesfalls darf der verbleibende Rest „ausgeblasen" werden, das sehr genaue Messinstrument berücksichtigt diese Menge. Für das exakte Abmessen eines bestimmten, vorgegebenen Volumens eignet sich die bauchige Vollpipette.

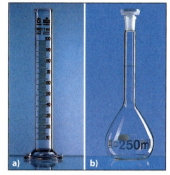

Bild 1: a) Messzylinder, b) Messkolben

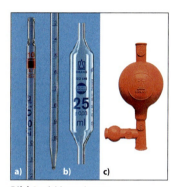

Bild 2: a) Messpipette, b) Vollpipette, c) Peleusball

Pipetten sind auf „Ex" geeicht, Reste nicht „ausblasen".

Bei allen Volumenmessgeräten (**Bild 4**) bildet die Flüssigkeit in den Gefäßwänden eine gewölbte Oberfläche, den so genannte Meniskus, aus. Diese ist an der Gefäßwand höher als in der Mitte. Das Volumen wird korrekt am tiefsten Punkt abgelesen, an dem die Markierung gerade berührt wird (**Bild 3**). Das Auge muss dabei auf der Höhe der Markierung sein. Manche Geräte haben zur Erleichterung einen Schellbachstreifen, eine etwa 1 mm breite farbige Markierung. Durch den Meniskus ergibt sich der Eindruck zweier aufeinander stehenden Spitzen. Hier gilt: der Berührpunkt markiert das Volumen.

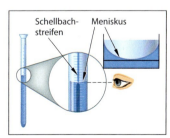

Bild 3: Volumen richtig ablesen

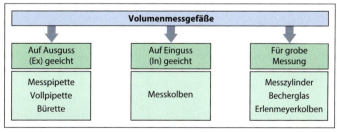

Bild 4: Übersicht der Volumenmessgeräte

Übersicht über wichtige Laborgeräte

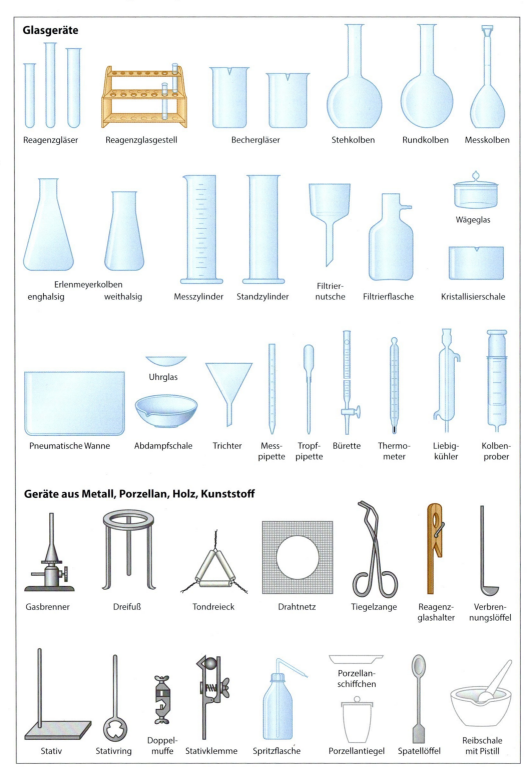

Glasgeräte

Reagenzgläser Reagenzglasgestell Bechergläser Stehkolben Rundkolben Messkolben

Erlenmeyerkolben
enghalsig   weithalsig Messzylinder Standzylinder Filtrier-nutsche Filtrierflasche Wägeglas Kristallisierschale

Uhrglas

Pneumatische Wanne Abdampfschale Trichter Mess-pipette Tropf-pipette Bürette Thermo-meter Liebig-kühler Kolben-prober

Geräte aus Metall, Porzellan, Holz, Kunststoff

Gasbrenner Dreifuß Tondreieck Drahtnetz Tiegelzange Reagenz-glashalter Verbren-nungslöffel

Porzellan-schiffchen

Stativ Stativring Doppel-muffe Stativklemme Spritzflasche Porzellantiegel Spatellöffel Reibschale mit Pistill

1.2.2   Der naturwissenschaftliche Erkenntnisweg

Bei einem Rezept für einen Rührkuchen findet sich in der Zutaten-liste Backpulver (**Tabelle 1**). Wozu ist das Backmittel überhaupt notwendig? Um diese Frage zu beantworten, kann man einfach Kuchen backen, einen mit Backpulver und einen ohne. Dann wird auch ersichtlich, weshalb das Pulver auch als Triebmittel bezeich-net wird. Ohne Backpulver geht der Kuchen nicht so schön auf, die Poren bilden sich nicht aus, das Gebäck wird recht fest.

Das einfache Backexperiment beantwortet die Frage durch Beob-achtung. Auch die Fakten belegen, mit Backpulver erreicht der Ku-chen eine Höhe von ca. 10 cm, ohne nur ca. 7 cm.

Tabelle 1: Zutatenliste Rührkuchen	
200 g	Mehl
170 g	Butter
170 g	Zucker
1 Pck.	Vanillezucker
3	Eier
1 Pck.	Backpulver
2 EL	Milch
1 Prise	Salz
bei 180 °C ca. 45 min	

> Bei einem Experiment wird beobachtet, es werden Daten und Fakten gesammelt.

Allerdings könnte sich aus der Beob-achtung heraus weitere Fragestel-lungen ergeben: Ist tatsächlich das Backpulver alleine für das Aufgehen des Kuckens verantwortlich? Weshalb geht der Kuchen auf? Woraus besteht Backpulver? Welchen Einfluss hat die Temperatur auf das Aufgehen des Ku-chens?

Für weitere Experimente sollte eine klare Fragestellung und ein entspre-chender Lösungsansatz formuliert werden. Dies dient dem naturwissen-schaftlichen Erkenntnisweg (**Bild 1**), welcher ein fortlaufender Prozess ist.

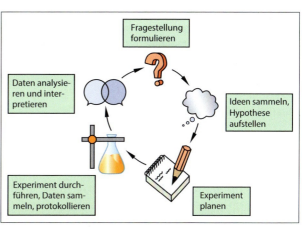

Bild 1: Der naturwissenschaftliche Erkenntnisweg

Auf Grundlage der Fragestellung wird eine Hypothese formuliert, worauf ein entsprechendes Ex-periment geplant und durchgeführt wird. Durch beobachten, Fakten auswerten und interpretieren wird die getroffene Annahme überprüft, sie kann angepasst, bestätigt oder widerlegt werden. Im letzteren Fall muss dann eine neue Hypothese aufgestellt werden. Naturwissenschaftliches Arbeiten beinhaltet somit folgende Punkte:
- Ein alltägliches oder technisches Phänomen beobachten, Fakten sammeln.
- Eine Frage- oder Problemstellung formulieren.
- Dazu eine passende Hypothese aufstellen.
- Einen Versuch entwickeln, um diese Hypothese zu testen.
- Den Versuch durchführen, beobachten und Fakten sammeln.
- Daten analysieren und interpretieren.
- Die Hypothese anpassen oder die Hypothese verwerfen und eine neue aufstellen.

Es kommt vor, dass die Fragestellung nicht beantwortet werden kann. Das kann an der Hypothese liegen, an der Methodik (ungeeigneter Versuch) oder an der Fragestellung selbst. Dann sollte diese angepasst oder anders formuliert werden.

> Je nach Zielgruppe kann die Fragestellung und die entsprechende Hypothese unterschiedlich aus-fallen.

ALLES VERSTANDEN?

1. Beschreiben Sie den naturwissenschaftlichen Erkenntnisweg.

2. Weshalb ist eine falsche Hypothese für den Naturwissenschaftler nicht problematisch?

3. Welche Stellung hat das Experiment im naturwissenschaftlichen Erkenntnisweg?

1.2.3   Versuche protokollieren

Damit ein Experiment ausgewertet und reproduzierbar ist, muss es protokolliert werden. Ein überlegtes Vorgehen und das Notieren aller wichtigen Daten sowie die Durchführung aller Arbeitsschritte gewährleisten dies. Ein Versuchsprotokoll beinhaltet folgende Punkte:
- Frage- bzw. Problemstellung und eine entsprechende Hypothese als Grundlage des Experiments.
- eine Auflistung aller benötigten Geräte sowie der verwendeten und Chemikalien mit entsprechenden Mengenangaben.
- Bei der Verwendung von Gefahrstoffen: Informationen über das Gefahrenpotential, sowie Sicherheitsvorkehrungen (H- und P-Sätze).
- Versuchsanleitung sowie eine Skizze des Versuchsaufbaus.
- Notizen über die gemachten Beobachtungen während des Versuchs.
- Auswertung auch mithilfe von geeigneten Quellen.
- Entsorgungshinweise der Reaktionsprodukte.

Beispiel: Löslichkeit eines Salzes in Wasser.

Der Salzgehalt des Toten Meeres liegt bei etwa 30 %. Tatsächlich ist der Name irreführend, da per Definition als Meer die zusammenhängende Wassermasse der Erde bezeichnet wird. Das Tote Meer ist ein abflussloser See, der hauptsächlich vom Jordan gespeist wird. Das Wasser verdunstet im trockenen Wüstenklima und die Mineralien bleiben zurück, so erklärt sich der hohe Salzgehalt. Dies kann man gut am Ufer beobachten, hier kristallisiert sogar Salz aus, so dass sich an einigen Stellen eine regelrechte Salzkruste bildet (**Bild 1**).

Bild 1: Salz kristallisiert an der Küste des Toten Meeres

Aus diesem Naturphänomen lassen sie etliche Fragestellungen ableiten, eine könnte lauten: Wie viel Salz ist in Wasser löslich? Zunächst soll das Salz Natriumchlorid betrachtet werden.

Eine Hypothese könnte lauten, dass die Löslichkeit von Natriumchlorid in Wasser von der Temperatur abhängt, je wärmer das Wasser, desto mehr von dem Salz löst sich. Es gibt eine Vielzahl von Möglichkeiten dies im Experiment zu untersuchen, so schlägt beispielsweise eine Gruppe vor, zunächst bei Raumtemperatur nach und nach und unter ständigem Wiegen das Salz zuzugeben bis sich gerade nichts mehr löst. Eine andere Gruppe schlägt vielleicht vor, zunächst eine gesättigte Lösung herzustellen, diese zu filtrieren und anschließend einzudampfen.

Der Versuch wird anschießend bei unterschiedlichen Wassertemperaturen wiederholt. Nach Abschluss der Versuchsreihe wird das Ergebnis betrachtet, die Daten ausgewertet und interpretiert. Dabei erkennt man die Notwendigkeit, die gelöste Masse des Salzes im Verhältnis zur Wassermenge zu betrachten, da ansonsten keine Vergleichbarkeit möglich ist (Kapitel 1.2.4). Nach einer Fehleranalyse wird die Hypothese erweitert und auf ein anderes Salz (z. B. KBr, KCl oder $NaNO_3$) übertragen. Weitere Versuche schließen sich an.

Name: _____   Datum: _____

Protokoll: Wie viel Salz löst sich in Wasser?

Annahme: Die Löslichkeit von Kochsalz ist temperaturabhängig nimmt mit steigender Wassertemperatur zu. Dazu wird zunächst das Lösevermögen von Wasser bei Raumtemperatur ermittelt. Anschließend wird der Versuch bei einer Wassertemperatur von 40 °C, 60 °C und 80 °C wiederholt.

Geräte:
- Becherglas (250 ml)
- Thermometer
- Heizplatte mit Magnetrührer
- Waage
- Filter mit Filterpapier
- Dreifuß mit Drahtnetz
- Abdampfschale
- Gasbrenner

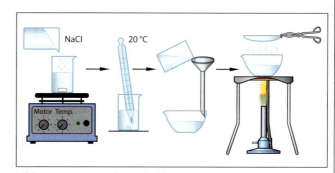

Chemikalien:
- Natriumchlorid
- destilliertes Wasser

Bild 1: Bestimmung der Löslichkeit von Kochsalz in Wasser

Sicherheitshinweise
keine Gefahrenpiktogramme nach GHS, keine H- und P-Sätze, Vorsicht beim Erwärmen, Schutzbrille tragen.

Versuchsdurchführung:
In ein Becherglas werden 100 ml Wasser gegeben und die Temperatur gemessen. In das andere Becherglas werden 50 g Natriumchlorid gegeben. Unter ständigem Rühren so lange Kochsalz in 5,0 g Portionen in das Wasser zugeben bis sich ein Bodensatz bildet, der sich nicht mehr löst, die Lösung ist gesättigt. Erneut die Temperatur messen.

Abdampfschale wiegen, die gesättigte Lösung in die Abdampfschale filtrieren. Auf dem Drahtnetz das Wasser abdampfen, das Salz verbleibt in der Lösung. Um ein Verspritzen des Salzes zu vermeiden, hält man zum Ende hin ein Uhrglas über die Schale. Nach dem Abkühlen wird die Schale erneut gewogen.

Beobachtung: Die leere Abdampfschale wiegt 108,7 g.

Bei Zugabe von 35 g Salz löst es sich noch vollständig in dem 21 °C warmen Wasser, bei 40 g verbleibt trotz ständigem Rühren ein Bodensatz. Nach dem Filtrieren ist in der Abdampfschale eine klare Flüssigkeit. Im Laufe des Abdampfens wird die Flüssigkeit weniger, es bilden sich weiße Kristalle am Rand der Schale. Gegen Ende fängt es zu spritzten an, eine weiße, harte und spröde Substanz bleibt zurück. Die Abdampfschale mit dem Salz wiegt 144,5 g

Bei 40 °C wiegt die Abdampfschale mit dem Salz 144,5 g, bei 60°C 145,0 g und 80 °C 147,1 g

Auswertung: Die Löslichkeit von Kochsalz nimmt mit steigender Temperatur nur unwesentlich zu.

Temperatur	21 °C	60°C	80 °C
Löslichkeit in g/100 ml	35,8	36,3	38,4

Entsorgung: Ausguss

1.2.4   Fachspezifische Informationen darstellen

Bei der Auswertung der Versuchsdaten sollte bereits im Protokoll auf eine geordnete und strukturierte Darstellung geachtet werden.

So bietet sich bei einer Messreihe eine tabellarische Darstellungsform an, um gegebenenfalls einen Trend zu erkennen. Auch die Verwendung einer feste Bezugsgröße (z. B. in g/100 ml) ist notwendig, denn die Aussage „In 20 °C warmen Wasser lassen sich 358 g lösen" ist ohne Angabe der Wassermenge wenig hilfreich. Zur Vergleichbarkeit einigt man sich im Vorfeld auf die entsprechende Bezugsgröße.

Noch deutlicher wird ein Trend, wenn die Daten graphisch dargestellt werden. Im Beispiel wird die Löslichkeit von verschiedenen Salzen untersucht. Eine Tabelle wirkt recht unübersichtlich (**Tabelle 1**), die Graphen zeigen auf dem ersten Blick: Die Löslichkeit der meisten Salzen in Wasser nimmt mit steigender Temperatur zu (**Bild 1**), nur bei wenigen hat die Temperatur kaum einen Einfluss darauf.

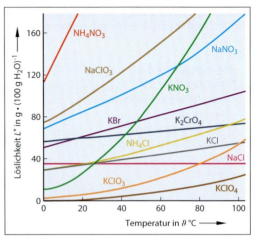

Bild 1: Die Löslichkeit von Salzen in Wasser in Abhängigkeit der Temperatur

Zu der fachspezifischen Darstellung gehören in der Chemie auch die Symbole, Formeln und das Reaktionsschema (siehe Kapitel 1.3).

Tabelle 1: Die Löslichkeit ausgewählter Salze in Wasser in Abhängigkeit der Temperatur

ϑ in [° C]	0	10	20	30	40	50	60	70	80	90	100
NaCl in [g/100 ml]	35,65	35,72	35,89	36,09	36,37	36,69	37,04	37,46	37,93	38,47	38,99
KBr in [g/100 ml]	53,6	59,5	65,3	70,7	75,4		85,5		94,9	99,2	104
KCl in [g/100 ml]	28	31,2	34,2	37,2	40,1	42,6	45,8		51,3	53,9	56,3

Das Internationale Einheitensystem (SI)

Um über die physikalischen Größen wie Masse oder Volumen Aussagen treffen zu können, müssen die Angaben immer in einem Bezug zu einer festgelegten Größe getroffen werden. Damit die Zahlenwerte über die Ländergrenzen hinaus vergleichbar sind, wurde 1960 das internationale Einheitensystem SI (frz. systême international d´unitês) eingeführt.

Das SI-System ist ein metrisches und dezimales System mit sieben Basiseinheiten.

Tabelle 2: SI-Basiseinheiten

Größe	Formel-zeichen	Einheiten-zeichen	Einheit
Masse	m	kg	Kilogramm
Stoffmenge	n	mol	Mol
Temperatur	T	K	Kelvin
Länge	l	m	Meter
Zeit	t	s	Sekunde
Stromstärke	I	A	Ampere
Lichtstärke	I_v	cd	Candela

Die SI-Einheiten (**Tabelle 2**) sind auf sieben Basiseinheiten festgelegt, jeder Einheit werden ein Einheitszeichen und ein Formelzeichen zugewiesen. Alle weiteren Maßeinheiten lassen sich von den SI-Einheiten ableiten.

1.3   Stoff- und Teilchenebene

1.3.1   Chemische Formeln

In der Natur kommen nur die Edelgase Helium, Neon, Argon, Krypton, Xenon und Radon als einzelne Atome vor. Alle anderen Elemente gehen Verbindungen ein, die Atome sind Bestandteile von Molekülen oder Salze.

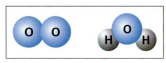

Bild 1: Molekül Sauerstoff (links) und Wasser (rechts)

Moleküle

Bei einem Molekül sind zwei oder mehr Atome fest miteinander verbunden, sie bilden eine Einheit (vgl. Kapitel 2.4.1). Die Zusammensetzung dieser Einheit wird durch eine chemische Formel (Summenformel) angegeben.

Beispiel 1: Das Element Sauerstoff kommt nur als zweiatomiges Molekül vor. Die chemische Formel O_2 berücksichtigt durch die tief gestellte Zahl (= Index) dass hier eine Verbindung aus zwei Sauerstoffatomen vorliegt.

Beispiel 2: Das Wassermolekül ist eine Verbindung aus einem Sauerstoffatom mit zwei Wasserstoffatomen. In der chemischen Summenformel H_2O ist die Anzahl der beteiligten Atome entsprechend berücksichtigt.

Die chemische Formel am Beispiel Kohlensäure

Die beteiligten Elemente in der Verbindung:

Wasserstoff, Kohlenstoff, Sauerstoff

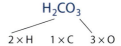

$$H_2CO_3$$

$$2 \times H \quad 1 \times C \quad 3 \times O$$

Der Index folgt auf das Element zur Angabe der Anzahl der Atome. Den Index 1 lässt man weg.

Der Index **nach** dem Elementsymbol gibt an, wie viele Atome des Elements in dem Molekül gebunden sind.

Es gibt auch Moleküle, die nach außen hin geladen sind. Auch dies wird in der chemischen Formel berücksichtigt.

Beispiel 3: Das Ammonium-Ion NH_4^+ ist ein Molekül aus einem Stickstoff und vier Wasserstoffatomen, es ist einfach positiv geladen.

Salze

Bei den Salzen treten die Elemente als geladene Teilchen (Ionen) in einem größeren Teilchenverband auf (vgl. Kapitel 2.6.1). Zuerst wird immer das Metall-Ion, dann das Nichtmetall-Ion genannt. Die beteiligten Ionen werden in einfachen Zahlenverhältnissen, der so genannten **empirischen Formel**, angegeben. Es folgt im Index nach dem entsprechenden Element.

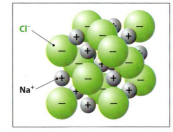

Bild 2: Teilchenverband von NaCl

Beispiel 1: Der Natriumchlorid-Kristall (Bild 1) besteht aus den Ionen Na^+ und Cl^- im Verhältnis 1 : 1. Die chemische Formel würde demnach Na_1Cl_1 (zuerst das Metall) lauten. Allerdings lässt man den Index 1 weg, weshalb die Formel mit NaCl angegeben wird.

Beispiel 2: Bei Eisenoxid, welches aus Fe^{3+} und O^{2-} Ionen aufgebaut ist, beträgt das Zahlenverhältnis 2 : 3. So ist der Teilchenverband **nach außen hin neutral** und die chemische Formel lautet: Fe_2O_3.

Die Formel bei einem Salz ist eine Verhältnisformel, sie gibt in möglichst kleinen ganzen Zahlen das Mengenverhältnis an.

ALLES VERSTANDEN?

1. Geben Sie die chemische Formel eines Moleküls an, welches aus vier C-Atomen und 10 H-Atomen besteht.

2. Das Molekül Wasserstoffperoxid hat die chemische Formel H_2O_2. Erläutern Sie den Unterschied zum Wassermolekül.

3. Das einfach positiv geladene Natrium-Ion bildet mit Schwefel ein Salz, dessen Verhältnisformel Na_2S lautet. Welche Ladung hat der Schwefel in der Verbindung?

4. Geben Sie die Formel des Salzes an, welches aus Magnesium-Ionen Mg^{2+} und Chlorid Cl^- gebildet wird.

1.3.2 Reaktionsschema einer chemischer Reaktionen

Bei einer chemischen Reaktion entstehen neue Stoffe, chemische Bindungen werden neu gebildet oder zerlegt, die Anzahl der dabei beteiligenden Atome ändert sich nicht. Dabei gehen Eigenschaften der verwendeten Stoffe verloren, die neuen haben andere Eigenschaften.

Beispiel: Bei der Reaktion von Natrium mit Chlor entsteht Natriumchlorid (**Bild 1**). Dabei werden die Ausgangsstoffe neu kombiniert, das Reaktionsprodukt hat andere, neue Eigenschaften. Das gasförmige und giftige Chlor wird in Kombination mit dem Metall Natrium zum lebensnotwendigen Mineralstoff.

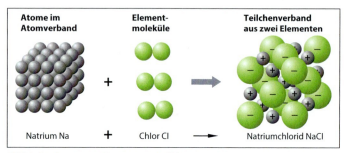

Bild 1: Reaktion von Natrium mit Chlor

Die Ausgangsstoffe werden Edukte oder Reaktanden genannt, der neue Stoff ist das Produkt.

Bei der Darstellung einer Reaktion verwendet man eine chemische Reaktionsgleichung, hier werden die Elemente mit den entsprechenden Symbolen dargestellt (**Bild 2**). Statt des mathematischen Gleichheitszeichens wird hier aber ein Reaktionspfeil verwendet, links davon stehen die Edukte und rechts das Produkt (oder die Produkte). In dieser Gleichung müssen links genauso viele Atome eines jeden Elements stehen wie auf der rechten Seite.

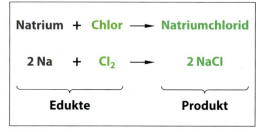

Bild 2: Reaktionsschema einer chemischen Reaktion

Reaktionsgleichung: $2\,Na + Cl_2 \rightarrow 2\,NaCl$

ALLES VERSTANDEN?

1. Wie unterscheiden sich die Edukte von den Produkten?

2. Was ist bei einer chemischen Reaktion gleich?

1.3.3   Die Atommasse *m*, die Stoffmenge *n*, die molare Masse *M*

Chemisches Element

Chemische Elemente lassen sich durch chemische Verfahren nicht weiter auftrennen, es sind Grundstoffe. Die kleinsten Teilchen eines Elements sind die Atome, welche wiederum aus den sogenannten Elementarteilchen Protonen, Neutronen und Elektronen aufgebaut sind.

> Chemische Elemente lassen sich durch chemische Verfahren nicht weiter zerlegen.

Atome, mit der gleichen Anzahl an Protonen, gehören zu einem Element. Diese Zahl wird auch Ordnungszahl genannt. Da die Elektronen eine vergleichsweise geringe Masse besitzen, werden diese bei der Atommasse vernachlässigt. So ergibt sich diese aus der Anzahl an Neutronen und Protonen, der Massenzahl. Allerdings kann die Anzahl der Neutronen innerhalb eines Elementes variieren. Atome, die zu einem Element gehören und eine unterschiedliche Massenzahl haben, nennt man Isotope. Die Massenzahl und die Ordnungszahl werden häufig zusammen mit dem chemischen Symbol angegeben (**Bild 1**).

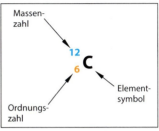

Bild 1: Das Kohlenstoffisotop ^{12}C

> Die Isotope eines Elements unterscheiden sich in der Massenzahl.

Atommasse

Die Atome, und somit auch die Elementarteilchen, haben nur eine sehr geringe Masse. Bei der Betrachtung dieser Größenordnung hat sich die atomare Masseneinheit u (unified atomic mass unit) etabliert. Ein u entspricht dabei etwa der Masse von einem Proton bzw. einem Neutron (**Tabelle 1**). Im Vergleich zum Gesamtatom ist der Kern zwar sehr klein, er macht aber über 99 % der gesamten Masse aus, die Elektronen fallen praktisch nicht ins Gewicht. Es wurde festgelegt, dass ein Kohlenstoffatom mit sechs Protonen und sechs Neutronen die Masse 12 u (**Bild 2**) hat. Daraus ergibt sich, dass ein u der zwölfte Teil der Masse eines C-12 Isotops ist. (**Bild 3**).

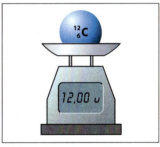

Bild 2: Die Masse von ^{12}C

> Die Masse eines Atoms ergibt sich im Wesentlichen aus der Nukleonenzahl und wird in u angegeben.

$$1\,\text{u} = \frac{1}{12}\,m_A\left(^{12}_{6}\text{C}\right) = 1,6605 \cdot 10^{-27}\,\text{kg}$$

atomic mass unit   Kohlenstoffisotop

Bild 3: Atomare Masseneinheit

Beispiel 1: Ein Chlorisotop ^{37}Cl hat insgesamt 37 Nukleonen, somit beträgt die Masse des Atoms ca. 37 u.

Beispiel 2: Die Masse eines Wasserstoffmoleküls H_2 aus den Isotopen ^{1}H beträgt ca. 2 u.

Beispiel 3: Die Masse eines Moleküls Wasser (H_2O), welches aus den Isotopen ^{1}H und ^{16}O aufgebaut ist beträgt ca. 18 u.

Tabelle 1: Eigenschaften der Elementarteilchen

Elementarteilchen	Symbol	Ladung	Masse
Proton	p$^+$	+1	ca. 1 u
Neutron	n	0	ca. 1 u
Elektron	e$^-$	–1	ca. 0 u

> Bei der Bestimmung der Masse eines einzelnen Moleküls ist die Masse der tatsächlich verbundenen Isotope ausschlaggebend.

Die Stoffmenge n, das Mol

Selbstverständlich gibt es keine Waage, welche ein einzelnes Atom oder ein Molekül wiegen könnte. Um Stoffportionen abwiegen zu können, bedarf es einer größeren Menge an Teilchen (**Bild 1**), die Gewichtsverhältnisse der Atome bleiben unberührt. So wiegt ein $^{24}_{12}$Mg-Atom 24 u, ein $^{12}_{6}$C-Atom 12 u. Die Folgerung: In einer Stoffportion von 12 g Kohlenstoff-12 sind genau so viele Atome wie in 24 g Magnesium-24. Diese Menge wird mit Mol bezeichnet.

> Die Stoffmenge (n) ein Mol entspricht $6,022 \cdot 10^{23}$ Teilchen (N).

Die Einheit von Mol wird in mol angegeben.

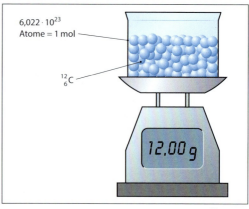

Bild 1: Stoffportion 1 mol Kohlenstoffisotop ^{12}C

Die Anzahl der Teilchen dieser Stoffportion (je mol) wurde experimentell zu N_A (= AVOGADRO-Konstante) = $6,022 \cdot 10^{23}$/mol bestimmt.

Beispiel: 1,0 mol Helium (= $6,022 \cdot 10^{23}$ He-Atome) wiegen 4,0 g. Eine Stoffportion von 0,20 mol Helium hat demnach etwa 0,20 mol $\cdot 6,0 \cdot 10^{23}$/mol = $1,2 \cdot 10^{23}$ Atome.

Die molare Masse M

In der Natur kommen bei den Elementen verschiedene Isotope vor. So besteht zum Beispiel das Element Kohlenstoff zu 98,9 % aus dem Isotop mit 12 Nukleonen und zu 1,1 % aus dem mit 13 Nukleonen. Daraus folgt, das 98,9 % aller natürlich vorkommenden Kohlenstoffatome 12 u wiegen. Die Masse der übrigen C-Isotope beträgt 13 u. So ergibt sich eine durchschnittliche Masse für das Kohlenstoffatom von 12,01 u.

Rechenweg: $0,989 \cdot 12$ u + $0,011 \cdot 13$ u = 12,01 u

Auf die Stoffmenge 1 mol bezogen bedeutet dies 12,01 g (**Bild 2**). $\rightarrow M(C) = 12,01$ g/mol

> Die molare Masse M eines Elementes entspricht der Masse die 1 mol des Stoffes besitzt.

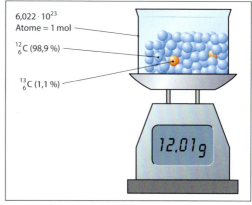

Bild 2: Stoffportion 1 mol des Elementes Kohlenstoff

Im Periodensystem der Elemente (**Bild 3**) ist die molare Masse in g/mol bzw. die mittlere Atommasse in u angegeben. Dieser entspricht dem Durchschnittswert aller Isotope des Elementes, entsprechend ihrem natürlichen Vorkommen.

Der Zusammenhang zwischen der Masse m eines Stoffes und der molaren Masse ergibt sich durch folgende Gleichung:

$$m = M \cdot n$$

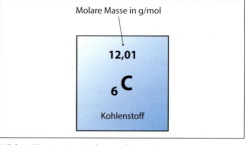

Bild 3: Element mit der molaren Masse

Molare Masse bei Verbindungen

Die relative Masse in g/mol lässt sich aus der Summe der relativen Massen aller im Molekül/Salz vorkommenden Atome bestimmen.

Beispiel: H_2O:
$M(H)$ $= 1{,}01$ g/mol
$M(O)$ $= 16{,}00$ g/mol
$M(H_2O) = 2 \cdot 1{,}01$ g/mol $+ 1 \cdot 16{,}00$ g/mol $= 18{,}02$ g/mol

Tabelle 1: Wichtige Einheiten	
Stoffmenge:	$[n] = $ mol
Masse:	$[m] = $ g (oder u)
molare Masse:	$[M] = $ g/mol

Aufgabenbeispiel:
Die Stoffmenge und die Anzahl der Wassermoleküle in 1000 g Wasser (entspricht ca. 1 Liter) sei zu bestimmen:

Gegeben: $m(H_2O) = 1000$ g; $M(H_2O) = 18{,}02$ g/mol

aus $n = \dfrac{m}{M}$ folgt: $n = 1000$ g$/18{,}02$ g/mol $= 55{,}49$ mol

aus $N = N_A \cdot n$ folgt: $N = 55{,}49$ mol $\cdot 6{,}022 \cdot 10^{23}$/mol $= 3{,}34 \cdot 10^{25}$

In 1000 g Wasser sind 55,49 mol Wassermoleküle, dies entspricht einer Anzahl von $3{,}34 \cdot 10^{25}$.

ALLES VERSTANDEN?

1. Erläutern Sie, wie die Masse eines Atoms bestimmt wird. Weshalb werden bei der Bestimmung die Elektronen nicht berücksichtigt?

2. Bestimmen Sie die Molekülmasse von CO_2 welches aus den Isotopen ^{12}C und ^{16}O besteht.

3. Wie viele Moleküle stecken in 0,50 mol?

4. Erläutern Sie, weshalb im Periodensystem die Atommasse als Kommazahl steht, obwohl ein Nukleon nur ca. 1 u Masse besitzt.

1.4   Arbeiten mit Modellen

Bei der Entwicklung von neuen Autos werden zunächst Skizzen angefertigt, Entwürfe gezeichnet und am Computer designt. Nach diesen Bildern wird dann ein erstes dreidimensionales Modell aus Ton entworfen. Es dient hier als Vorbild für das spätere viermal größere fertige Auto.

Bei einer Karte wird die Landschaft stark vereinfacht nachgebildet. Für den Anwender unwichtige Informationen werden dabei weggelassen. Dabei spielt es eine wesentliche Rolle, für welchen Zweck die Karte benötigt wird. So ist es für eine Wanderkarte durchaus sinnvoll Höhenlinien einzutragen und entsprechende Wanderwege (**Bild 1**) auch hervorzuheben, während eine Straßenkarte für den Fernverkehr diese nicht benötigt. So bestimmt der Verwendungszweck den Abstraktionsgrad eines Modells.

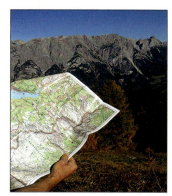

Bild 1: Wanderkarte

Jedes Modell ist nur ein abstraktes Bild der Realität und stellt immer eine Vereinfachung dar, es dient immer einem bestimmten Zweck.

In der Naturwissenschaft gibt es neben den konkreten Modellen auch Gedankenmodelle, die nur in den Köpfen existieren. So werden in der Chemie mit entsprechenden Baukästen konkrete Moleküle nachgebaut, um deren Geometrie besser verstehen zu können (konkretes Modell) oder mithilfe des Bohrschen Atommodells die Verteilung der Elektronen beschrieben (Gedankenmodell).

Was für die Wanderkarte gilt, trifft auch hier zu. Das Molekül sieht in der Realität sicherlich nicht so aus wie das Modell, die Atome sind bestimmt nicht mit Stäben verbunden. Auch die Elektronen verhalten sich nicht so, wie wir uns dies mit dem Bohrschen Atommodell vorstellen.

> Ein Modell bildet immer nur bestimmte Eigenschaften ab und besitzt oft Eigenschaften die real nicht existieren.

Analog zu den Karten gibt es für ein reales System mehrere Modelle. Je nach dem, welchem Zweck es dient, wird das ein oder andere verwendet. Möchte man beispielsweise den Bindungswinkel beim Methanmolekül beschreiben, wird man ein anderes Modell (z. B. Elektronenpaarabstoßungsmodell) wählen als bei der Beschreibung des Natriumchloridkristalls (z. B. Gittermodell). Deswegen ist das eine Modell weder richtig oder falsch, es dient eben einem anderen Zweck.

Bei den Atommodellen gibt es ebenfalls eine Vielzahl von Modellen, in diesem Buch werden nur weinige davon betrachtet. So wird lässt sich beispielsweise das Bor-Atom schematisch, im Schalenmodell, Energiestufenmodell oder Orbitalmodel beschreiben (**Bild 1**). Je nach Zweck eignet sich das eine oder andere Modell besser, ein richtiges oder falsches gibt es in diesem Zusammenhang nicht, nur ein passendes oder ein unpassendes.

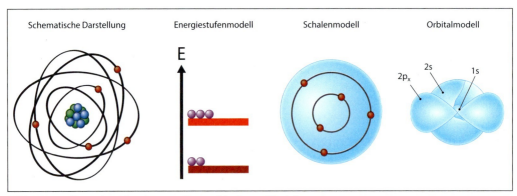

Bild 1: Darstellung eines Bor-Atoms mit verschiedenen Modellen

ALLES VERSTANDEN?

1. Welche Merkmale charakterisieren ein Modell?

2. Welche räumliche Vereinfachung macht das Schalenmodell augenscheinlich? Welche Sachverhalte werden hier jedoch berücksichtigt?

3. Bauen Sie mithilfe eines Molekülbaukastens ein Wassermolekül, bestehend aus einem Sauerstoff- und zwei Wasserstoffatomen. Beschreiben Sie den räumlichen Aufbau des Moleküls.

2   Der Atombau und das Periodensystem der Elemente

Nach der Bearbeitung dieses Kapitels werden Sie in der Lage sein,

- Informationen über Elemente mithilfe des Periodensystems zu gewinnen und somit den Aufbau eines Atomkerns und der Atomhülle zu erklären.
- den Aufbau der Atomhülle mithilfe des Energiestufen- und des Orbitalmodells zu erklären.
- den Aufbau des Periodensystems zu beschreiben.
- die Hauptgruppenelemente nach den Valenzelektronen zu gruppieren.

2.1   Der Atomkern

Nach der Bearbeitung dieses Abschnitts können Sie

- die Eigenschaften der Elementarteilchen beschreiben und zwischen Atom und Ion unterscheiden.
- mithilfe des PSEs die Protonen- und Elektronenzahl eines Atoms ermitteln.
- mit dem Begriff Isotop umgehen.

Woraus ist die Materie aufgebaut? Bereits vor etwa 2400 Jahren war der Grieche Demokrit der Ansicht, dass jeder Stoff aus winzigen unteilbaren Bestandteilen bestehen muss. Daraus leitet sich der Begriff Atom *(grch.: atomos = unzertrennbar)* ab.

Atome sind unfassbar klein. Ein Wasserstoffatom besitzt beispielsweise einen Durchmesser von ca. $7{,}5 \cdot 10^{-11}$ m bei einer Masse von $1{,}67 \cdot 10^{-24}$ g. Anhand von Experimenten lassen sich jedoch Rückschlüsse über den Aufbau von Atomen ziehen, woraus sich die Modellvorstellungen ableiten.

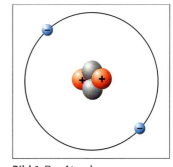

Nach heutigen Atommodellen besteht ein Atom aus einem **Kern und einer Hülle** (**Bild 1**). In Atomkern befinden sich die Nukleonen, das sind positiv geladene Protonen sowie die ungeladenen Neutronen. Negativ geladene Elektronen bilden die Atomhülle, auch Elektronenhülle genannt. Die Ladung eines Protons (bzw. Elektrons) entspricht einer Elementarladung ($1{,}60 \cdot 10^{-19}$ C) und wird mit 1 e (bzw. –1 e) angegeben.

Bild 1: Der Atombau

- Atome bestehen aus dem positiv geladenen Atomkern und einer negativ geladenen Elektronenhülle.
- Die Bauteile eines Atoms (Protonen, Neutronen, Elektronen) werden Elementarteilchen genannt.
- Die Nukleonenzahl ergibt sich aus der Summe der Protonen- und der Neutronenzahl.
- Der Atomkern besteht aus positiv geladenen Protonen und den ungeladenen Neutronen.

Symbolische Schreibweise (am Beispiel eines Chloratoms):

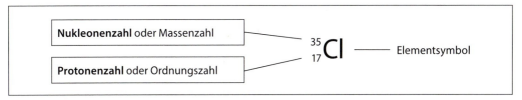

Für ein chemisches Element ist die Anzahl der Protonen kennzeichnend. So besitzt z. B. ein Chlor-Atom immer 17 Protonen, die Anzahl der Neutronen kann variieren. So gibt es in der Natur Chlor-Atome mit 18 Neutronen oder mit 20 Neutronen. Diese Atomarten werden Isotope bezeichnet. Die chemische Schreibweise berücksichtigt die Nukleonenzahl entsprechend:

$^{35}_{17}Cl$ bzw. $^{37}_{17}Cl$ oder als alternative Schreibweise: Cl-35 bzw. Cl-37

Beispiel Kohlenstoff: Das Element hat 6 Protonen und es gibt die natürlichen Isotope C-12, C-13 und C-14. Entsprechend kommen Kohlenstoffatome mit 6, 7, oder 8 Neutronen vor.

> Alle Atome eines chemischen Elements haben dieselbe Anzahl an Protonen.
> Die Isotope eines Elements unterscheiden sich nur in Anzahl der Neutronen.

Die Elementarteilchen haben nur eine sehr geringe Masse (**Tabelle 1**). Ein Proton bzw. ein Neutron hat in etwa die Masse 1 u, die Elektronen spielen bei der Betrachtung der Masse eine untergeordnete Rolle.

Tabelle 1: Eigenschaften der Elementarteilchen

Elementarteilchen	Ladung	Masse
Proton	1 e	ca. 1 u
Neutron	0	ca. 1 u
Elektron	−1 e	ca. 0 u

Beispiel: Das Element Chlor besteht zu 75,8 % aus dem Isotop Cl-35 und zu 24,2 % aus dem Isotop Cl-37.

$$m\left(^{37}_{17}Cl\right) \approx 37\ u$$
$$m\left(^{35}_{17}Cl\right) \approx 35\ u$$

Berücksichtigt man die Häufigkeit, in der die Isotope in der Natur vorkommen, so ergibt sich ein durchschnittliches Atomgewicht von $m\,(Cl) = 35\ u \cdot 0{,}758 + 37\ u \cdot 0{,}242 = 35{,}5\ u$. Nimmt man die exakten Masseangaben, so hat das Chloratom im Durchschnitt eine Masse von 35,453 u. Im Periodensystem der Elemente (**Bild 1**) ist die mittlere Atommasse in u bzw. die molare Masse in g/mol angegeben.

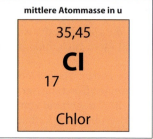

Bild 1: Element mit der mittleren Atommasse

Unterscheidung zwischen Atom und Ion

Beispiel: Das Schwefel-Atom hat 16 Protonen, es ist nach außen neutral und hat somit 16 Elektronen. Ein Schwefel-Ion mit 16 Protonen und 18 Elektronen ist nach außen hin zweifach negativ geladen. Dies wird in der Schreibweise entsprechend berücksichtigt: S^{2-}

Beispiel: Das Natrium-Atom hat 11 Protonen. Ein Natrium-Ion mit 10 Elektronen ist nach außen hin einfach positiv geladen. In der Schreibweise wird die Eins weggelassen: Na^+

Da **Atome** nach außen hin **neutral** geladen sind, ist die Anzahl an Elektronen gleich der Protonenzahl. Überwiegt die Anzahl an Protonen oder der Elektronen, so liegt ein **Ion** vor. Dieses ist nach außen hin **positiv (Kation) oder negativ (Anion) geladen**.

> Positiv geladene Ionen (Kationen) haben mehr Protonen als Elektronen, bei negativen Ionen (Anionen) ist dies umgekehrt.

Eigenschaften eines Atoms:
- Ein Atomkern besteht aus den positiv geladenen Protonen und neutralen Neutronen.
- Die negativ geladenen Elektronen bilden die Atomhülle, sie umkreisen den Kern.
- Die (ungefähre) Masse eines Atoms ergibt sich aus der Masse der Neutronen und der Protonen, die Elektronen werden hier nicht berücksichtigt.

- Alle Atome eines chemischen Elementes haben die gleiche Anzahl an Protonen. Die Protonenzahl kann dem Periodensystem der Elemente entnommen werden.
- Beim Atom ist die Elektronenzahl gleich der Protonenzahl, es ist neutral geladen.

ALLES VERSTANDEN?

1. Aus welchen Teilchen ist der Atomkern, aus welchen die Atomhülle aufgebaut?
2. Wie ermittelt man aus der Nukleonenzahl die Anzahl an Neutronen?
3. Welche ungefähre Masse hat ein Elektron, Neutron bzw. Proton?
4. Warum steht im Periodensystem der Elemente die Massenzahl als Dezimalzahl?
5. Worin unterscheidet sich ein Atom von einem Ion?

AUFGABEN

1. Beschreiben Sie den grundsätzlichen Aufbau eines Atoms und beschreiben Sie die jeweiligen Eigenschaften der Elementarteilchen.
2. In Berichten zur Altersbestimmung von kohlenstoffhaltigen Organismen kommt der Begriff Kohlenstoffisotop C-14 vor. Definieren Sie am Beispiel den chemischen Begriff Element und erläutern Sie was ein Isotop ist.
3. Das Element Brom besteht aus zwei natürlichen Isotope: ^{79}Br und ^{81}Br. Beschreiben Sie die Gemeinsamkeiten und die Unterschiede der beiden Atome.
4. Ermitteln Sie die Protonen-, Elektronen- und Neutronenzahl der Atome: U-238, Ra-228, Fe-55.
5. Ein dreifach negativ geladenes Phosphor-Ion liegt vor. Ermitteln Sie die Elektronenzahl.

2.2   Die Atomhülle

Atome bestehen aus einem sehr kleinen Atomkern und einer Atomhülle. Das Innere eines Atoms kann auch mit den besten Mikroskopen nicht sichtbar gemacht werden. Um sich einen Vergleich vorstellen zu können: wäre der Kern erbsengroß, so würde der Hüllenradius der Höhe des Olympiaturms in München entsprechen (**Bild 1**). Deshalb lassen sich nur durch die Eigenschaften der einzelnen Elemente Rückschlusse auf ihren Aufbau ziehen. Wie sich ein Stoff aber chemisch verhält, liegt einzig an der Elektronenstruktur, denn der Kern bleibt (außer bei der Kernspaltung, Kernfusion oder dem radioaktiven Zerfall) unverändert.

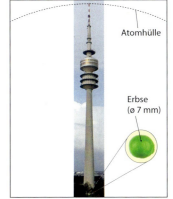

Bild 1: Größenvergleich Kern – Hülle

> Dach chemische Verhalten von Elementen wird von den Elektronen bestimmt.

Elementares Chlor ist beispielsweise für den Menschen giftig. Das Chlorid-Ion hat nur ein Elektron mehr und ist als Bestandteil von Kochsalz für den Menschen lebensnotwendig.

Durch die Eigenschaften, Experimente und Messungen des Energiegehalts von Elektronen wurden Modelle wie das Schalenmodell, Energiestufenmodell oder das Orbitalmodell entwickelt, welche zum besseren Verständnis über den Aufbau der Atomhülle herangezogen werden.

2.3   Das Schalenmodell

Nach der Bearbeitung dieses Abschnitts können Sie

- den Aufbau der Atomhülle mithilfe des Schalenmodells beschreiben.
- den Begriff Valenzelektronen beim Schalenmodell erläutern.

Das Schalenmodell zeigt eine große Ähnlichkeit mit einer Zwiebel. Im Zentrum befindet sich der Atomkern, die Elektronen umkreisen den Kern auf Schalen (oder Bahnen), dort können sie sich frei bewegen. Es gibt sieben Schalen, sie werden von innen nach außen nummeriert (**Bild 1**) oder mit den Buchstaben K, L, M, N O, P, Q bezeichnet. Es sind nur gedachte Aufenthaltsräume, sie ergeben sich nur durch die Anwesenheit von Elektronen. In diesem Modell haben diese einen bestimmten Abstand zum Atomkern.

Die einzelnen Schalen werden entsprechend dem Energiegehalt der Elektronen besetzt, energieärmere Elektronen werden den innen liegenden Schalen zugeordnet, energiereichere weiter außen.

Die Elektronen in der Hülle haben ein bestimmtes Energieniveau, sie umkreisen den Kern auf bestimmten Schalen. Weiter außen liegende Schalen (Bahnen) haben ein höheres Energieniveau als innen liegende.

Bild 1: Schalenmodell mit den Schalen 1 bis 4

Bei der Elektronenbesetzung gelten bestimmten Regeln. So können auf der ersten Schale maximal zwei, auf der zweiten Schale maximal acht und auf der dritten maximal 18 Elektronen sein. Zudem kann die äußerste Schale nur maximal acht Elektronen aufnehmen. Zur Veranschaulichung werden die Schalen oft nur im Querschnitt gezeichnet (**Bild 2**). Allerdings stellt dieses Modell die energetischen Zusammenhänge nicht ausreichend dar, dafür eignen sich andere Modelle besser.

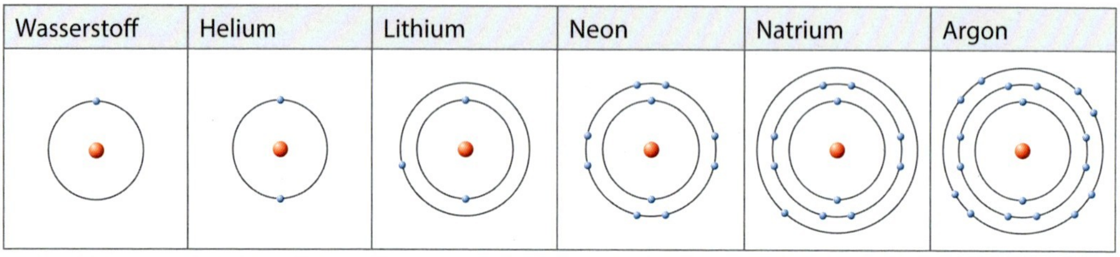

Wasserstoff	Helium	Lithium	Neon	Natrium	Argon

Bild 2: Schalenmodell einiger Elemente

Die Elektronen auf der äußersten Schale werden auch Valenzelektronen genannt.

ALLES VERSTANDEN?

1. Wie werden die einzelnen Schalen gekennzeichnet?

2. Dürfen sich Elektronen auch zwischen den Schalen aufhalten?

3. Was sind Valenzelektronen?

2.4   Das Energiestufenmodell

Das Schalenmodell veranschaulicht die energetischen Zusammenhänge nur unzureichend, das Energiestufenmodell macht dies besser.

Nach der Bearbeitung dieses Abschnitts können Sie

- den Vorgang der Ionisierung bei Atomen beschreiben.
- den Zusammenhang zwischen der notwendigen Ionisierungsenergie und dem Energieniveau eines Elektrons erläutern.
- beschreiben, dass Elektronen ein bestimmtes Energieniveau besitzen.
- die Atomhülle nach dem Energiestufenmodell beschreiben.
- die Elektronen in der Atomhülle den verschiedenen Energiestufen zuordnen.

2.4.1   Ionisierung von Atomen

Elektronen können aus der Atomhülle entfernt werden. Diesen Vorgang nennt man Ionisieren. Dazu wird dem Atom Energie (z. B. in Form von Wärme oder elektrischer Energie) zugeführt. Bei ausreichend großer Energie kann so die positive Anziehungskraft des Kernes überwunden werden, es bleibt ein positiv geladenes Ion zurück (**Bild 1**).

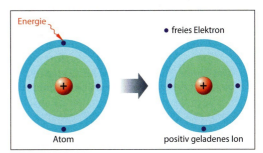

Bild 1: Ionisierung eines Atoms

> Durch Ionisieren wird mindestens ein Elektron aus der Atomhülle entfernt.

Elektronen mit einem höheren Energiegehalt lassen sich dabei leichter entfernen. Anschaulich lässt sich dies mit der abnehmenden Anziehungskraft des Kernes mit größer werdender Entfernung erklären, je näher ein Elektron am Atomkern ist, desto stärker muss an ihm „gezogen" werden.

Auf das Atommodell übertragen bedeutet dies: Ein Elektron mit höherer Energiestufe lässt sich mit geringerem Energieaufwand aus der Atomhülle entfernen als ein Elektron mit geringerer Energiestufe.

> Elektronen, welche ein höheres Energieniveau haben, lassen sich leichter aus der Atomhülle entfernen – die Ionisierungsenergie ist geringer.

Modellversuch/Gedankenexperiment: Zwischen zwei Dauermagneten wird ein dünnes Brett (z. B. 5 mm) gelegt. Die Dicke wird so gewählt, dass sich die Magnete noch deutlich anziehen. Der Kraftaufwand, welcher notwendig ist um die Magnete zu trennen, kann mit einer Federwaage dargestellt werden (**Bild 2**). Der Versuch wird wiederholt, in dem modellhaft der zweite Magnet ein höheres Energieniveau einnimmt.

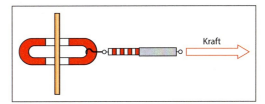

Bild 2: Modellversuch Ionisierung

Dazu wird ein dickeres Brett (z. B. 2 cm) gewählt, so dass sich die Magnete aber immer noch anziehen. Es zeigt sich, dass der Kraftaufwand bei größerem Abstand deutlich geringer ist.

> Die Anziehungskraft gegensätzlicher Ladungen nimmt mit zunehmendem Abstand ab.

Betrachtet man den Energie-betrag, welcher notwendig ist, um von einem Schwefel-Atom nach und nach alle 16 Elektro-nen zu entfernen (Ionisierungs-energie) so ist zu erkennen, dass sich die ersten sechs Elek-tronen noch relativ einfach ent-fernen lassen. Bei dem siebten Elektron steigt der notwendige Energiebetrag sprunghaft an. Nach weiteren acht Elektronen fällt dieser Sprung sogar noch deutlicher aus (**Bild 1**).

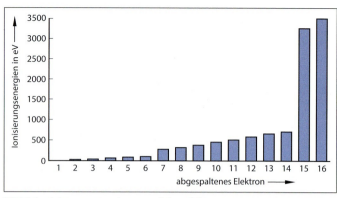

Bild 1: Ionisierungenergien vom Schwefelatom

Werden alle Elektronen aus der Atomhülle entfernt, so steigt der dafür notwendige Energiebetrag nach einer bestimmten Anzahl sprunghaft.

2.4.2   Das Energieniveau von Elektronen

Aus den Beobachtungen der Energiesprünge bei den Ionisierungsenergien entwickelte sich das Energiestufenmodell. Als Grundüberlegung dient die Vorstellung: übersteigt der Energiegehalt ei-nes Elektrons einen bestimmten Betrag, so verlässt es die Atomhülle. Ein Elektron mit einem höhe-ren Energieniveau benötigt dafür weniger (zusätzliche) Energie – die Ionisierungsenergie ist hier geringer (**Bild 2**).

Elektronen haben ein diskretes Energieniveau.

Beim Schwefelatom ergibt sich daraufhin folgendes Modell: Die ersten sechs Elektronen lassen sich relativ einfach ent-fernen, diese haben somit eine höhere Energiestufe als die üb-rigen. Die nächsten acht lassen sich schon spürbar schwerer entfernen, diese müssen somit eine geringere Energiestufe be-sitzen. Am größten ist der not-wendige Energiebetrag, um die letzten beiden Elektronen aus der Atomhülle zu entfernen, diese haben im Atom das ge-ringste Energieniveau (**Bild 3**).

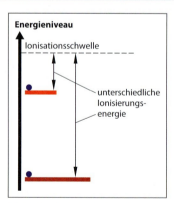

Bild 2: Ionisierungsenergie hängt vom Energieniveau eines Elektrons ab

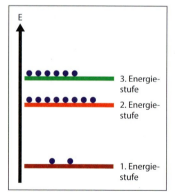

Bild 3: Energiestufenmodell beim Schwefelatom

Auf die ersten 18 Elemente angewendet können Regelmäßigkeiten erkannt werden: Die erste und energieärmste Energiestufe kann mit maximal zwei, die zweite und etwas energiereichere kann mit acht Elektronen besetzt werden. Atome mit mehr als zehn Elektronen benötigen somit weitere Energiestufen (**Bild 1**).

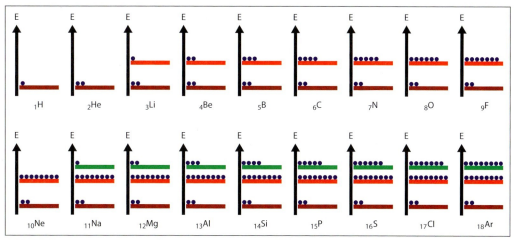

Bild 1: Elektronenverteilung nach dem Energiestufenmodell für die ersten 18 Elemente

Elemente mit mehr als 18 Elektronen haben vier, Atome mit über 36 Elektronen sogar fünf Energiestufen. Bis zu sieben Energiestufen sind bisher bekannt (**Bild 2**). Aus den Beobachtungen der Elektronenverteilung auf die einzelnen Energiestufen lassen sich folgende Regeln ableiten:

1. Jedes Elektron nimmt ein möglichst niedriges Energieniveau ein (Grundzustand).

2. Eine Energiestufe kann mit maximal $2 \cdot n^2$ (n = Energiestufe) Elektronen besetzt werden.
   1. Energiestufe max. $2 \cdot 1^2 = 2$ Elektronen
   2. Energiestufe max. $2 \cdot 2^2 = 8$ Elektronen
   3. Energiestufe max. $2 \cdot 3^2 = 18$ Elektronen
   4. Energiestufe max. $2 \cdot 4^2 = 32$ Elektronen usw.

Die Elektronen eines Atoms mit der höchsten Energiestufe werden auch Valenzelektronen genannt.

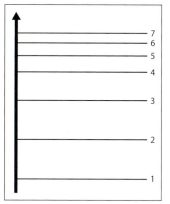

Bild 2: Hauptenergiestufen in der Atomhülle

3. Es können maximal acht Elektronen die höchste Energiestufe einnehmen → maximal acht Valenzelektronen. Ist diese Zahl erreicht, so kommt eine weitere Energiestufe hinzu.

4. Ist wegen der Regel 3 eine Energiestufe nicht voll besetzt, so wird diese erst nach dem zweiten Valenzelektron befüllt.

Unter Beachtung dieser Regeln lässt sich zumindest für die ersten 48 Elemente die Elektronenhülle beschreiben. Weshalb Indium ein drittes Valenzelektron in der 5. Energiestufe hat, obwohl die 4. Energiestufe mit 18 Elektronen noch nicht ihr mögliches Maximum erreicht hat, ist mit diesem Modell nur unzureichend zu erklären. Dazu wird später ein anderes Modell vorgestellt.

Beispiel: Analyse der Atomhülle eines Kalium-Atoms. Das Kalium-Atom hat 19 Protonen und 20 Neutronen. Es ist nach außen hin neutral und hat somit auch 19 Elektronen. Da die Anzahl der Protonen für ein Element entscheidend ist, ist der Aufbau der Atomhülle für alle Kalium-Isotope gleich. → Das Atom $_{19}K$ hat 19 Elektronen:

auf der 1. Energiestufe zwei Elektronen (voll besetzt)

auf der 2. Energiestufe acht Elektronen (voll besetzt)

Verbleiben noch neun Elektronen. Da auf die höchste Energiestufe aber nur max. acht Elektronen dürfen, folgt:

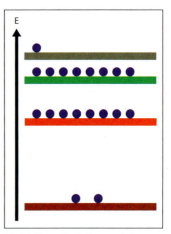

auf der 3. Energiestufe acht Elektronen (nicht voll besetzt)

auf der 4. Energiestufe ein Elektron (**Bild 1**).

Das Auffüllen der 3. Energiestufe beginnt erst nach dem Element Calcium, also nach dem zweiten Valenzelektron.

Beispiel 2: Atomhülle des Edelgases Krypton $_{36}Kr$: → Das Atom hat 36 Elektronen:

auf der 1. Energiestufe zwei Elektronen (voll besetzt)

Bild 1: Energiestufenmodell von Kalium

auf der 2. Energiestufe acht Elektronen (voll besetzt)

auf der 3. Energiestufe 18 Elektronen (voll besetzt)

auf der 4. Energiestufe acht Elektronen (max. besetzt)

Die Elektronenverteilung auf den Energiestufen von Edelgasen wird Edelgaskonfiguration genannt. Helium hat zwei, die anderen Edelgase haben acht Valenzelektronen.

Grenzen des Modells

So hat Calcium (20 Elektronen) eine Elektronenkonfiguration von 2-8-8-2 anstatt der möglicherweise angenommenen 2-8-9-1. Weshalb die das Auffüllen der 3. Energiestufe erst nach dem zweiten Valenzelektron beginnt, ist mit diesem Modell nur unzureichend zu erklären. Ab der fünften Energiestufe kommen dann nochmals weitere Unstimmigkeiten dazu. Weshalb Indium mit seinen 49 Elektronen eine Elektronenkonfiguration von 2-8-18-18-3 statt 2-8-18-19-2 hat, lässt sich so nicht mehr erklären, das Modell stößt hier an seine Grenzen.

ALLES VERSTANDEN?

1. Wie werden die Elektronen in der Atomhülle unterschieden?

2. Was sind Valenzelektronen und wie viele Valenzelektronen sind möglich?

3. Wie viele Elektronen (Berechnungsformel) können maximal dasselbe Energieniveau einnehmen?

4. Wie viele Energiestufen gibt es?

AUFGABE

Zeichnen Sie das Energiestufenmodell von folgenden Elementatomen:

a) Lithium (3 Elektronen)   b) Natrium (11 Elektronen)   c) Chlor (17 Elektronen)
d) Calcium (20 Elektronen)   e) Gallium (31 Elektronen)

2.5   Das Orbitalmodell

Nach der Bearbeitung dieses Abschnitts können Sie

• zwischen der Haupt- und Nebenenergiestufe unterscheiden.
• den Begriff Orbital erläutern.
• das Pauli-Prinzip und die Hundsche Regel erläutern.
• den Aufbau der Atomhülle mithilfe des Orbitalmodells erklären.

2.5.1   Die Hauptenergiestufe, Hauptquantenzahl

Die Hauptenergiestufe oder Hauptquantenzahl n kennzeichnet die verschiedenen Energiestufen entsprechend dem Energiestufenmodell ($n = 1$ bis 7) des Elektrons (vgl. Kapitel 2.4.2). Die maximale Anzahl an Elektronen auf einer Hauptenergiestufe kann durch dieselbe Formel berechnet werden (**Tabelle 1**).

Es gilt: maximal $2 \cdot n^2$ (n = Hauptquantenzahl) Elektronen auf einer Hauptenergiestufe.

Im Periodensystem der Elemente (PSE) entspricht der Periodennummer die Anzahl der Hauptenergiestufen. So hat beispielsweise Kalium (4. Periode) vier solcher Hauptenergiestufen. Diese werden dann aber noch in Nebenenergiestufen untergliedert.

Tabelle 1: max. Besetzung der Hauptenergiestufen

Hauptquan- tenzahl n	maximale Elektronenzahl
1	2
2	8
3	18
4	32
5	50
6	72
7	98

2.5.2   Die Nebenenergiestufe, Nebenquantenzahl

Jedes Elektron versucht einen möglichst energiearmen Zustand zu erreichen. Für die ersten 18 Elemente funktioniert die Elektronenverteilung noch mit den Hauptenergiestufen. Vergleicht man die Elektronenkonfiguration von Kalium, Calcium über die Nebengruppenelemente bis hin zum Gallium (**Tabelle 2**), so lässt sich diese nicht mehr mit den Hauptenergiestufen erklären.

Tabelle 2: Elektronenkonfiguration nach Hauptenergiestufen der 4. Periode							
Energie- stufe	Kalium $_{19}$K	Calcium $_{20}$Ca	Scandium $_{21}$Sc	Titan $_{22}$Ti	...	Zink $_{30}$Zn	Gallium $_{31}$Ga
1	2	2	2	2		2	2
2	8	8	8	8		8	8
3	8	8	9	10		18	18
4	1	2	2	2		2	3

Das Element Kalium besitzt bereits vier Hauptenergiestufen, obwohl die dritte noch nicht maximal besetzt ist. Erst nach Calcium wird dann diese von Scandium bis Zink (Nebengruppenelementen) aufgefüllt, bis auch dort die maximale Anzahl von 18 Elektronen erreicht wird. Da aber jedes Elektron einen möglichst energiearmen Zustand zu erreichen versucht, muss das Modell um die so genannten Nebenenergiestufen erweitert werden.

Jedes Elektron nimmt einen möglichst energiearmen Zustand ein. Die ersten beiden Elektronen einer Hauptenergiestufe sind offensichtlich energieärmer als die folgenden. Eine Hauptenergiestufe wird in Nebenenergiestufen unterteilt.

Die Hauptenergiestufen (Hauptquantenzahl) können demnach in **Nebenenergiestufen** (Nebenquantenzahl) aufgespaltet werden. So wird die zweite Hauptenergiestufe in zwei, die dritte in drei und die vierte in vier verschiedene Nebenstufen untergliedert. Diese werden mit den Buchstaben **s, p, d und f** bezeichnet (**Tabelle 1**).

Tabelle 1: Aufgliederung der Hauptenergie-in Nebenenergieniveaus

Hauptenergie-niveau	Nebenener-gieniveau	Bezeichnung
$n = 1$	s	1s
$n = 2$	s; p	2s; 2p
$n = 3$	s; p; d	3s; 3p; 3d
$n = 4$	s; p; d; f	4s; 4p; 4d; 4f

> Die Hauptenergiestufe n wird in Nebenenergiestufen s, p, d, f untergliedert.

Ab der fünften Periode gibt es in der Theorie noch weitere. Diese werden aber bei der Elektronenkonfiguration der bisher bekannten Elemente (noch) nicht benötigt. Bei der energetischen Betrachtung ist das Energieniveau von 4s etwas geringer, als von 3d (**Bild 1**). Die Reihenfolge 1s, 2s, 2p, 3s, 3p, 4s, 3d, 4p, 5s, … lässt sich durch ein Schachbrettmuster nach Friedrich Seel einfacher einprägen. Beginnend mit 1s werden in den weißen Feldern eines Schachbrettes diagonal das s

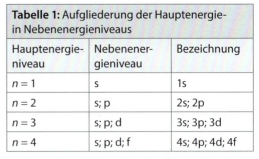

Bild 1: Energieniveau der Nebenenergiestufen

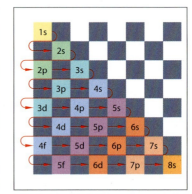

Bild 2: Schachbrettmuster nach Seel

Niveau eingetragen. Die Nebenenergieniveaus p, d und f werden parallel dazu unterhalb ebenfalls in den weißen Feldern eingetragen. Die Reihenfolge der Energiestufen wird von oben nach unten Zeile für Zeile gelesen.

> Die Energiestufen nach steigender Energie: 1s, 2s, 2p, 3s, 3p, 4s, 3d, 4p, 5s, 4d, 5p, 6s, 4f, …

In jedem Nebenenergieniveau hat eine bestimmte Anzahl an Elektronen Platz. In 1s, 2s, 3s, … usw. sind dies jeweils zwei, in 2p, 3p, 4p, usw. jeweils sechs, in 3d, 4d, 5d usw. jeweils zehn und in 4f, 5f bzw. 6f sind dies 14 Elektronen. In der Summe ergibt dies für jedes Hauptenergieniveau die maximal mögliche Anzahl $2 \cdot n^2$

- max. zwei Elektronen je Nebenenergieniveau s
- max. sechs Elektronen je Nebenenergieniveau p
- max. zehn Elektronen je Nebenenergieniveau d
- max. 14 Elektronen je Nebenenergieniveau f

Schreibweise:

$$2p^6$$

Hauptenergieniveau   Nebenenergieniveau   Elektronenzahl

Mit diesem Schema lässt sich die Elektronenkonfiguration von Kalium (2 – 8 – 8 – 1) erklären: 1s voll besetzt (2 Elektronen), 2s und 2p voll besetzt (8 Elektronen), 3s und 3p voll besetzt (8 Elektronen) und 4s mit noch einem Elektron. Schreibweise am Beispiel Kalium ($_{19}$K): $1s^2\ 2s^2\ 2p^6\ 3s^2\ 3p^6\ 4s^1$

ALLES VERSTANDEN?

1. Wie wird die Hauptenergiestufe $n = 4$ untergliedert?

2. Wie viel Elektronen haben in einer Nebenenergiestufe f maximal Platz?

3. Was bedeutet die Schreibweise $2p^3$?

4. Ordnen Sie alle Energiestufen bis 5d aufsteigend nach ihrem Energiegehalt.

2.5.3   Räumliche Aufteilung (Magnetquantenzahl) und der Spin

Die Magnetquantenzahl gibt im Prinzip die räumliche Aufteilung der Elektronen an. Während es von dem Niveau s immer nur einen „Raum" gibt, so verteilt sich das Niveau p schon auf drei „Räume" gleichem Energieniveaus. Die Nebenenergiestufe d wird auf fünf und f auf sieben energiegleiche Stufen verteilt (**Tabelle 1**). So werden die maximal 32 Elektronen der 4. Hauptenergiestufe auf 16 einzelne „Räume" verteilt (**Bild 1**), auf jeden einzelnen kommen nur maximal zwei Elektronen.

Tabelle 1: Anzahl der energiegleichen Nebenenergiestufen

Nebenniveau	Anzahl
s	1
p	3
d	5
f	7

Der Spin ist eine Eigenschaft eines Elektrons, welche mit der Rotation oder Drall beschrieben werden kann. Es sind dabei nur zwei Drehrichtungen möglich. Der Spin (bzw. die Spinquantenzahl) kann nur zwei Werte annehmen. Man spricht auch von paralleler und antiparalleler Orientierung. In einem „Raum" können nur Elektronen mit unterschiedlichem Spin sein.

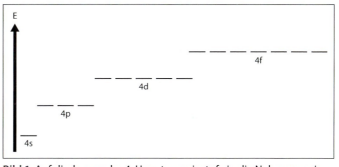

Bild 1: Aufgliederung der 4. Hauptenergiestufe in die Nebenenergiestufen s, p, d, f sowie deren „räumliche" Aufteilung

Elektronen verteilen sich auf unterschiedliche Räume mit verschiedenem Spin.

ALLES VERSTANDEN?

1. Wie viele Elektronen haben in einem „Raum" Platz?

2. Wie viele „Räume" hat die Energiestufe 5p und für wie viele Elektronen können dieses Energieniveau einnehmen?

3. Was versteht man unter dem Spin?

2.5.4   Die Orbitale

Experimente haben gezeigt, dass Elektronen zum einen die Eigenschaften eines Teilchens aufweisen. Sie können zum Beispiel Atome durch einen Stoß ionisieren. Zum Anderen zeigen sie aber auch die Eigenschaften einer Welle, Elektronenstrahlen lassen sich wie Licht beugen und in Abhängigkeit ihrer Energie lässt sich ihnen so eine bestimmte Wellenlänge zuordnen (**Welle-Teilchen-Dualismus**). Sie bewegen sich so schnell, so dass es nicht möglich ist gleichzeitig den Ort und die Geschwindigkeit zu bestimmen (**Heisenbergsche Unschärferelation**), sie „verschmieren" vielmehr vergleichbar mit einem Rotor, der sich sehr schnell dreht (**Bild 1**). Anschaulich kann von einer negativen Ladungswolke

Bild 1: Rotorblätter einer Drohne.

gesprochen werden. Der Österreicher Erwin Schrödinger berechnete die Wahrscheinlichkeit, mit der ein bestimmtes Elektron zu einem bestimmten Zeitpunkt in einem Experiment anzutreffen ist. Diese Aufenthaltsräume werden **Orbitale** (Orbit = Bahn, hier ist aber ein Raum gemeint) genannt.

Das Orbitalmodell berücksichtigt diese Erkenntnisse der Quantenmechanik und erweitert so das Energiestufenmodell.

> Ein Orbital ist ein Raum, in dem sich ein Elektron mit einer hohen Wahrscheinlichkeit aufhält.

s-Orbital:

Aus der Lösung der Schrödingergleichung lässt sich die Elektronendichteverteilung oder auch die Aufenthaltswahrscheinlichkeit für ein Elektron bestimmen. Für das Wasserstoffatom ergibt sich daraus ein entsprechender Graph (**Bild 2**).

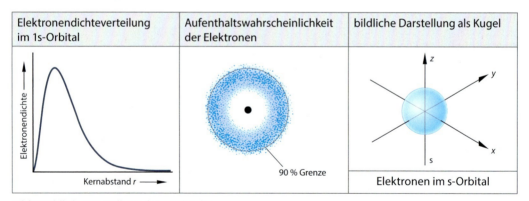

Elektronendichteverteilung im 1s-Orbital	Aufenthaltswahrscheinlichkeit der Elektronen	bildliche Darstellung als Kugel
Elektronendichte / Kernabstand r	90 % Grenze	Elektronen im s-Orbital

Bild 2: Bildliche Darstellung des s-Orbitales

Je nach dem Energiegehalt eines Elektrons, wird ihm ein wahrscheinlicher Aufenthaltsraum = Orbital zugeordnet. Würde man die Bewegung von Elektronen in Momentaufnahmen festhalten können (**Bild 2**), so finden sich Bereiche, in denen sich die Elektronen häufig und andere Bereiche, in denen sie sich seltener aufhalten (tatsächlich würden man bei der Aufnahme keine scharfen Punkte sehen, sie wären vielmehr verwischt bzw. unscharf). Wird in diesem Modell festgelegt, in welchem Raum sich das Elektron mit einer Wahrscheinlichkeit von 90 % aufhält, so ergibt sich für ein Wasserstoff-Elektron, dass es sehr wahrscheinlich in einem kugelförmigen Raum um den Atomkern herum aufzufinden ist (**Bild 2**).

Das s-Orbital wird bildlich als Kugel um den Atomkern dargestellt.

p-Orbital:

Es gibt **drei** 2p-Orbitale, **drei** 3p-Orbitale, **drei** 4p-Orbitale, usw. (vgl. Magnetquantenzahl). Der wahrscheinliche Aufenthaltsbereich der Elektronen in einem dieser Orbitale erzeugt ein anderes Bild, dieser wirkt hantelförmig (**Bild 1**). Die Orientierung im Raum entspricht einem rechtwinkligen Koordinatensystem (**Bild 1**), deshalb werden die einzelnen p-Orbitale auch mit p_x, p_y und p_z bezeichnet.

d- und f- Orbitale

Die fünf d-Orbitale (**Bild 2**) und die sieben f-Orbitale sind komplizierter aufgebaut. Dieser werden seltener bildlich dargestellt.

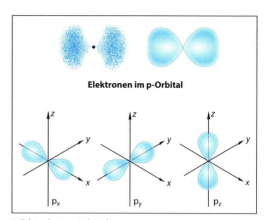

Elektronen im p-Orbital

Bild 1: drei p-Orbitale

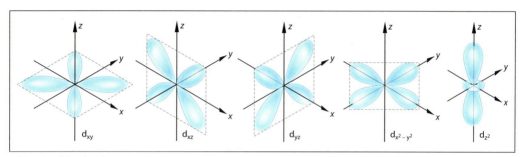

Bild 2: fünf d Orbitale

Zusammenfassung:
- Die 1. Hauptenergiestufe hat nur ein kugelförmiges s-Orbital (1s).
- Die 2. Hauptenergiestufe hat ein kugelförmiges s- und drei hantelförmige p-Orbitale (2s 2p).
- Die 3. Energiestufe hat ein s-, drei p- und fünf d-Orbitale (3s 3p 3d).
- Ab der 4. Energiestufe gibt es zu den s-, p-, d- noch sieben f-Orbitale (z. B. 4s 4p 4d 4f)

ALLES VERSTANDEN?

1. Was versteht man unter dem Begriff Orbital?

2. Welche Form hat das s-Orbtial bzw. das p-Orbital

3. Wie viele s-, p-, d- bzw. f-Orbitale kann es je Energiestufe geben?

4. Welches Orbital gibt es in jeder Energiestufe?

2.5.5 Vergleich Energiestufenmodell – Orbitalmodell

Anhand von ausgewählten Beispielen soll das Energiestufenmodell dem Orbitalmodell gegenübergestellt werden (**Bild 1**):

Wasserstoff (ein Elektron) hat ein s-Orbital des ersten Energieniveaus, welches mit einem Elektron besetzt ist. Kurzbezeichnung: $1s^1$

Helium (zwei Elektronen) hat ein s-Orbital des ersten Energieniveaus, welches mit zwei Elektronen besetzt ist. Kurzbezeichnung: $1s^2$

Lithium (drei Elektronen) hat ein s-Orbital des ersten Energieniveaus mit zwei Elektronen und ein s-Orbital des zweiten Energieniveaus mit einem Elektron besetzt. Kurzbezeichnung: $1s^2\,2s^1$

Bei Bor sind die s-Orbitale des ersten und zweiten Energieniveaus voll besetzt. Ein p-Orbital der zweiten Energiestufe ist mit einem Elektron besetzt. Kurzbezeichnung: $1s^2\,2s^2\,2p^1$

Das Edelgas Neon hat sowohl beide s-Orbitale der ersten und zweiten Energiestufe, als auch die drei p-Orbitale der zweiten Energiestufe mit jeweils zwei Elektronen besetzt. Kurzbezeichnung: $1s^2\,2s^2\,2p^6$

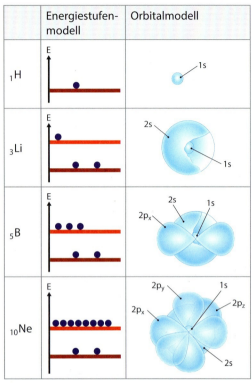

Bild 1: Energiestufenmodell und Orbitalmodell ausgewählter Elemente

Jedes Orbital kann maximal zwei Elektronen aufnehmen.

Mit der Kurzschreibweise wird zwar ersichtlich, wie viele Elektronen in den jeweiligen Orbitalen insgesamt sind, allerdings ist die räumliche Anordnung daraus nicht ersichtlich. Die bildliche Darstellung ist beim Orbitalmodell aber auch unüblich, denn diese ist bei vielen Elektronen übersichtlich. Aus diesem Grund hat sich die Kästchenschreibweise etabliert.

ALLES VERSTANDEN?

1. Wie viel Elektronen kann ein Orbital aufnehmen?

2. Wofür steht die hochgestellte Zahl 3 in der Schreibweise p^3?

3. Von einem Element-Atom ist die Elektronenkonfiguration $1s^2\,2s^2\,2p^2$ bekannt. Um welches Element handelt es sich?

4. Welchen Nachteil bietet die Kurzschreibweise?

2.5.6   Kästchenschreibweise beim Orbitalmodell

Es sind folgende Regeln einzuhalten:

1 Energieprinzip

Elektronen nehmen den möglichst niedrigsten Energiezustand an. Dabei wird eine Hautenergiestufe (Hauptquantenzahl 1 bis 7) in Nebenenergiestufen (Nebenquantenzahl; s, p, d, f) aufgespalten (vgl. Kapitel 2.5.2). Die Nebenenergiestufen sind räumlich zu unterscheiden (Magnetquantenzahl; eine s, drei p, fünf d, sieben f).

2 Das Pauli-Prinzip

Jedes Orbital darf nur mit maximal zwei Elektronen besetzt werden. Diese Elektronen haben einen entgegen Spin (Spinquantenzahl). Dieser wird mit einem Pfeil (nach oben oder unten) dargestellt.

3 Die Hundsche Regel

Orbitale, welche das gleiche Energieniveau haben, werden zunächst mit Elektronen besetzt. Diese haben den gleichen Spin. Erst dann wird nach und nach jedes Orbital mit einem zweiten Elektron besetzt, welches einen entgegen gesetzten Spin hat.

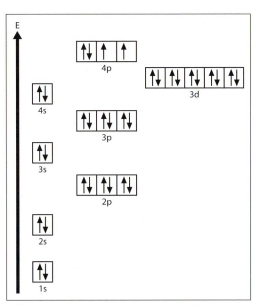

Bild 1: Kästchenschreibweise (oder **Pauling-Schreibweise**) für $_{34}$Se

Beispiel $_{34}$Se: Die 34 Elektronen verteilen sich unter Beachtung des Energieprinzips auf die Nebenenergieniveaus: $1s^2\ 2s^2\ 2p^6\ 3s^2\ 3p^6\ 4s^2\ 3d^{10}\ 4p^4$.

Da das Pauli-Prinzip und die Hundsche Regel gilt, können die Elektronen wie folgt dargestellt werden:

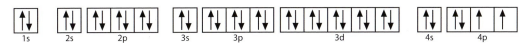

Unter Berücksichtigung des Energieniveaus ergibt sich ein entsprechendes Diagramm (**Bild 1**).

AUFGABEN

1. Beschreiben Sie das Orbitalmodell. Welche verschiedene Orbitale gibt es? Wie viele Elektronen können sich in einem Orbital aufhalten.

2. Erläutern Sie das Pauli-Prinzip und die Hundsche Regel am Beispiel $_7$N.

3. Das Element Tantal hat insgesamt 73 Elektronen. Analysieren Sie mithilfe des Schachbrettmusters nach Seel die Elektronenhülle.

4. Analysieren Sie die Elektronenhülle von $_{37}$Rb und $_{36}$Kr und erstellen Sie jeweils ein Diagramm in der Kästchenschreibweise unter Berücksichtigung des Energieniveaus.

5. Vanadium ist ein Nebengruppenelement mit der Ordnungszahl 23. Geben Sie die Elektronenkonfiguration von Vanadium in Kurz- sowie in der Kästchenschreibweise an.

6. Zeichnen Sie das Orbitalmodell von $_6$C.

2.6   Das Periodensystem der Elemente (PSE)

Eine Übersicht über die 118 Elemente bietet das Periodensystem der Elemente (kurz: PSE).

Nach der Bearbeitung dieses Abschnitts können Sie

- die Hauptgruppenelemente im PSE entsprechend der Anzahl an Energiestufen und Valenzelektronen gruppieren.
- mithilfe des Energiestufen- und des Orbitalmodells den Aufbau des PSEs beschreiben.
- die Hauptgruppen benennen.

2.6.1   Hauptgruppenelemente im PSE

Bereits 1869 ordneten der russische Chemiker Dmitri Iwanowitsch Mendelejew und der deutsche Chemiker Lothar Meyer unabhängig voneinander die Elemente tabellarisch nach den Eigenschaften. So sind die Alkalimetalle wie Natrium oder Kalium (**Bild 1**) weiche Metalle, die sogar mit einem Messer geschnitten werden können. Die frischen Schnittflächen sind silbern und glänzen, werden aber schon nach kurzer Zeit stumpf und grau.

Gibt man ein erbsengroßes Stück Lithium in Wasser, so führt dies umgehend zu einer Reaktion. Das weiche Alkalimetall reagiert mit dem Wasser und löst sich dabei augenscheinlich auf. Wiederholt man den Versuch mit Natrium bzw. mit Kalium, so reagieren diese ähnlich. Die Intensität der Reaktion ist bei Natrium größer als bei Lithium, bei Kalium ist sie am größten.

→ Die Alkalimetalle reagieren ähnlich und stehen im Periodensystem untereinander.

Eine andere Gruppe von ähnlich reagierenden Elementen sind die „Salzbildner" Fluor, Chlor oder Brom, welche sehr reaktionsfreudig sind. Dagegen reagieren die Edelgase praktisch gar nicht.

> Elemente mit ähnlichen chemischen Eigenschaften stehen im Periodensystem untereinander.

Bild 1: Natrium und Kalium

Die Elektronenkonfiguration bestimmt das chemische Verhalten eines Elementes. Diese Verteilung der Elektronen auf der Atomhülle lässt sich mithilfe des Periodensystems der Elemente, kurz PSE, sehr einfach und zuverlässig ermitteln. Hier sind die Elemente nach steigender Protonenzahl angeordnet, so hat das folgende Element ein Proton mehr als das vorhergehende. So kommt nach dem Element $_1$H das Edelgas $_2$He, danach das Alkalimetall $_3$Li usw.

Atome, welche dieselbe Anzahl an Energiestufen besitzen, werden nebeneinander in einer Zeile dargestellt, diese waagrechte Reihe wird als Periode bezeichnet. Beispiel: Die Elemente $_3$Li bis $_{10}$Ne stehen in der 2. Periode, sie haben 2 Energiestufen. Da beim Atom $_{11}$Na ein Elektron dazukommt, wird eine dritte Energiestufe benötigt → Na steht in der 3. Periode.

Die Spalten werden als Gruppen bezeichnet. Nach IUPAC werden diese mit 1 bis 18 durchnummeriert. Dabei nennt man die Gruppen 1, 2 und 13 bis 18 Hauptgruppen. Elemente einer Gruppe haben dieselbe Anzahl an Valenzelektronen.

> Die Gruppen werden im PSE von 1 bis 18 bzw. von I bis VIII durchnummeriert.

Bei Hauptgruppen ist das letzte besetzte Orbital ein s- oder p-Orbital. Da hier nur maximal acht Elektronen Platz haben, gibt es entsprechend nur acht Hauptgruppen. Diese werden in vielen Periodensystemen auch mit den römischen Ziffern I bis VIII gekennzeichnet.

Beispiel: $_4$Be, $_{12}$Mg, $_{20}$Ca, $_{38}$Sr, $_{56}$Ba und $_{88}$Ra stehen in der 2. Hauptgruppe, sie haben zwei Valenzelektronen.

Links der Diagonalen (**Bild 1**) finden sich die Metalle und rechts die Nichtmetalle. Dazwischen stehen die Elemente (**Bild 1** schraffiert), welche sowohl Eigenschaften von den Metallen als auch von den Nichtmetallen aufweisen, die Halbmetalle.

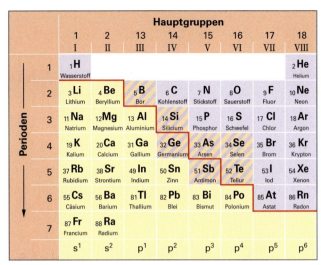

Bild 1: Periodensystem (verkürzt) mit den Hauptgruppenelementen

Allgemein lässt sich feststellen: Der Metallcharakter nimmt von oben nach unten, sowie von rechts nach links zu. Typische Metalle sind demnach das Cäsium oder das instabile Francium, typische Nichtmetalle die Edelgase Neon oder Helium.

Ordnungskriterien der Hauptgruppenelemente

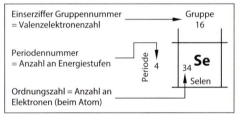

- Die Elemente sind fortlaufen nach ihrer Protonenzahl aufgeführt.
- Die Periode entspricht der Anzahl an Energiestufen (Hauptquantenzahl) eines Elementes.
- Die Einerstelle der Gruppe (bzw. die Hauptgruppennummer) entspricht bei den Hauptgruppenelementen der Valenzelektronenzahl.

Bild 2: Ordnungskriterien im PSE

Beispiel Selen: Das Element mit der Ordnungszahl 34 seht in der Gruppe 16 (VI. Hauptgruppe) und in der Periode 4 → Die 34 Elektronen des Selenatoms verteilen sich auf vier Energiestufen; wobei es sechs Valenzelektronen hat.

In dieser Systematik bildet das Helium eine Ausnahme. Trotz seiner zwei Valenzelektronen wird es in der 8. Hauptgruppe aufgeführt. Es hat nur eine Energiestufe und diese ist mit zwei Elektronen voll besetzt. Zudem verhält es sich chemisch wie die anderen Edelgase. Die Hauptgruppen tragen entweder historisch begründet bestimmte Namen, oder die Benennung wird aus einem typischen Vertreter der Gruppe gebildet:

- 1. Hauptgruppe: Gruppe der Alkalimetalle (Ausnahme: Wasserstoff)
- 2. Hauptgruppe: Gruppe der Erdalkalimetalle
- 3. Hauptgruppe: Borgruppe
- 4. Hauptgruppe: Kohlenstoffgruppe
- 5. Hauptgruppe: Stickstoffgruppe
- 6. Hauptgruppe: Sauerstoffgruppe (oder Gruppe der Chalkogene)
- 7. Hauptgruppe: Gruppe der Halogene
- 8. Hauptgruppe: Gruppe der Edelgase

ALLES VERSTANDEN?

1. Wie werden die Zeilen bzw. Spalten im Periodensystem genannt?
2. Welche Gruppen werden als Hauptgruppen bezeichnet?
3. Warum steht Helium trotz zwei Valenzelektronen in der VIII. Hauptgruppe?

AUFGABEN

1. Ermitteln Sie mithilfe des PSEs die Valenzelektronenzahl von Sauerstoff, Chlor und Calcium.
2. Ermitteln Sie mithilfe des PSEs die Anzahl an Energiestufen von Sauerstoff, Chlor und Calcium.
3. Ein Elementatom hat sieben Valenzelektronen und fünf Energiestufen. Benennen Sie das Element und nennen Sie den Namen der Elementgruppe.

2.6.2   Aufbau des PSE´s anhand des Energiestufenmodells

Das Periodensystem spiegelt das Energiestufenmodell wieder (**Bild** 1). Dabei finden sich folgende Übereinstimmungen:

1. Die Gruppennummer (bzw. die Hauptgruppe) gibt die Anzahl der Valenzelektronen an.
2. Die Periodenzahl entspricht der Anzahl an Energiestufen.
3. Die Ordnungszahl entspricht beim Atom der Anzahl an Elektronen.

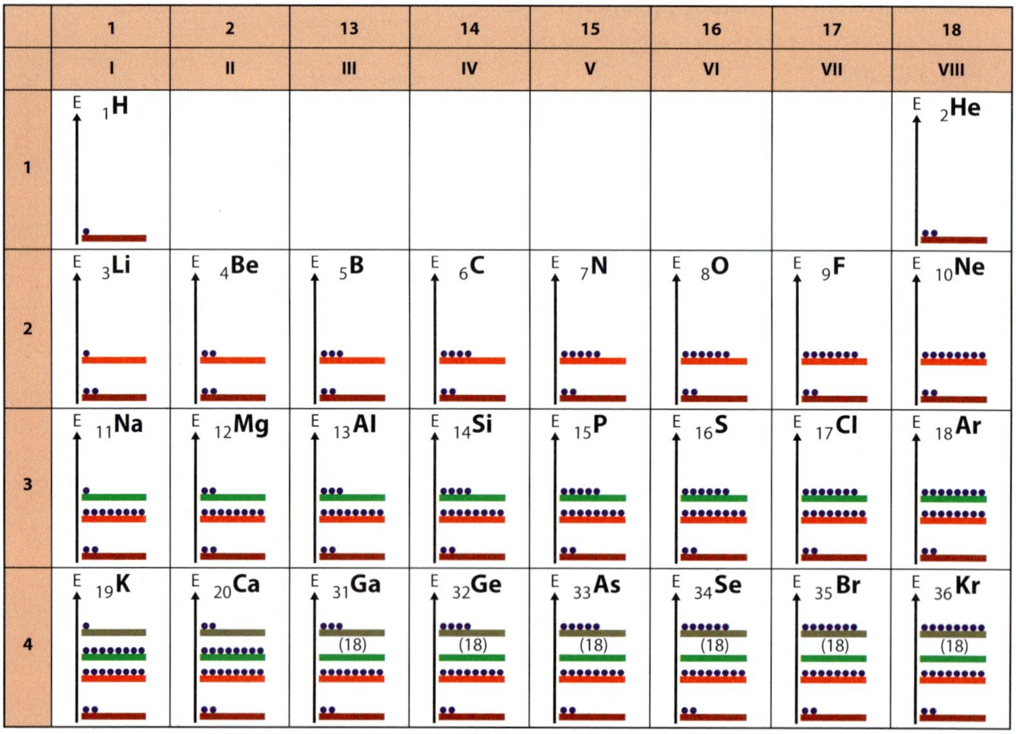

Bild 1: Im PSE entspricht die Periode der Anzahl an Energiestufen, die Hauptgruppe der Anzahl an Valenzelektronen.

Da im Periodensystem die Elemente nach der Ordnungszahl angeordnet sind, nimmt die Anzahl der Elektronen innerhalb einer Periode mit jedem Element um eins zu. Bei den Hauptgruppenelementen kommt dieses in die höchste Energiestufe.

Auffüllen der 3. Energiestufe

Bei dem Element Argon ist die höchste Energiestufe mit acht Elektronen besetzt. Obwohl auf der 3. Energiestufe rechnerisch 18 Elektronen sein dürften, sind mehr Valenzelektronen nicht erlaubt. Deshalb beginnt mit dem Element Kalium die 4. Energiestufe, damit wird diese zur höchsten. Nach dem Element Calcium wird dann durch die zehn Nebengruppenelenenten die noch nicht vollständig befüllte vorletzte Energiestufe befüllt.

Auffüllen der 4. Energiestufe

Auch das Edelgas Krypton hat acht Valenzelektronen, mit Rubidium wird eine 5. Energiestufe begonnen. Das weitere Auffüllen der 4 erfolgt bis zum 18. Elektron wieder durch die Nebengruppenelemente. Mit dem Hauptgruppenelement Indium kommt dann wieder jeweils ein Valenzelektron hinzu. Auf der 4. Energiestufe haben rechnerisch 32 Elektronen Platz. Dieser werden durch die Lanthanoide befüllt.

Anmerkung: Es sind keine Elemente bekannt, bei der die 5. Energiestufe mit mehr als 32 Elektronen besetzt sind, obwohl rechnerisch 50 Elektronen Platz hätten.

Die Hauptgruppenelemente befüllen die höchste Energiestufe.

Die Nebengruppen füllen die vorletzte Energiestufe auf.

Die Lanthanoide bzw. Actinoide befüllen die drittletzte Energiestufe.

ALLES VERSTANDEN?

1. Wie viele Nebengruppenelemente gibt es?

2. Entnehmen Sie dem Periodensystem der Elemente (PSE) die Anzahl an Energiestufen für das Element Thallium. Geben Sie des weiteren an, wie viele Elektronen sich hier auf der höchsten Energiestufe befinden.

3. Beschreiben Sie den Aufbau des PSEs mit dem Energiestufenmodell!

2.6.3   Aufbau des PSE´s anhand des Orbitalmodells

Um zu verstehen, weshalb es erst nach Calcium die Nebengruppen beginnen und erst dort die vorletzte Energiestufe besetzt wird, hilft das Orbitalmodell. So haben alle Erdalkalimetalle (= Gruppe 2) dann ein vollbesetztes s-Orbital und erst danach wird das d-Orbital (durch die Nebengruppen) bzw. das f-Orbital (durch Lanthanoide bzw. Actinoide) befüllt.

Das Orbitalmodell findet sich auch im PSE wieder:
1. Periodennummer gibt das höchste Hauptenergieniveau an.
2. Die Hauptgruppennummer entspricht der Anzahl an Elektronen im s- und p-Orbital des höchsten Hauptenergieniveaus.
3. Bei den Hauptgruppen werden die s-, ab der 13. Gruppe (III. HG) die p-Orbitale befüllt.
4. Bei den Nebengruppen werden die d-Orbitale befüllt.
5. Bei den Lanthanoide und Actinoide werden die f-Orbitale befüllt.

Tabelle 1: Elektronenkonfiguration der Hauptgruppenelemente bis Krypton

	1	2	13	14	15	16	17	18
	I	II	III	IV	V	VI	VII	VIII
1	${}_1$H $1s^1$							${}_2$He $1s^2$
2	${}_3$Li $1s^2$ $2s^1$	${}_4$Be $1s^2$ $2s^2$	${}_5$B $1s^2$ $2s^2\,2p^1$	${}_6$C $1s^2$ $2s^2\,2p^2$	${}_7$N $1s^2$ $2s^2\,2p^3$	${}_8$O $1s^2$ $2s^2\,2p^4$	${}_9$F $1s^2$ $2s^2\,2p^5$	${}_{10}$Ne $1s^2$ $2s^2\,2p^6$
3	${}_{11}$Na $1s^2$ $2s^2\,2p^6$ $3s^1$	${}_{12}$Mg $1s^2$ $2s^2\,2p^6$ $3s^2$	${}_{13}$Al $1s^2$ $2s^2\,2p^6$ $3s^2\,3p^1$	${}_{14}$Si $1s^2$ $2s^2\,2p^6$ $3s^2\,3p^2$	${}_{15}$P $1s^2$ $2s^2\,2p^6$ $3s^2\,3p^3$	${}_{16}$S $1s^2$ $2s^2\,2p^6$ $3s^2\,3p^4$	${}_{17}$Cl $1s^2$ $2s^2\,2p^6$ $3s^2\,3p^5$	${}_{18}$Ar $1s^2$ $2s^2\,2p^6$ $3s^2\,3p^6$
4	${}_{19}$K $1s^2$ $2s^2\,2p^6$ $3s^2\,3p^6$ $4s^1$	${}_{20}$Ca $1s^2$ $2s^2\,2p^6$ $3s^2\,3p^6$ $4s^2$	${}_{31}$Ga $1s^2$ $2s^2\,2p^6$ $3s^2\,3p^6\,3d^{10}$ $4s^2\,4p^1$	${}_{32}$Ge $1s^2$ $2s^2\,2p^6$ $3s^2\,3p^6\,3d^{10}$ $4s^2\,4p^2$	${}_{33}$As $1s^2$ $2s^2\,2p^6$ $3s^2\,3p^6\,3d^{10}$ $4s^2\,4p^3$	${}_{34}$Se $1s^2$ $2s^2\,2p^6$ $3s^2\,3p^6\,3d^{10}$ $4s^2\,4p^4$	${}_{35}$Br $1s^2$ $2s^2\,2p^6$ $3s^2\,3p^6\,3d^{10}$ $4s^2\,4p^5$	${}_{36}$Kr $1s^2$ $2s^2\,2p^6$ $3s^2\,3p^6\,3d^{10}$ $4s^2\,4p^6$
	s^1	s^2	p^1	p^2	p^3	p^4	p^5	p^6

Elemente, die untereinander stehen, haben dieselbe Elektronenbesetzung im energiereichsten Orbital. Beispielsweise haben Wasserstoff, Lithium, Natrium und Kalium das s-Orbital mit der höchsten Hauptquantenzahl (höchste Energiestufe) mit einem Elektron besetzt: s^1, ab der Borgruppe wird das p-Orbital besetzt. Einige Periodensysteme berücksichtigen diese Tatsache und kennzeichnen die Spalten entsprechend in der letzten Zeile (**Tabelle 1**).

H: $1s^1$,   Li: … $2s^1$,   Na: … $3s^1$,   K: … $4s^1$

B: … $2p^1$,   Al: … $3p^1$,   Ga: … $4p^1$,   In: … $5p^1$

Bei den **Hauptgruppenelementen** werden die Elektronen in die s- und p-Orbitale der höchsten Energiestufe eingebaut.

Bei den **Nebengruppenelementen** werden die Elektronen in die d-Orbitale der zweithöchsten Energiestufe eingebaut.

Bei den **Lanthanoide und Actinoide** werden die Elektronen in die f-Orbitale der dritthöchsten Energiestufe eingebaut.

ALLES VERSTANDEN?

1. In welche Orbitale werden die Elektronen bei den Hauptgruppenelementen eingebaut?
2. Welche Orbitale werden durch Nebengruppenelemente befüllt?
3. Wie sind die s- und p-Orbitale der höchsten Energiestufe von Halogenen besetzt?
4. Wofür steht das p^6 in der letzten Zeile beim Periodensystem?

2.6.4   Die Elektronenkonfiguration von Atomen und Atom-Ionen

Mithilfe des Periodensystems der Elemente lässt sich die Elektronenverteilung auf der Elektronenhülle angeben, was als Elektronenkonfiguration bezeichnet wird.

> Die Elektronenkonfiguration gibt die Elektronenverteilung auf der Atomhülle an.

Die Elektronenkonfiguration nach Energiestufen

Beispiel 1: Das Element Argon hat 18 Elektronen, welche sich auf drei Energiestufen verteilen. Auf der 3. Energiestufe hat es als Edelgas acht Elektronen. Die übrigen zehn Elektronen verteilen sich auf die 1. Energiestufe (zwei Elektronen) und 2. Energiestufe (acht Elektronen). So ergibt sich die Elektronenkonfiguration (**Bild 1**).

$n = 1: 2\ e^-$ $n = 2: 8\ e^-$ $n = 3: 8\ e^-$

Die Elektronenverteilung der Edelgase ist besonders energiearm und stabil. Diese wird auch Edelgaskonfiguration genannt.

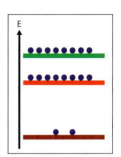

Bild 1: Energiestufenmodell von Argon

> Die Edelgaskonfiguration entspricht der Elektronenverteilung auf der Atomhülle eines Edelgases.

Beispiel 2: Elektronenkonfiguration von Indium (**Bild 2**), $_{49}$In hat 49 Elektronen, es steht in der Gruppe 13 und 5. Periode → 3 Valenzelektronen und 5 Energiestufen.

$n = 1: 2\ e^-$ $n = 2: 8\ e^-$ $n = 3: 18\ e^-$ $n = 4: 18\ e^-$ $n = 5: 3\ e^-$	Nachdem die drei Valenzelektronen notiert sind ($n = 5$: 3 e$^-$), wird von unten nach oben befüllt. Mit der 3. Energiestufe sind 31 Elektronen verteilt. Die verbleibenden 18 Elektronen kommen auf die 4. Stufe.

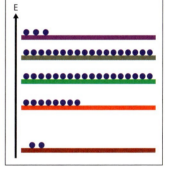

Bild 2: Energiestufenmodell von Indium: III. Hauptgruppe, 5. Periode

Hinweis: ab der 3. Periode haben die Elemente der 1. und 2. Gruppe (Alkali- und Erdalkalimetalle) auf dem vorletzten Energieniveau acht Elektronen, was mit dem Orbitalmodell erklärt werden kann.

Bei einigen Periodensystemen sind die einzelnen Energiestufen farblich gekennzeichnet. Damit lässt sich recht einfach die Elektronenzahl jeder Energiestufe ermitteln. Man geht von dem Element rückwärts Zeile für Zeile von unten nach oben und zählt dabei die Elemente der entsprechenden Farbe zusammen (**Bild 3**). So kommen bei Indium für die 5. Energiestufe drei Elektronen zusammen. Auf der 3. und 4. Energiestufe ergeben die jeweils zehn Nebengruppen- und acht Hauptgruppenelemente 18 Elektronen. Es verbleiben acht Elektronen auf der 2. und zwei auf der 1. Energiestufe.

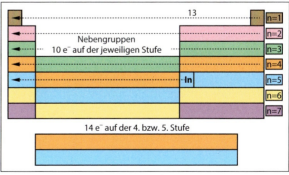

Bild 3: Bei farblich gekennzeichneten Energiestufen lässt die Elektronenkonfiguration abzählen, hier am Beispiel Indium

Beispiel 3: $_{84}$Po steht in der 6. Periode und in der Gruppe 16 (VI. Hauptgruppe): $n = 6$: 6 e⁻. Beim Zurückgehen im PSE ergeben sich folgende Informationen: 10 Nebengruppenelemente befüllen die 5. Energiestufe, 14 Lanthanoide die 4. Energiestufe, acht Hauptgruppenelemente die 5. Energiestufe, zehn Nebengruppenelenente die 3. Energiestufe, jeweils acht Hauptgruppenelemente die 3. und zweite Energiestufe und zuletzt zwei Elemente die 1. Energiestufe. Zusammengerechnet und in Reihenfolge gebracht ergibt sich die Elektronenkonfiguration von Polonium:

$n = 1$: 2 e⁻; $n = 2$: 8 e⁻; $n = 3$: 18 e⁻; $n = 4$: 32 e⁻; $n = 5$: 18 e⁻; $n = 6$: 6 e⁻.

Die Elektronenkonfiguration nach Orbitalen

Ist im Periodensystem der entsprechende Elektronenzustand gekennzeichnet, so lässt sehr schnell die Elektronenkonfiguration nach dem Orbitalmodell ermitteln.

Beispiel 1: Das Element Argon hat 18 Elektronen, welche sich auf drei Hauptenergiestufen verteilen. Auf der 3. Hauptenergieniveau hat es als Edelgas acht Elektronen → voll besetzte s- und p-Orbitale: Die verbleibenden zehn Elektronen verteilen sich auf die ebenfalls voll besetzten 2p, 2s und 1s Orbitale (**Bild 1**).

So ergibt sich die Elektronenkonfiguration 1s² 2s² 2p⁶ 3s² 3p⁶

Besonders energiearm und stabil ist die Atomhülle, wenn das s- und p-Orbital mit der höchsten Hauptenergiestufe voll besetzt ist (s² p⁶)

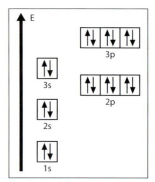

Bild 1: Elektronenkonfiguration von Ar in der **Pauling-Schreibweise**

> Die Edelgaskonfiguration entspricht der Elektronenverteilung auf der Atomhülle eines Edelgases, die s- und p-Orbitale der höchsten Hauptenergieniveaus sind voll besetzt.

Oftmals wird eine verkürzte Schreibweise verwendet, bei der das Edelgas mit der nächst kleineren Ordnungszahl in eckige Klammern geschrieben wird. Die fehlenden Orbitale werden dann ergänzt.

Beispiel 2: Kalium hat nur ein Elektron mehr als das Edelgas Argon. Dieses besetzt das 4s-Orbital. → Elektronenkonfiguration von Kalium: [Ar] 4s¹.

Mit dem Periodensystem lässt sich recht einfach die Elektronenkonfiguration in verkürzter Schreibweise ermitteln.

Beispiel 3: Elektronenkonfiguration von Indium: $_{49}$In hat 49 Elektronen, es steht in der Gruppe 13 und 5. Periode → 3 Valenzelektronen und 5 Hauptenergieniveaus. Das energiereichste Orbital 5p ist mit einem Elektron besetzt. Innerhalb dieser Periode geht man zurück (**Bild 2**). Die 4d-Orbitale sind mit 10 Elektronen und das 5s-Orbital mit zwei Elektronen voll besetzt. Die energieärmeren Orbitale entsprechen der Konfiguration des Edelgases Krypton.

→ Elektronenkonfiguration:
   [Kr] 4d¹⁰ 5s² 5p¹

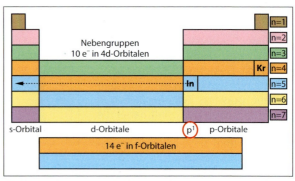

Bild 2: Bestimmung der Elektronenkonfiguration am Beispiel Indium: [Kr] 4d¹⁰ 5s² 5p¹

Beispiel 4: Ein Chlor-Atom hat fünf Elektronen in den 3p-Orbitalen (3p⁵). Durch ein weiteres Elektron, welches in ein 3p-Orbital eingebaut wird, erreicht es die Edelgaskonfiguration (… 3s² 3p⁶), es wird zum einfach negativ geladenen **Chlorid-Ion**, dem Cl⁻ (**Bild 1** auf Seite 49).

Beispiel 5: Durch die Abgabe eines Elektrons fällt bei Natrium das $3s^1$ Orbital weg. Allerdings sind die s- und p-Orbitale der 2. Hauptenergiestufe voll besetzt $\rightarrow$ Das einfach positiv geladene **Natrium-Ion** hat Edelgaskonfiguration (... $2s^2\ 2p^6$) (**Bild 2**).

> Oktettregel: Alle Elemente streben eine mit acht Elektronen vollbesetzte Außenschale an (= Edelgaskonfiguration). Diese haben ein vollbesetztes s- und p-Orbital ($s^2\ p^6$)

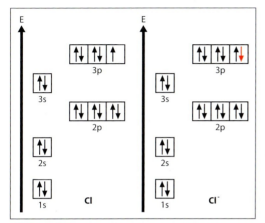

Bild 1: Elektronenkonfiguration von Cl (links) und Cl⁻ (rechts)

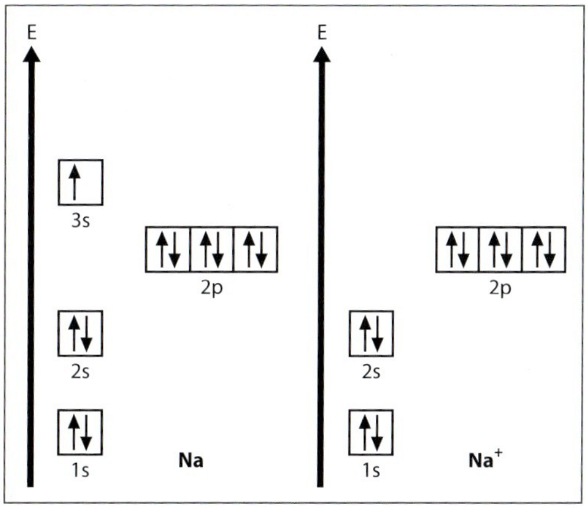

Bild 2: Elektronenkonfiguration von Na (links) und Na⁺ (rechts)

ALLES VERSTANDEN?

1. Was versteht man unter der Elektronenkonfiguration?

2. Was versteht man unter der Edelgaskonfiguration?

3. Wie lautet mit dem Orbitalmodell die Oktettregel?

4. Warum sind die Atom-Ionen der Halogene alle einfach negativ geladen?

AUFGABEN

1. Ermitteln Sie mithilfe des PSEs die Elektronenkonfiguration nach dem Energiestufenmodell von Sauerstoff, Chlor, Strontium und Zinn. Zeichen Sie danach das Energiestufenmodell von Sauerstoff, Chlor, Strontium und Zinn.

2. Erstellen Sie ein Diagramm des Energiestufenmodells für ein Magnesium- ($_{12}$Mg) und ein Calciumatom ($_{20}$Ca). Beschreiben Sie die Gemeinsamkeiten sowie die Unterschiede der beiden Atomhüllen.

3. Analysieren Sie die Verteilung der Elektronen in der Atomhülle von Antimon (Ordnungszahl 51) nach dem Orbitalmodell in verkürzter Schreibweise.

4. Stellen die Elektronenkonfiguration von $_{37}$Rb in der Pauling-Schreibweise dar. Begründen Sie damit, dass ein Rubidium-Ion einfach positiv geladen ist.

5. Beschreiben Sie die Elektronenverteilung der Atome von Phosphor, Kalium, Magnesium und Brom nach dem Energiestufenmodell oder dem Orbitalmodell. Schießen Sie durch den Vergleich der Valenzelektronenzahl mit der Edelgaskonfiguration auf die Ladung der Atom-Ionen.

3   Ionenbindung und Salze

Nach der Bearbeitung dieses Kapitels werden Sie in der Lage sein,

- eine chemische Reaktion von einem physikalischen Vorgang abzugrenzen.
- einfache Reaktionsgleichungen aufzustellen und Wortgleichungen in die chemische Schreibweise zu übertragen.
- den Energieumsatz einer stofflichen Umwandlung bei einer endo- und exothermen Reaktion zu beschreiben.
- die Salzbildungsreaktion aus den Elementen als Elektronenübergang einer Redoxreaktion zu verdeutlichen.
- mithilfe des Periodensystems der Elemente die Zusammensetzung von Salzen zu beschreiben.
- freiwillig ablaufende Redoxreaktionen bei der Salzbildung und erzwungene Redoxreaktionen bei der Elektrolyse zu vergleichen und die Umkehrbarkeit dieser Reaktion zu erkennen.
- die Verhältnisformel von Salzen zu bilden.
- die Bildung von Ionengittern zu begründen.

3.1   Die chemische Reaktion

Nach der Bearbeitung dieses Abschnitts können Sie

- eine chemische Reaktion von einem physikalischen Vorgang abgrenzen.
- eine Wortgleichung in die chemische Schreibweise überführen und die Reaktionsgleichung ausgleichen.
- zwischen einer endo- und exothermen Reaktion unterscheiden und in entsprechenden Energiediagrammen darstellen.

3.1.1   Abgrenzung physikalischer Vorgang und chemische Reaktion

Wird Eis geschmolzen oder lässt man Wasser verdampfen, so ändert sich dabei lediglich sein Aggregatszustand. Aus festem H_2O wird flüssiges, aus flüssigem Wasser wird gasförmiger Dampf (**Bild 1**). Dabei findet jedoch keine stoffliche Umwandlung statt: Wasser bleibt immer noch Wasser.

Sublimiert Trockeneis (= festes CO_2), so wird das Kohlendioxid gasförmig. Die Farbe, Dichte, Schmelzpunkt oder Löslichkeit sind die physikalischen Eigenschaften eines Stoffes.

> Die Erscheinungsform eines Stoffes fest, flüssig oder gasförmig sind Aggregatszustände.

Der Aggregatszustand ist eine physikalische Eigenschaft, die Überführung in einen anderen ist keine chemische Reaktion. Die chemische Zusammensetzung bleibt unverändert.

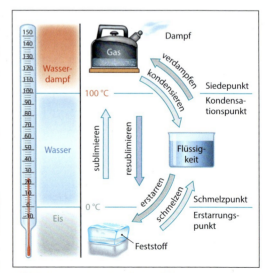

Bild 1: Aggregatszustände von Wasser

Bleibt die chemische Zusammensetzung eines Stoffes unverändert, so handelt es sich um einen physikalischen Vorgang.

Zu physikalischen Vorgängen zählen:
- Umformungen, spanabhebende Bearbeitung wie Fräsen, Drehen, Sägen, Feilen, Hobeln und spanlose Bearbeitung wie Biegen, Pressen
- Mischen, Verrühren, Auflösen
- Zerkleinern, Mahlen, Zerstäuben
- Schmelzen, Verdampfen, Sublimieren, Erstarren, Kondensieren, Resublimieren
- Trennen (Destillieren, Dekantieren, Filtrieren)

Bei einer chemischen Reaktion wiederum werden Stoffe umgewandelt oder miteinander verbunden, immer mit einem bestimmten Energieumsatz – die Teilchen reagieren miteinander.

Beispiel Zweikomponentenkleber (**Bild 1**): Gibt man einem flüssigen Epoxidharz einen Härter zu, so reagieren beide Stoffe und der Kleber härtet aus. Hier findet eine chemische Reaktion statt.

Bei einer chemischen Reaktion findet eine Stoffänderung bei einem Energieumsatz statt, der entstandene Stoff zeigt andere Eigenschaften.

Bild 1: Zweikomponentenkleber

Werden zwei Stoffe wie Eisenpulver und Schwefelpulver gemischt, so erhält man lediglich ein Stoffgemisch. Beide Stoffe lassen sich beispielsweise mithilfe eines Magneten wieder trennen. Lässt man jedoch die Stoffe reagieren (in dem kräftig erhitzt wird), so ist eine Trennung nicht mehr möglich.

Vordergründig scheint auch der Lösungsvorgang von Salzen keine chemische Reaktion zu sein. Schließlich lässt sich das Salz durch Verdampfen des Wassers wieder zurück gewinnen. Nur bei exakter Betrachtung werden zum einen die Ionenbindungen des Kristalls gelöst und zum anderen die Ionen mit einer Hydrathülle umschlossen.

ALLES VERSTANDEN?

1. In welchen Erscheinungsformen kommen Stoffe vor?

2. Was sind die Kennzeichnen eines physikalischen Vorgangs?

AUFGABEN

1. Beschreiben Sie die Kennzeichen einer chemischen Reaktion.

2. Welches der vorliegenden Ereignisse sind chemische und welche physikalische Vorgänge?
   a) Eine grüne Banane färbt sich gelb.
   b) Eine Brille beschlägt beim Betreten einer Wohnung.
   c) Das Auflösen einer Brausetablette im Wasser.
   d) Eine Apfelschorle mischen.
   e) Ein Spiegelei braten.
   f) Ein Lagerfeuer wird entzündet.
   g) Einen Hefeteig mischen und bei 25 °C eine Stunde stehen lassen.

3.1.2   Die Reaktionsgleichung

Wird Eisen und Schwefel zur Reaktion gebracht (**Bild 1**), so findet dabei eine Stoffänderung statt: Der entstandene Stoff zeigt neue Eigenschaften und eine bestimmte Energiemenge wird dabei freigesetzt. Bei einer chemischen Reaktion entstehen neue Stoffe. Die Anzahl der beteiligenden Atome ändert sich dabei aber nicht, sie kombinieren sich lediglich neu. Die Ausgangsstoffe werden als Edukte, die neu entstandenen Stoffe als Produkte bezeichnet.

Versuch: Synthese von Eisen mit Schwefel zu Eisensulfid

Bild 1: Reaktion von Eisen mit Schwefel (links) zu Eisensulfid, Edukte und Produkt in Wasser (rechts)

> Ausgangsstoff(e) → Reaktionsprodukt(e)
> Edukt(e)   Produkt(e)

Beispiel 1: Wird Eisenpulver mit Schwefel zur Reaktion gebracht, so entsteht ein neuer Stoff mit anderen Eigenschaften: das Eisensulfid.

„Eisen reagiert mit Schwefel zu Eisensulfid" wird mit den Symbolen der chemischen Elemente in einer Reaktionsgleichung wie folgt ausgedrückt:

$$Fe + S \quad \rightarrow \quad FeS$$
$$\text{Edukte} \qquad \text{Produkt}$$

Beispiel 2: Die Verbrennung von Magnesium. Hier reagiert das Magnesium mit dem Sauerstoff der Luft, es entsteht Magnesiumoxid.

> Verbrennungsreaktionen sind Reaktionen mit Sauerstoff, es entstehen Oxide.

„Magnesium reagiert mit Sauerstoff zu Magnesiumoxid" ergibt dem Wortlaut zufolge die Reaktionsgleichung: $Mg + O_2 \rightarrow MgO$

Versuchsbeschreibung: 6,4 g Schwefel mit 11,2 g Eisenpulver vermengen. Einen Spatel des Gemisches in ein mit etwas Wasser gefülltes Reagenzglas geben, den Rest auf einer feuerfesten Unterlage anhäufen und z. B. mit einer brennenden Wunderkerze im Abzug zünden (**Bild 1** links).

Das entstandene Reaktionsprodukt Eisensulfid zeigt andere Eigenschaften als das Stoffgemisch aus Eisen und Schwefel (**Bild 1** rechts). So trennt sich das Gemisch im Wasser, bei Eisensulfid ist das nicht der Fall.

Da sich die Anzahl der Atome aber nicht ändert, müssen auf der linken Seite des Reaktionspfeils genau so viele Atome eines jeden Elementes stehen wie auf der rechten Seite – die Reaktionsgleichung ist noch **auszugleichen (= stöchiometrisch richtig stellen)**. Dies geschieht mit **Koeffizienten**, denn die Indizes dürfen nicht verändert werden.

Mit allen anderen beteiligten Elementen ist ebenso zu verfahren, so dass die fertige Reaktionsgleichung wie folgt aussieht:
$$2\,Mg + O_2 \quad \rightarrow \quad 2\,MgO \qquad \text{(ausgeglichene Reaktionsgleichung)}$$

> Die Anzahl der Atome bleibt bei einer Reaktion unverändert, sie ist links und rechts vom Reaktionspfeil gleich.

Beim stöchiometrischen Richtigstellen werden die Indizes nicht mehr verändert. Mithilfe von Koeffizienten wird dafür gesorgt, dass von jeder Atomsorte links und rechts vom Reaktionspfeil dieselbe Anzahl steht.

Anmerkung: Die Verbrennung von Kohlenwasserstoffen (z. B. Methan oder Butan) ist die häufigste chemische Reaktion. Bei der idealen Verbrennung entstehen hier Kohlendioxid und Wasser.

ALLES VERSTANDEN?

1. Was sind Edukte bei der Verbrennung von Eisen?

2. Wie entsteht in der Chemie ein Produkt?

3. Worin unterscheidet sich schon optisch die chemische von der mathematischen Gleichung?

4. Was versteht man unter stöchiometrisch richtig stellen bei einer Reaktionsgleichung?

5. Welche Produkte entstehen bei der idealen Verbrennung von Kohlenwasserstoffen?

Aufstellen einer Reaktionsgleichung am Beispiel **Verbrennung von Butan**: Die ideale vollständige Verbrennung von Butangas (C_4H_{10}) verläuft nach folgendem Reaktionsschema:

$\gg C_4H_{10} + O_2 \quad \rightarrow \quad CO_2 + H_2O \ll$	Da links 4 C-Atome und 10 H-Atome stehen, müssen rechts 4 CO_2 und 5 H_2O Moleküle stehen.
$\gg C_4H_{10} + O_2 \quad \rightarrow 4\,CO_2 + 5\,H_2O \ll$	Nun stehen aber rechts 13 O-Atome. Die linke Seite ist entsprechend zu ergänzen!
$\gg C_4H_{10} + 6{,}5\,O_2 \rightarrow 4\,CO_2 + 5\,H_2O \ll$	Möchte man nur ganzzahlige Koeffizienten: die gesamte Gleichung mit 2 multiplizieren.

$$2\,C_4H_{10} + 13\,O_2 \quad \rightarrow \quad 8\,CO_2 + 10\,H_2O$$

AUFGABEN

1. Stellen Sie die entsprechende Reaktionsgleichung auf:
   a) Synthese von Kalium mit Schwefel zu Kaliumsulfid (K_2S).
   b) Die Verbrennung von Natrium zu Natriumoxid (Na_2O)

2. Bei der Gewinnung von Eisen aus Erzen werden auch schwefelhaltige Erze wie Pyrit (**Bild 1**) verwendet. Bei dem so genannten Rösten läuft im Röstofen folgende Reaktion ab: das Pyrit (auch Eisen(II)-disulfid genannt) reagiert mit Sauerstoff zu Eisen(III)oxid (Fe_2O_3) und Schwefeldioxid. Recherchieren Sie die chemische Formeln von Pyrit und Schwefeldioxid und erstellen Sie aus der vorliegenden Wortgleichung „Pyrit reagiert mit Sauerstoff zu Eisen(III)oxid und Schwefeldioxid" die Reaktionsgleichung.

Bild 1: Pyrit

3. Chlorid-Ionen, wie sie in Natriumchlorid enthalten sind, können mit einer Lösung von Silbernitrat nachgewiesen werden. Dabei reagiert das Natriumchlorid mit Silbernitrat ($AgNO_3$) zu Silberchlorid ($AgCl$) und Natriumnitrat ($NaNO_3$). Stellen Sie die Reaktionsgleichung auf!

4. Stellen Sie folgende Reaktionsgleichung stöchiometrisch richtig:
   a) $Fe + Cl_2 \rightarrow FeCl_3$
   b) $N_2 + H_2 \rightarrow NH_3$
   c) $C_4H_{10} + O_2 \rightarrow CO_2 + H_2O$
   d) $Fe_2O_3 + C \rightarrow Fe + CO_2$

3.1.3   Energieumsatz bei chemischen Reaktionen.

Die Aktivierungsenergie

Viele chemische Reaktionen verlaufen nicht von selber ab. Damit z. B. Natrium und Chlor miteinander reagieren, müssen die Reaktionspartner wirksam zusammenstoßen. Diese notwendige Energie wird von außen zugeführt.

> Die Energie, welche notwendig ist um eine chemische Reaktion auszulösen, nennt man Aktivierungsenergie.

Modellversuch zur Aktivierungsenergie

Eingefärbtes Wasser soll von einem höher gelegenen Gefäß 1 in ein zweites Gefäß geleitet werden (**Bild 1**). Dazu wird in das Gefäß 1 so lange geblasen, bis das Wasser im Schlauch über den höchsten Punkt S das Niveau H des höher gelegenen Wasserstandes wieder erreicht hat. Danach fließt das Wasser von selbst vom oberen Gefäß in das tiefer liegende.

Möchte man das Wasser von Gefäß 2 in das Gefäß 1 zurückbefördern, so muss ständig geblasen werden. Sobald man aufhört, stoppt der Fluss.

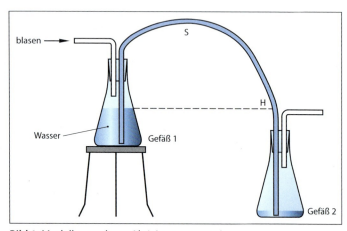

Exotherme Reaktion:

Bei einer chemischen Reaktion kommt es zu einem Energieumsatz. Das bedeutet, dass sich der Energiegehalt der Produkte von den Edukten unterscheidet. Wird bei einer chemischen Reaktion Energie freigesetzt, so ist diese **exotherm**. Ein Teil der chemisch gebundenen Energie der Edukte wird dabei an die

Bild 1: Modellversuch zur Aktivierungsenergie

Umgebung in Form von Wärme abgegeben. Der Energiegehalt der Produkte ist um diesen Betrag geringer. Diese freigewordene **Reaktionswärme** kann zum Beispiel als Treibstoff oder Heizmaterial eingesetzt werden (**Bild 2**), ΔH erhält ein negatives Vorzeichen.

Ein anderes Beispiel für eine exotherme Reaktion ist die aus 3.1.2 bekannte Synthese von Eisen und Schwefel zu Eisensulfid:

$$Fe + S \rightarrow FeS \qquad \Delta H < 0$$

Bild 2: Die Verbrennung – eine exotherme Reaktion

> Eine Synthese ist eine chemische Reaktion, bei der verschiedene Elemente zu einem Produkt reagieren.

Endotherme Reaktion

Muss der Reaktion ständig Energie zugeführt werden, um energiereichere Produkte zu bilden, so ist diese Reaktion endotherm. Da hier Reaktionswärme aufgenommen wird, ist ΔH positiv.

Beispiel Analyse von Silberoxid zu Silber und Sauerstoff (**Bild 1**): Die Analyse ist eine chemische Reaktion, bei der ein Edukt in seine Elemente zerlegt wird. Eine Spatelspitze Silberoxid wird in einem Reagenzglas erhitzt. So lange ausreichend Wärme zugeführt wird, zersetzt sich das braunschwarze Silberoxid zu Silber und Sauerstoff, welcher sich durch die Glimmspanprobe nachweisen lässt. Sobald keine Wärme mehr zugeführt wird, stoppt die Reaktion.

$$2\,Ag_2O \;\rightarrow\; 4\,Ag + O_2 \quad \Delta H > 0$$

Bild 1: Thermische Zersetzung von Silberoxid

Endotherme Reaktionen benötigen kontinuierlich Energie.

Läuft eine Reaktion bei konstantem Druck ab, was für die Mehrzahl der Reaktionen zutrifft, so entspricht die Reaktionswärme der so genannten Reaktionsenthalpie – ein in der Chemie häufig verwendeter Begriff.

> Exotherme Reaktionen geben Energie z. B. in Form von Wärme an die Umgebung ab.
> Endothermen Reaktionen muss Energie z. B. in Form von Wärme zugeführt werden.
> Synthese: Verschiedene Elemente reagieren zu einem Produkt.
> Analyse: Eine Verbindung reagiert zu den Elementen.

Ablauf einer chemischen Reaktion:

Damit die Reaktion startet, muss zunächst die Aktivierungsenergie aufgebracht werden. Bei der **exothermen** Reaktion werden dadurch die metastabilen Edukte in einen instabilen Zustand gebracht, die Teilchen können reagieren. Der Energiegehalt der Endprodukte ist im Vergleich zu den Ausgangsstoffen geringer (**Bild 2**). Die frei gewordene Energie genügt, um weitere Teichen zu aktivieren – die Reaktion verläuft daher ohne weitere Energiezufuhr von außen selbstständig ab.

Viele exotherme Reaktionen können nach der Aktivierung von selbst ablaufen.

Ist die Reaktion **endotherm** wird zwar auch ein Teil der Aktivierungsenergie wieder frei gegeben, diese genügt aber nicht um die Reaktion aufrecht zu halten. Die Endprodukte haben aber einen höheren Energiegehalt als die Ausgangsstoffe (**Bild 2**). Damit die Reaktion weiterhin stattfindet, muss daher von außen kontinuierlich Energie zugeführt werden.

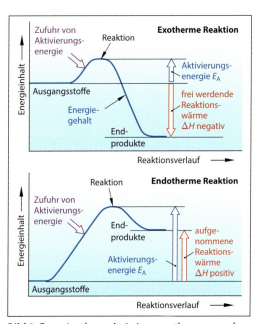

Bild 2: Energieschema bei einer exothermen und endothermen Reaktion

Nur wenige endotherme Reaktionen laufen spontan ab, dabei kühlt die Umgebung ab.

ALLES VERSTANDEN?

1. Was versteht man unter der Aktivierungsenergie?

2. Erläutern Sie den Unterschied zwischen einer endothermen und exothermen Reaktion. Geben Sie dazu auch an, welches Vorzeichen die Reaktionswärme ΔH jeweils hat.

3. Zu welchem Reaktionstyp gehört die Verbrennung von Magnesium? Begründen Sie ihre Aussage und stellen Sie die Verbrennung von Magnesium in einem Energieschema dar.

4. Weshalb muss bei einer exothermen Reaktion nach dem Reaktionsstart keine Aktivierungsenergie mehr zugeführt werden?

Exkurs: Bestimmung der Reaktionsenthalpie

Zur Bestimmung der Reaktionsenthalpie können die Standard-Enthalpien (**Tabelle 1**) von Verbindungen herangezogen werden. Diese können in einschlägigen Tabellen nachgeschlagen werden. Per Definition ist haben Elemente (bei 25 °C und 1,0 bar) den Wert null.

Die Reaktionsenthalpie lässt sich aus der Differenz der Enthalpien aller Produkte, abzüglich der Enthalpien aller Edukte berechnen.

ΔH = Enthalpiesumme Produkte – Enthalpiesumme Edukte

Beispiel: Kohlenstoff reagiert mit Wasserdampf zu Kohlenmonoxid und Wasserstoff: ($C + H_2O_{(g)} \rightarrow CO + H_2$) Wasserstoff und Kohlenstoff haben den Wert null, Wasserdampf und Kohlenmonoxid der Tabelle entnehmen.

ΔH = –110,5 kJ/mol – (–241,8 kJ/mol) = +131,3 kJ/mol (→ endotherm)

Tabelle 1: Standard-Enthalpen in kJ/mol

$H_2O_{(g)}$	−241,8
$H_2O_{(l)}$	−286,0
CO	−110,5
CO_2	−393,5
CH_4	− 74,9
Fe_2O_3	−821,7
FeS	− 95,4
Ag_2O	− 30,6

AUFGABEN

1. 8,6g Zinksulfat-heptahydrat reagieren bereits bei Raumtemperatur mit 4,4 g Kaliumchlorid (trocken) nachdem die Stoffe vermengt werden. Planen Sie einen geeigneten Versuch, um zu untersuchen ob es sich um eine exo- oder endotherme Reaktion handelt. Führen Sie das Experiment durch und werten Sie das Ergebnis entsprechend aus.

2. Eisen(II)-oxid reagiert mit Kohlenmonoxid zu Eisen und Kohlendioxid. Bei der Reaktion beträgt ΔH = – 27,7 kJ/mol. Skizzieren Sie ein entsprechendes Energiediagramm des Reaktionsverlaufs.

3. Das Auflösen von Salzen in Wasser verläuft oftmals exotherm oder endotherm. Planen Sie geeignete Versuche, mit denen dies untersucht werden kann. Führen Sie diese Untersuchung an den Salzen Kaliumchlorid, Kaliumcarbonat, Ammoniumchlorid, Natriumchlorid, Calciumchlorid, Natriumsulfat-Decahydrat (Glaubersalz) und Natriumcarbonat durch.

4. Eine Spatelspitze Kupfer(II)sulfat-Pentahydrat über einer Bunsenbrennerflamme so lange stark erhitzen, bis ein vollständig weißes Pulver entstanden ist (Trocknung). Nach dem Abkühlen werden unter Temperaturkontrolle drei Tropfen Wasser zugegeben (Hydratation). Beschreiben Sie das Trocknen energetisch durch ein geeignetes Diagramm und begründen Sie mithilfe des Experimentes, dass die Hydratation stark exotherm verläuft.

5. Die Aktivierungsenergie muss nicht immer in Form von Wärme zugeführt werden. Recherchieren Sie, welche andere Möglichkeiten es gibt (mit Beispiel), eine Reaktion auszulösen.

3.2   Ionenbindung durch Elektronenübergang

Nach der Bearbeitung dieses Abschnitts können Sie

- die Vorgänge in der Elektronenhülle bei der Reaktion eines Metalls mit einem Nichtmetall mithilfe des Energiestufen- und Orbitalmodells erläutern.
- die Oktettregel anwenden.
- die Ionenladung von Hauptgruppenelemente bei Salzen mithilfe des PSEs bestimmen.
- die Synthese von Salzen aus Haupt- und Nebengruppenelementen beschreiben.
- die Verhältnisformel von Salzen mithilfe der Ionenladung von Atom-Ionen und Molekül-Ionen bilden.
- aus der Verhältnisformel die Ladungen der enthaltenen Ionen sowie dessen Salznamen ableiten.

3.2.1   Die Reaktion eines Metalls mit einem Nichtmetall

Reaktion von Natrium mit Chlor

Ein Standzylinder wird mit zwei bis drei Zentimeter Sand befüllt. Anschließend wird darin (Abzug!) Chlorgas eingeleitet. In ein Reagenzglas, in welchem sich im unteren Bereich ein Loch befindet, wird ein halberbsengroßes Stück Natrium (sauber entrindet) gegeben und über dem Bunsenbrenner bis zum Glühen erhitzt. Daraufhin in den mit Chlorgas (Cl_2, giftig) gefüllten Standzylinder geben. Mit einer hellen, gelben Lichterscheinung reagieren beide Stoffe miteinander (**Bild 1 links**). Nach der Reaktion sind weiße Kristalle an der Reagenzglaswand sichtbar (**Bild 1 rechts**).

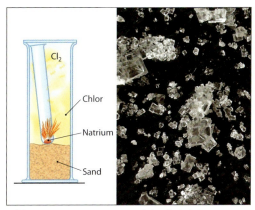

Bild 1: Natrium reagiert mit Chlor (links). Es entstehen weiße Kristalle (rechts).

Erklärung mit dem Schalenmodell: Trifft ein Natriumatom auf ein Chloratom, so streben beide Atome einen energiearmen Zustand an. Natrium gibt sein Valenzelektron relativ leicht ab, welches vom Chloratom aufgenommen wird. Durch den Elektronenübergang ist ein positiv geladenes Natrium-Ion entstanden, welches seine dritte Schale verloren hat und somit auf der neuen Außenschale acht Valenzelektronen besitzt – es hat die Edelgaskonfiguration erreicht. Durch die Aufnahme des Elektrons ist zudem ein negativ geladenes Chlorid-Ion entstanden, welches nun ebenfalls das Oktett erreicht hat (**Bild 2**). Die beiden Ionen ziehen sich an.

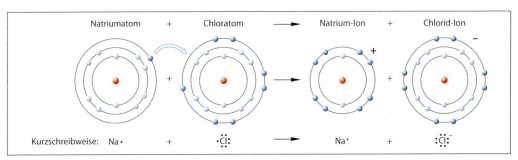

Bild 2: Bildung einer Ionenbindung

Erklärung mit dem Energiestufenmodell:
Natrium hat auf der höchsten Energiestufe ein Elektron, Chlor hat auf dieser sieben. Zum Oktett fehlt dem Chloratom noch ein Elektron. Durch die Abgabe eines Elektrons verliert Natrium die höchste Energiestufe, beim Na$^+$ ist die zweite Energiestufe mit acht Elektronen besetzt. Beide Elemente haben so Edelgaskonfiguration erreicht.

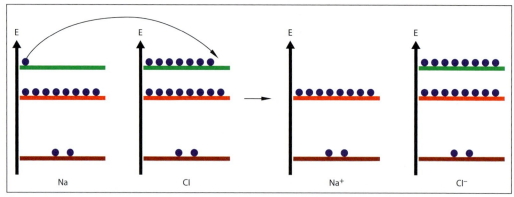

Bild 1: Elektronenübergang vom Natriumatom zum Chloratom, Bildung eines Natrium-Ion Na$^+$ und Chlorid-Ion Cl$^-$

Oktettregel: Alle Elemente streben auf der höchsten Energiestufe acht Elektronen an.

Erklärung mit dem Orbitalmodell:
Ein Natrium-Atom hat ein Elektron im 3s-Orbital und somit auch ein Elektron mehr als das Edelgas Neon. Die 3p-Orbitale beim Chlor-Atom sind mit fünf Elektronen besetzt, ein Elektron weniger als das Edelgas Argon hat. Bei der Reaktion gibt Natrium sein energiereichstes Elektron aus dem 3s-Orbital an das Chlor-Atom ab. So hat ein Natrium-Ion dieselbe Elektronenkonfiguration ([He]2s^{2}2p^6) wie ein Neon-Atom, das Chlorid-Ion hat dieselbe Elektronenkonfiguration ([Ne]3s^{2}3p^6) wie Argon (**Bild 2**).

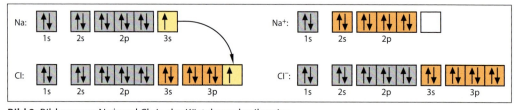

Bild 2: Bildung von Na$^+$ und Cl$^-$ in der Kästchenschreibweise

Aus einem Natriumatom wird ein Natrium-Ion. Auf ein solches Ion kommt ein Chlorid-Ion, was auch die **Verhältnisformel** NaCl ausdrückt. Bei der Ionenbindung gilt:
- Natrium gibt ein Elektronen ab (Fachbegriff: Oxidation) → es entsteht ein positiv geladenes Natrium-Ion.
- Chlor nimmt diese Elektronen auf (Fachbegriff: Reduktion) → es entsteht ein negativ geladenes Chlorid-Ion.

Oktettregel: Alle Elemente streben eine mit acht Elektronen vollbesetzte Außenschale an. (= Edelgaskonfiguration). Das bedeutet die höchste Hauptenergiestufe hat vollbesetzte s- und p-Orbitale (s^2 p^6).

In der Ionenbindung erreichen die Metalle dies durch Elektronenabgabe (= Elektronendonator), die Nichtmetalle durch Elektronenaufnahme (= Elektronenakzeptor). Anhand der Hauptgruppe lässt sich die deren Anzahl leicht ermitteln (**Bild 1**).

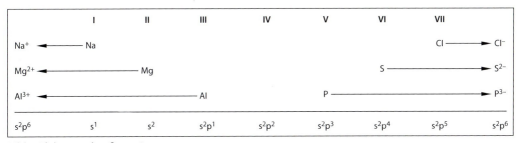

Bild 1: Elektronenkonfiguration

Faustregel: Die Ladung eines Metall-Ions entspricht der Hauptgruppennummer, es ist positiv geladen (Kation). Ein Nichtmetall-Ion ist negativ geladen (Anionen), die Ladung berechnet sich wie folgt: Acht minus der Hauptgruppennummer.

Ein Metall und ein Nichtmetall bilden in der Regel eine Ionenbindung.

ALLES VERSTANDEN?

1. Warum geben Elemente Elektronen ab oder nehmen Elektronen auf?

2. Welche Elemente geben in der Regel Elektronen ab und welche nehmen Elektronen auf?

3. Wie erreicht Magnesium sein Oktett bei der Reaktion mit einem Nichtmetall?

4. Welche Ladung hat ein Calcium-Ion?

5. Wie kann mithilfe des PSEs die Ladung eines Hauptgruppenelements bestimmt werden?

6. Wie viele Elektronen gibt ein Natrium-Atom ab, wie viele Elektronen nimmt ein Sauerstoff-Atom auf?

AUFGABEN

1. Zeichnen Sie das Energiestufenmodell von Magnesium und von Sauerstoff. Beschreiben Sie anhand des Modells wie es zur Bildung eines Magnesium- bzw. Oxid-Ions kommt.

2. Bei der Synthese von Calciumfluorid kommen auf ein Calcium-Ion zwei Fluorid-Ionen, das Zahlenverhältnis beträgt 1:2. Begründen Sie diese Tatsache mithilfe des Energiestufenmodells.

3. Beschreiben Sie mithilfe des Energiestufenmodells die Reaktion von Kalium mit Schwefel und geben Sie an, in welchem Zahlenverhältnis die Ionen nach der Reaktion vorliegen.

4. Geben Sie für folgende Reaktion (mithilfe des PSEs) die Elektronenkonfiguration in Kurzschreibweise ($1s^2 2s^2 2p^6$...) und Kästchenschreibweise ohne Berücksichtigung der Energieniveaus der Edukte an. Ermitteln Sie damit die Ladung der entstehenden Ionen.
   a) Kalium reagiert mit Sauerstoff.
   b) Magnesium reagiert mit Chlor.

3.2.2   Salzsynthese aus den Elementen

Bei einer Synthese reagieren verschiedene Elemente zu einem Produkt. Damit ein Salz entsteht, sind dabei ein Metall und ein Nichtmetall beteiligt. Beispielsweise reagiert Natrium mit dem Element Chlor auf atomarer Ebene betrachtet wie in 3.2.1 beschrieben: $Na + Cl \rightarrow NaCl$. Tatsächlich kommen die Edukte (außer Edelgase) so aber nicht vor. So sind die Chlor-Atome elementar in einem Molekül (Cl_2) gebunden. Das bedeutet, auf ein Chlormolekül kommen zwei Natrium-Atome:

Reaktionsgleichung: $2\,Na + Cl_2 \rightarrow 2\,NaCl$

Die Elemente Natrium und Chlor reagieren zu dem Salz Natriumchlorid. Das Metall wird in der Reaktionsgleichung mit dem Elementsymbol, das Nichtmetall als Molekül geschrieben. Das Produkt ist ein Salz, welches mit einer Verhältnisformel angegeben wird (siehe Kapitel 3.2.3).

> Merke: Die Elemente Wasserstoff, Stickstoff, Sauerstoff sowie die Halogene kommen nur als zweiatomige Moleküle vor (H_2, N_2, O_2, F_2, Cl_2, Br_2, I_2)!

Beispiel: Magnesium reagiert mit Sauerstoff.

Ein Stück Magnesiumband wird mit einer Bunsenbrennerflamme entzündet. Das Magnesium reagiert dabei mit dem in der Luft enthaltenen Sauerstoff (O_2) zu dem weißen Magnesiumoxid (**Bild 1**). Die Energie des Brenners wird unter anderem deswegen benötigt, um die Elektronenpaarbindung des Sauerstoffes zu lösen. Bei der Reaktion gibt das Magnesium beide Valenzelektronen ab, jedes Sauerstoffatom nimmt zwei Elektronen auf.

Kurzschreibweise: $\cdot Mg + \cdot \ddot{\underset{.}{O}} : \rightarrow Mg^{2+} + : \ddot{\underset{.}{O}} :^{2-}$

Anmerkung: Diese Schreibweise berücksichtigt nur die Valenzelektronen. Noch besser geeignet ist die Valenzstrichformel. Dazu mehr in Kapitel 4.

Bild 1: Verbrennung von Magnesium zu weißem Magnesiumoxid

Magnesium gibt zwei Valenzelektronen ab und wird zum zweifach positiv geladenen Magnesium-Ion. Sauerstoff nimmt zwei Elektronen auf, auf ein Magnesium-Ion kommt ein Sauerstoff-Ion. Unter Berücksichtigung das Sauerstoff nur als Molekül vorkommt ergibt sich folgende Reaktionsgleichung:

$$2\,Mg + O_2 \rightarrow 2\,MgO$$

Beispiel: Magnesium reagiert mit Iod (Bild 2):

Wird Jod erwärmt, so sublimiert es. Erhitzt man Magnesium in dieser Atmosphäre, so kommt es zur Synthese von Magnesiumiodid. Das Erdalkalimetall gibt zwei Valenzelektronen an das Iod ab, jedes benötigt zum Oktett ein Elektron. Da Iod nur als zweiatomiges Molekül vorkommt, muss nichts ausgeglichen werden.

$$Mg + I_2 \rightarrow MgI_2$$

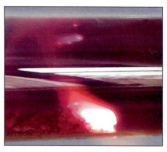
Bild 2: Magnesium reagiert mit Iod

Beispiel: Kalium reagiert mit Sauerstoff.

Kalium hat als Alkalimetall ein Valenzelektron, welches es an Sauerstoff abgibt. Da Sauerstoff aber zwei Elektronen benötigt, wird ein zweites Kalium-Atom benötigt. Auf zwei Kalium-Ionen kommt ein Sauerstoff-Ion. Ein Sauerstoffmolekül benötigt somit vier Kalium-Atome.

Kurzschreibweise: $2\,K \cdot + \cdot \ddot{\underset{.}{O}} : \rightarrow 2\,K^+ + : \ddot{\underset{.}{O}} :^{2-}$

Reaktionsgleichung: $4\,K + O_2 \rightarrow 2\,K_2O$

Reaktion von Zink mit Iod

Versuchsbeschreibung (Schutzbrille tragen):

In einem Reagenzglas wird eine Spatelspitze Iod mit einer Spatelspitze Zinkpulver durch Schütteln vermengt.

Einige Tropfen Wasser zugeben, Temperatur mit dem Handrücken vorsichtig prüfen.

Nach der Reaktion ca. 10 bis 20 Tropfen der Lösung auf ein Uhrglas geben und mithilfe des Brenner eindampfen. Das weißliche Pulver ist das Salz Zinkiodid.

Den Rest der Lösung auf zwei Reagenzgläser aufteilen, evtl. noch Wasser zugeben. Es lassen sich Zink- bzw. Iodid-Ionen nachweisen:

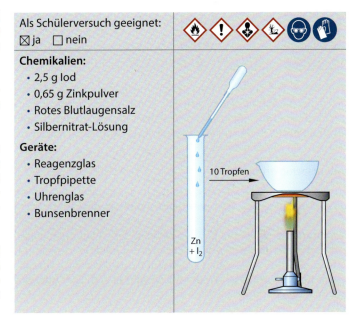

Als Schülerversuch geeignet:
☒ ja ☐ nein

Chemikalien:
- 2,5 g Iod
- 0,65 g Zinkpulver
- Rotes Blutlaugensalz
- Silbernitrat-Lösung

Geräte:
- Reagenzglas
- Tropfpipette
- Uhrenglas
- Bunsenbrenner

10 Tropfen

Zn + I₂

Zink-Ionen lassen sich durch eine Lösung von rotem Blutlaugensalz nachweisen, die Lösung färbt sich gelb. Iodid-Ionen bewirken durch Zugabe von ein paar Tropfen Silbernitratlösung einen milchigen Niederschlag. Vorsicht: Schutzhandschuhe tragen!

Die Unterscheidung von Iod und Iodid

Elementares Iod (I_2) und Iodid-Ionen (I^-) unterscheiden sich nicht nur in der Giftigkeit. Iod ist mindergiftig, während das Iodid für den Menschen lebensnotwendig ist.

Reaktionsgleichung: $Zn + I_2 \rightarrow ZnI_2$

Anmerkung: Die Elemente Schwefel und Phosphor werden in einer Reaktionsgleichung häufig nicht als Molekül geschrieben (S statt S_8 bzw. P statt P_4).

ALLES VERSTANDEN?

1. Welche Elemente kommen nur als zweiatomige Moleküle vor?

2. Welche Elemente eignen sich grundsätzlich für eine Salzsynthese?

3. Wie viele Elektronen benötigt ein Sauerstoffmolekül, damit Oxid-Ionen gebildet werden können?

AUFGABEN

1. Geben Sie folgende Reaktionsgleichungen (mithilfe des PSEs) an:
   a) Magnesium reagiert mit Chlor.
   b) Natrium reagiert mit Sauerstoff.
   c) Aluminium reagiert mit Sauerstoff.
   d) Calcium reagiert mit Brom.

3.2.3   Aufstellen von Verhältnisformeln

Salze sind Verbindungen aus Anionen und Kationen, die Verhältnisformel gibt an, in welchem Zahlenverhältnis diese vorliegen.

> Die Salzformel ist eine Verhältnisformel, sie gibt die Mengenverhältnisse mit möglichst kleinen Zahlen wieder.

Beim Aufstellen der Verhältnisformeln von Salzen, müssen einige Regeln eingehalten werden. Dabei gilt: in der Bindung gleichen sich die negativen und positiven Ladungen aus. Dies drückt sich auch in der Salzformel aus: Sind zum Beispiel die Kationen dreifach positiv (z. B. Al^{3+}) und die Anionen zweifach negativ (z. B. O^{2-}) geladen, so muss das Verhältnis Kation zu Anion zwei zu drei sein ($\rightarrow$ Al_2O_3), damit ist die Ladung ausgeglichen.

Ionenladung ermitteln

Für Hauptgruppenelemente gilt in der Regel: Bei Metall-Kationen entspricht die Ladung der Hauptgruppennummer, bei Element-Anion entspricht die Ladung „acht minus Hauptgruppennummer".

Nebengruppenelemente können verschiedene Ladungen annehmen. Bei Elementen, welche eine unterschiedliche Ionenwertigkeit besitzen können, wird diese in Klammern und der entsprechenden römischen Ziffer angegeben z. B. Eisen(II) oder Eisen(III). Dies gilt für **alle Nebengruppenelemente**, sowie für **Zinn** und **Blei** (II oder IV). So gibt es z. B. Sn^{2+} oder Sn^{4+}. Beispiel: Zinn(II)chlorid besteht aus Sn^{2+} und Cl^- Ionen.

> Bei Nebengruppenelementen wird die Ladung als römische Ziffer hinter dem Elementname geschrieben.

Exkurs: Ionenladung bei Nebengruppenelementen

Der Grund für die unterschiedlichen Ionenladungen bei Nebengruppenelementen (sowie Zinn und Blei) lässt sich mit dem Orbitalmodell erläutern. Bei den Nebengruppenelementen können Elektronen aus dem s und dem d Orbital abgegeben werden, da der energetische Unterschied ist hier sehr gering (**Bild 1**) ist. Folgende Möglichkeiten sind energetisch günstig:

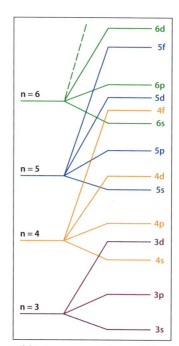

- Nebengruppenelemente geben bevorzugt die Elektronen aus dem s-Orbital ab. Fehlen diese beiden Elektronen, so fällt auch das entsprechende Energieniveau weg und die **höchste Hauptquantenzahl** hat dann voll besetzte s und p Orbitale (Oktett). **Beispiel Fe:** $[Ar]\ 3d^6 4s^2 \rightarrow Fe^{2+}: [Ar]\ 3d^6$

- Das Element hat voll besetzte, energiegleiche d Orbitale (d^{10}). So hat Kupfer tatsächlich die Elektronenkonfiguration Cu: $[Ar]\ 3d^{10} 4s^1$, da dies energetisch günstiger ist. $\rightarrow Cu^+: [Ar]\ 3d^{10}$. Dies gilt im Übrigen für alle Elemente der 11. Gruppe (I. Nebengruppe): Cu, Ag, Au, Rg haben nur ein Valenzelektron.

- Energiegleiche Orbitale sind alle einfach besetzt (z. B. d^5). **Beispiel 1:** Mn: $[Ar]\ 4s^2 3d^5 \rightarrow Mn^{2+}: [Ar]\ 3d^5$ bzw. $Mn^{7+}: [Ar]$ **Beispiel 2:** Fe: $[Ar]\ 3d^6 4s^2 \rightarrow Fe^{3+}: [Ar]\ 3d^5$

Bild 1: Energetische Reihenfolge der Orbitale

Aufstellen der Verhältnisformel

Ein Trick hilft bei der Ermittlung der Verhältnisformel.

Beispiel 1: Calciumoxid (Calcium: II Hauptgruppe; Sauerstoff VI. Hauptgruppe)
Ionenladungen über „kreuz": $Ca^{2+}O^{2-}$ ... Ca_2O_2
Wenn möglich kürzen: ... Ca_1O_1
die „Einser" weglassen: ... CaO

Beispiel 2: Magnesiumnitrid (Magnesium: II Hauptgruppe; Stickstoff V. Hauptgruppe)
$Mg^{2+}N^{3-}$ ... Mg_3N_2

Beispiel 3: Aluminiumfluorid (Aluminium: III Hauptgruppe; Fluor VII. Hauptgruppe)
$Al^{3+}F^-$ ... Al_1F_3 ... AlF_3

Beispiel 4: Vanadium(IV)-fluorid (Vanadium: Ladung entspricht der römischen Ziffer; Fluor s. O.)
$V^{4+}F^-$ ... V_1F_4 ... VF_4

ALLES VERSTANDEN?

1. Was bedeutet: Ein Salz ist nach außen hin neutral?

2. Wie wird die Ladung von Hauptgruppenelementen bestimmt?

3. Was bedeutet die römische Ziffer in Titan(IV)oxid?

4. Wie lautet die Verhältnisformel von Titan(IV)oxid?

AUFGABEN

1. Unter dem Begriff Vanadiumoxid werden verschiedene Oxide des Übergangsmetalls Vanadium zusammengefasst. Es kommen folgende Verbindungen vor: VO, V_2O_3, VO_2, V_2O_5. Dabei ist V_2O_5 die stabilste der vier Verbindungen und wird unter anderem bei der Rauchgasreinigung als Katalysator eingesetzt.
   a) Erläutern Sie, wie beim Nichtmetallelement Sauerstoff die Ionenladung bestimmt wird und geben Sie diese an.
   b) Bestimmen Sie die Ladung von Vanadium in der Verbindung V_2O_5.
   c) Geben Sie die Elektronenkonfiguration eines Vanadium-Atoms an. Begründen Sie mit dessen Hilfe, weshalb V_2O_5 energetisch günstig ist.
   d) Bestimmen Sie die Ladungen der anderen Vanadiumoxid-Verbindungen.

2. Flussspat wird unter anderem für die Herstellung von Glas oder in der Metallindustrie als Flussmittel verwendet. Das Salz ist eine Verbindung von Calcium und Fluorid-Ionen. Bestimmen Sie die Verhältnisformel von Flussspat.

3. Korund ist eines der härtesten Mineralien. Synthetischer Korund, eine Ionenbindung aus Aluminium und Sauerstoff, wird wegen dieser Eigenschaft als Schleifmittel oder in Trennscheiben eingesetzt. Ermitteln Sie die Verhältnisformel von Korund.

3.2.4 Benennung von Salzen

Zuerst das Metall (unverändert) dann das Nicht-metall (mit der Endung -id). Der Zahlenwert (mono, di, tri, …) wird hier üblicherweise nicht berücksichtigt. Beispiele: Natriumchlorid (NaCl), Natriumoxid (Na_2O), Natriumnitrid (Na_3N), Natri-umsulfid (Na_2S) …

Bei einem Salz, welches aus Metall-Kationen und Elementanionen (Nichtmetall) besteht, bleibt im Namen das Metall unverändert. Element-Ionen haben die Endung -id.

Beispiele für Elementanionen: Nitrid (N^{3-}), Oxid (O^{2-}), Fluorid (F^-), Phosphid (P^{3-}), Sulfid (S^{2-}), Chlorid (Cl^-), Bromid (Br^-), Iodid (I^-).

Bei der Salzbenennung und der Verhältnis-formel gilt: zuerst das Kation, dann das Anion.

Molekül-Ionen: Viele Ionenbindungen sind aus Metall-Kationen und Molekül-Anionen aufge-baut. Beispielsweise besteht Kalk aus dem Cal-cium-Ion Ca^{2+} und dem Carbonat-Ion CO_3^{2-}. Molekül-Ionen haben Eigennamen (**Tabelle 1**). Auf den Etiketten von Mineralwasserflaschen sind einige dieser Ionen aufgelistet (**Bild 1**).

Als Molekül-Kation sei noch das Ammonium-Ion (NH_4^+) genannt, welches anstatt einem Metall-Ion in Salzen vorkommt.

Beim Aufstellen der Verhältnisformel ist darauf zu achten, dass die Ladungen ausgeglichen sind.

Tabelle 1: Wichtige Molekül-Ionen

Chemische Formel	Name
OH^-	Hydroxid
CO_3^{2-}	Carbonat
HCO_3^-	Hydrogencarbonat
NO_3^-	Nitrat
NO_2^-	Nitrit
SO_4^{2-}	Sulfat
SO_3^{2-}	Sulfit
PO_4^{3-}	Phosphat
HPO_4^{2-}	Hydrogenphosphat
$H_2PO_4^-$	Dihydrogenphosphat
NH_4^+	Ammonium

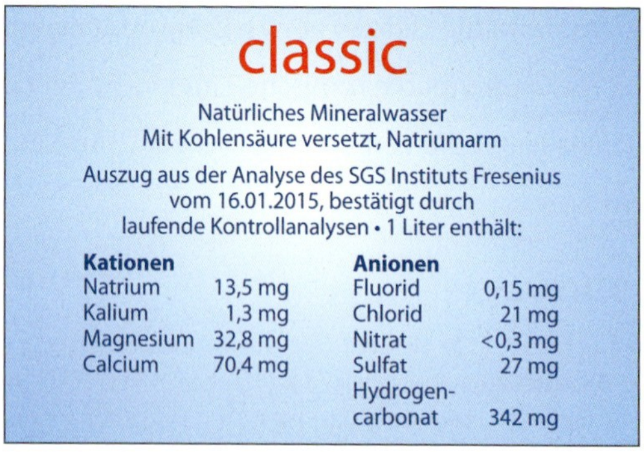

classic

Natürliches Mineralwasser
Mit Kohlensäure versetzt, Natriumarm

Auszug aus der Analyse des SGS Instituts Fresenius vom 16.01.2015, bestätigt durch laufende Kontrollanalysen • 1 Liter enthält:

Kationen		Anionen	
Natrium	13,5 mg	Fluorid	0,15 mg
Kalium	1,3 mg	Chlorid	21 mg
Magnesium	32,8 mg	Nitrat	<0,3 mg
Calcium	70,4 mg	Sulfat	27 mg
		Hydrogen-carbonat	342 mg

Bild 1: Etikett einer Mineralwasserflasche mit der Analyse einiger gelöster Ionen

Beispiele:

Calciumcarbonat: Ca^{2+} und CO_3^{2-} sind beide zweiwertig (ausgeglichen), das Verhältnis „über kreuz" beträgt 2:2: $Ca_2(CO_3)_2$ – nun noch kürzen! → Calciumcarbonat: $CaCO_3$

Natriumsulfat: Na^+ ist einwertig, SO_4^{2-} ist zweiwertig. Das Verhältnis „über kreuz" beträgt 2:1: $Na_2(SO_4)_1$ → Natriumsulfat: Na_2SO_4

Ammoniumsulfat: NH_4^+ ist einwertig, SO_4^{2-} ist zweiwertig. Das Verhältnis „über kreuz" beträgt 2:1 → Ammoniumsulfat: $(NH_4)_2SO_4$

ALLES VERSTANDEN?

1. Welche Stoffe tragen die Endung -id?

2. An welcher Stelle wird das Metall-Ion genannt?

3. Warum ist die Aussage: „Ein Salz enthält immer Metall-Ionen" nicht korrekt? Nennen Sie ein Ge-genbeispiel.

AUFGABEN:

1. Geben Sie die Summenformel von folgenden Verbindungen an: Ammoniumchlorid, Kupfer(I)sulfat, Mangan(VII)oxid, Titan(IV)sulfat, Natriumhydroxid, Calciumhydrogencarbonat

2. Benennen Sie folgende Verbindungen: FeS, $Fe_2(SO_4)_3$, $PbSO_3$, $Cr(NO_3)_3$

3. Das Gas Stickstoff wird mit dem Metall Magnesium zur Reaktion gebracht. Erläutern Sie anhand der Edukte, welche Bindungsart das Reaktionsprodukt hat, benennen Sie das Produkt und stellen Sie die entsprechende Reaktionsgleichung auf.

4. Auf bestimmten Lebensmitteln werden Zusatzstoffe mit E-Nummern gekennzeichnet. Dahinter verbergen sich unter anderem bestimmte Salze. **Tabelle 1** zeigt eine Auswahl solcher E-Nummern. Recherchieren Sie die Verwendung der angegebenen E-Nummern und geben Sie die chemische Summenformel für die entsprechenden Salze an.

Tabelle 1: Auswahl von E-Numern bei Lebensmittelzusatzstoffen

E-Nummer	Bezeichnung
E 221	Natriumsulfit
E 226	Calciumsulfit
E 249	Kaliumnitrit
E 251	Natriumnitrat
E 341	Calciumphosphat
E 442	Ammoniumphosphat
E 500ii	Natriumhydrogencarbonat
E 503i	Ammoniumcarbonat
E 509	Calciumchlorid
E520	Aluminiumsulfat
E 524	Natriumhydroxid

5. Oftmals werden Salze auch heute noch nach ihren Trivialnamen bezeichnet. Diese entsprechen nicht der systematischen Nomenklatur und geben oftmals auch keinen Aufschluss über die Zusammensetzung des Salzes. In folgender Tabelle findet sich eine Auswahl solcher Substanzen. Geben Sie für das Salz den korrekten chemischen Namen, bzw. die Verhältnisformel an und recherchieren Sie dessen Verwendung im Haushalt.

Trivialname	Chemische Name	Verhältnisformel	Verwendung im Haushalt
Ätzkali		KOH	
Ätznatron		NaOH	
Hirschhornsalz	Ammoniumhydrogencarbonat		
Natron		$NaHCO_2$	
Pottasche	Kaliumcarbonat		
Chilesalpeter		$NaNO_3$	
Waschsoda	Natriumcarbonat		

6. Eisenbahnschienen werden heute noch nach dem Thermitverfahren verschweißt. Dazu wird ein Gemenge aus Fe_2O_3 und Aluminiumpulver gezündet. Dies führt zu einer stark exothermen Reaktion, bei der das entstandene, flüssige Eisenmetall die Schienenstücke verbindet. Das gleichzeitig gebildete Aluminiumoxid kann als Schlacke entfernt werden.
   a) Erstellen Sie aus der vorliegenden Wortgleichung die Reaktionsgleichung: Fe_2O_3 reagiert mit Aluminium zu Eisen und Aluminiumoxid.
   b) Zeichnen Sie ein entsprechendes Energiediagramm des Reaktionsverlaufs und beschriften Sie das Diagramm entsprechend (Edukte und Produkte, Energiebeträge).
   c) Leiten Sie aus der Verhältnisformel Fe_2O_3 die Ladung von Eisen in der Bindung ab und benennen Sie das Salz eindeutig.

3.3   Die Redoxreaktion

Nach der Bearbeitung dieses Abschnitts können Sie

- Oxidation, Reduktion und Redoxreaktion als Elektronenübergangsreaktionen beschreiben.
- einfache Redoxreaktionen mit Teilgleichungen formulieren.
- das Reduktionsmittel als Elektronendonator und das Oxidationsmittel als Elektronenakzeptor identifizieren.
- die Umkehrbarkeit Redoxreaktion anhand der Elektrolyse ableiten.

Den Begriff Oxidation prägte der Franzose Antoine de Lavoisier, der erkannte, dass die Verbrennung von Stoffen eine chemische Reaktion mit Sauerstoff (frz. oxygène) ist. Dementsprechend wurde dieser Vorgang als Oxidation bezeichnet, wobei als Reaktionsprodukte Oxide entstehen. Der moderne Oxidationsbegriff beschreibt den chemischen Vorgang: Ein Stoff gibt ein oder mehrere Elektronen ab. Die Reduktion ist der entsprechende Gegenpart. Da beide Reaktionen immer gleichzeitig ablaufen, spricht man von einer Redoxreaktion = Elektronenübergangsreaktion.

Bild 1: Verbrennung von Magnesium

Oxidation = Elektronenabgabe
Reduktion = Elektronenaufnahme

3.3.1   Das Donator-Akzeptor-Prinzip

Beispiel: Verbrennung von Magnesium (**Bild 1**)

Bei der Reaktion von Magnesium mit Sauerstoff gibt das Metall zwei Elektronen ab, um das Oktett zu erreichen (**Bild 2**), es ist ein Elektronendonator (lat. donare $\triangleq$ „schenken"), das Magnesium oxidiert.

Es verbleibt ein zweifach positiv geladenes Magnesium-Ion, sowie zwei Elektronen.
Teilgleichung: $Mg \rightarrow Mg^{2+} + 2e^-$ (Oxidation)

Damit dies aber überhaupt geschieht, muss es einen Reaktionspartner geben, welcher die Elektronen aufnimmt (einzelne Elektronen kommen so nicht vor). In diesem Fall ist Sauerstoff der Akzeptor (Empfänger), denn das Atom benötigt zwei Elektronen zur Edelgaskonfiguration. Sauerstoff wird reduziert.
Vorläufige Teilgleichung: $O + 2e^- \rightarrow O^{2-}$
                         (Reduktion)
Tatsächlich kommt Sauerstoff aber nur als Molekül vor, im Doppelpack werden somit vier Elektronen benötigt, weshalb zwei Sauerstoff-Ionen entstehen. →
korrekte Teilgleichung: $O_2 + 4e^- \rightarrow 2O^{2-}$
                         (Reduktion)

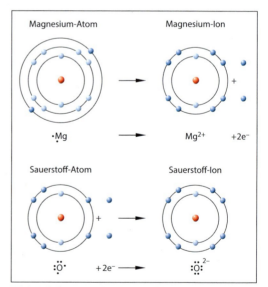

Bild 2: Elektronenabgabe von Magnesium und Elektronenaufnahme von Sauerstoff

Die vier benötigten Elektronen muss das Magnesium liefern, weshalb diese Teilgleichung mit zwei zu multiplizieren ist. Die Darstellung der Redoxreaktion mit den Teilgleichungen lautet somit:

Teilgleichungen:

$$2\,Mg \quad \rightarrow \; 2\,Mg^{2+} + 2 \cdot 2\,e^- \qquad \text{(Oxidation)}$$
$$O_2 + 4\,e^- \; \rightarrow \; 2\,O^{2-} \qquad\qquad\qquad \text{(Reduktion)}$$

Gesamtgleichung: $\qquad 2\,Mg + O_2 \; \rightarrow \; 2\,MgO$

Möchte man auf die Teilgleichungen verzichten, so lässt sich eine Redoxreaktion auch in der Gesamtgleichung kennzeichnen. Jedes Magnesium-Atom gibt zwei Elektronen ab (Elektronendonator), es wird oxidiert und jedes Sauerstoff-Atom nimmt zwei Elektronen auf (Elektronenakzeptor), Sauerstoff wird reduziert.

gibt 2 e⁻ ab (Oxidation)

$$2\,Mg \; + \; O_2 \; \rightarrow \; 2\,Mg^{2+} \; + \; 2\,O^{2-}$$

nimmt 2 e⁻ auf (Reduktion)

> Ein Stoff kann Elektronen nur abgeben, wenn ein anderer diese aufnimmt. Ein Donator braucht einen Akzeptor. Die Anzahl an abgegebenen Elektronen muss mit der Anzahl an aufgenommenen übereinstimmen!

Oxidations- und Reduktionsmittel

Damit ein Stoff überhaupt oxidieren kann, wird ein Stoff benötigt, der Elektronen aufnimmt – es wird ein Oxidationsmittel benötigt. Im Beispiel ist Sauerstoff dieses Oxidationsmittel.

Andersherum: damit ein Stoff reduziert werden kann, wird ein Stoff benötigt, der Elektronen abgibt – ein Reduktionsmittel. Im Beispiel ist Magnesium das Reduktionsmittel.

> Oxidationsmittel = Stoff, der Elektronen eines anderen aufnimmt = Elektronenakzeptor
> Reduktionsmittel = Stoff, der Elektronen auf einen anderen überträgt = Elektronendonator

Beispiel 2: Aluminium reagiert mit Fluor. Aluminium gibt drei Valenzelektronen ab (III. Hauptgruppe), ein Fluor-Atom benötigt ein Elektron zum Oktett. Es gilt aber zu beachten, dass Fluor nur als zweiatomiges Molekül vorkommt. Damit die Anzahl der übertragenen Elektronen stimmt, müssen beide Teilgleichungen beachtet werden.

Teilgleichungen:

$$Al \quad\qquad \rightarrow \; Al^{3+} + 3\,e^- \quad |\cdot 2 \qquad \text{(Oxidation)}$$
$$F_2 + 2\,e^- \; \rightarrow \; 2\,F^- \qquad\qquad |\cdot 3 \qquad \text{(Reduktion)}$$

Gesamtgleichung: $\qquad 2\,Al + 3\,F_2 \; \rightarrow \; 2\,AlF_3$

- Aluminium ist der Elektronendonator, also das Reduktionsmittel.
- Aluminium wird oxidiert.
- Fluor ist der Elektronenakzeptor, also das Oxidationsmittel.
- Fluor wird reduziert.

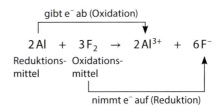

gibt e⁻ ab (Oxidation)

$$2\,Al \; + \; 3\,F_2 \; \rightarrow \; 2\,Al^{3+} \; + \; 6\,F^-$$

Reduktions- Oxidations-
mittel   mittel

nimmt e⁻ auf (Reduktion)

ALLES VERSTANDEN?

1. Was versteht man unter einer Oxidation?

2. Welche Aufgabe hat ein Reduktionsmittel?

3. Weshalb kann eine Oxidation nicht ohne Reduktion stattfinden?

AUFGABEN

1. Scandiumoxid (Sc_2O_3) ist das Verbrennungsprodukt von elementarem Scandium an Luft. Formulieren Sie die Teilgleichung für die Oxidation bzw. für die Reduktion und geben Sie die gesamte Reaktionsgleichung an. Kennzeichnen Sie bei den Teilgleichungen die Oxidation bzw. Reduktion entsprechend.

2. Zirconium(IV)oxid ist ein Werkstoff, der zum Beispiel zur Herstellung von Schleifscheiben (**Bild 1**) verwendet wird. Es entsteht bei z. B. bei der Verbrennung von Zirkonium in Sauerstoff, wobei Temperaturen von etwa 4660 °C erreicht werden. Formulieren Sie für die Verbrennung von Zirkonium in Sauerstoff die Teilgleichung für die Oxidation bzw. für die Reduktion und geben Sie die gesamte Reaktionsgleichung an. Ordnen Sie der Reaktion die Begriffe Oxidationsmittel und Reduktionsmittel zu.

Bild 1: Schleifscheibe mit Zirkonium(IV)oxid

3.3.2 Die Oxidationszahl (Exkurs)

Um besser zu verstehen, wie die Elektronenübergänge von statten gehen, hilft das Konzept der Oxidationszahlen. Bei der Reaktion von Natrium mit Chlor erkennt man an der Ionenladung von Na^+, dass hier ein Elektron abgegeben, bzw. beim Cl^- dass eins aufgenommen wurde. Hier entspricht die Oxidationszahl der Ladungszahl der Ionen.

> In einer Ionenverbindung bezeichnet man die Anzahl der Ladungen der Ionen als Oxidationszahl.

Oftmals nehmen an Redoxreaktionen auch Moleküle (Kapitel 4) wie NH_3 oder CO teil. Hier entspricht die Oxidationszahl der hypothetischen Ionenladung eines Atoms. Den elektronegativeren Element (Kapitel 4) werden hier die bindenden Elektronen zugeordnet.

> In einem Molekül entspricht die Oxidationszahl der hypothetischen Ionenladung eines Atoms.

Zur Bestimmung der Oxidationszahl gelten (bis auf wenige Ausnahmen) folgende Regeln:
- Fluor hat in einer Verbindung immer die Oxidationszahl –I.
- Wasserstoff hat in Verbindungen (außer bei Metallhydriden) die Oxidationszahl +I.
- Sauerstoff hat in einer Verbindung meistens die Oxidationszahl –II (außer bei Peroxiden –I).
- Metalle haben in Verbindungen positive Oxidationszahlen, Hauptgruppenelemente erhalten die Oxidationszahl ihrer Hauptgruppe (außer Sn und Pb).
- Atome von elementare Stoffen haben die Oxidationszahl 0.
- Die Summe der Oxidationszahlen aller Atome in einer neutralen Verbindung ist 0.
- Die Summe der Oxidationszahlen aller Atome bei einem Ion entspricht der Ladung des Ions.

Beispiele:

Im HF Molekül greifen die ersten beiden Regeln:

$$\overset{+I\ -I}{H\,F}$$

Im Wassermolekül die zweite und dritte Regel:

$$\overset{+I\ -II}{H_2\,O}$$

Bei Methan muss gerechnet werden: vier H-Atome haben die OZ +I. Die Summe der OZ aller Atome muss null ergeben → C hat die OZ -IV

$$\overset{-IV\ +I}{C\,H_4}$$

Beim Ammonium-Ion muss wegen der positiven Ladung die Summe der OZ aller Atome +1 ergeben → N hat die OZ –III

$$\overset{-III\ +I}{N\,H_4}{}^+$$

Bei einer Redoxreaktion hilft die Oxidationszahl die Oxidation und die Reduktion zu identifizieren. Aluminium gibt beispielsweise seine drei Valenzelektronen ab → die Oxidationszahl steigt von 0 auf +III, es wird oxidiert. Fluor nimmt ein Elektron auf, die Oxidationszahl sinkt von 0 auf –I → es wird reduziert.

OZ steigt → Oxidation

$$\overset{0}{2\,Al} + \overset{0}{3\,F_2} \rightarrow \overset{+III}{2\,Al^{3+}} + \overset{-I}{6\,F^-}$$

OZ sinkt → Reduktion

> Steigt bei einer Reaktion die Oxidationszahl eines Atoms, so wird dieses oxidiert. Sinkt dieser Wert, so wird es reduziert.

Beispiel: Eisenbahnschienen werden heute noch nach dem Thermitverfahren verschweißt (**Bild 1**). Dazu wird ein Gemenge aus Eisen(III)oxid (Fe$_2$O$_3$) und Aluminiumpulver gezündet. Dies führt zu einer stark exothermen Reaktion, bei der das entstandene, flüssige Eisenmetall die Schienenstücke verbindet. Das gleichzeitig gebildete Aluminiumoxid kann als Schlacke entfernt werden.

Reaktionsgleichung mit Oxidationszahlen:

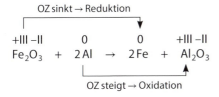

OZ sinkt → Reduktion

$$\overset{+III\ -II}{Fe_2O_3} + \overset{0}{2\,Al} \rightarrow \overset{0}{2\,Fe} + \overset{+III\ -II}{Al_2O_3}$$

OZ steigt → Oxidation

Bild 1: Thermitschweißen

In der Bindung hat Eisen die Oxidationszahl +III (Eisen(III)oxid), als Element die Oxidationszahl 0 – die OZ sinkt: Eisen wird reduziert. Im Gegenzug wird das elementare Aluminium oxidiert, die Oxidationszahl steigt.

AUFGABE

Ein Hochofen ist eine großtechnische Anlage, in der Eisen aus Eisenerz gewonnen wird. Dabei wird unter anderem Eisen(III)oxid mit Kohlenmonoxid (CO) zur Reaktion gebracht, wobei Eisen und Kohlendioxid (CO$_2$) entsteht. Erstellen Sie aus der vorliegenden Wortgleichung die Reaktionsgleichung und ermitteln Sie mithilfe der Oxidationszahlen, welches Element oxidiert bzw. reduziert wird.

Wortgleichung: Eisen(III)oxid reagiert mit Kohlenmonoxid (CO) zu Eisen und Kohlendioxid (CO$_2$).

3.3.3   Die Elektrolyse

Versuch: Ein U-Rohr wird mit einer Zinkiodid-Lösung gefüllt. Über die beiden Öffnungen des Rohres werden Graphitelektroden in die Lösung getaucht, wobei eine nur wenig (ca. 5 mm), die andere tiefer in die Lösung eintauchen soll. Beim Anlegen der 10 V Gleichspannung soll die weniger tief eingetauchte Elektrode am Minuspol (Kathode) angeschlossen werden (**Bild 1**).

Beobachtung: Am Pluspol (Anode) färbt sich die Losung umgehend braun – elementares Iod. An der Kathode lagert sich mit der Zeit Zink ab (**Bild 2**). Reaktionen:

Kathode: $Zn^{2+} + 2e^- \rightarrow Zn$ (Reduktion)
Anode: $2I^- \rightarrow I_2 + 2e^-$ (Oxidation)

Das Zink nimmt zwei Elektronen auf, es wird reduziert, Iod gibt jeweils ein Elektron ab – es wird oxidiert. Durch das Anlegen der Spannung findet eine erzwungene Redoxreaktion statt: eine Elektrolyse.

Eine Elektrolyse ist eine durch Strom erzwungene Redoxreaktion.

Schülerversuch: Einen kleinen Iodkristall (ca. 1 g) mit einer Spatelspitze Zink (ca. 0,3 g) in einem Reagenzglas vermengen und vorsichtig Wasser zutropfen. Nachdem die Jodfärbung verschwunden ist, gibt man 4–5 Tropfen der Lösung auf einen Objektträger, an dem zwei Bleistiftminen in einem Abstand von ca. 2 cm befestigt sind. Die Minen müssen mit der Lösung in Kontakt stehen.

Bild 1: Elektrolyse von Zinkiodid

Nun wird eine Gleichstromspannung von 4,5 V (Blockbatterie) angelegt. Schon nach sehr kurzer Zeit ist elementares Jod durch die Färbung der Lösung zu erkennen. An der anderen Grafitmine bilden sich Zinkablagerungen.

Bild 2: Zinkanlagerung

Aus den Beobachtungen der Versuche lässt sich ableiten, dass die Redoxreaktion „Zink reagiert mit Iod" umkehrbar ist. Solch umkehrbare Reaktionen werden mit einem Doppelpfeil gekennzeichnet, von links nach rechts betrachtet ist die Hinreaktion, von rechts nach links die Rückreaktion. Zink wird oxidiert – es ist das

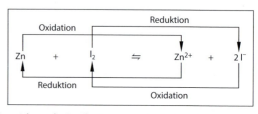

Reduktionsmittel. Zink-Ionen werden reduziert, sie wirken als Oxidationsmittel. Man spricht von einem korrespondierenden Rexopaar oder einer Teilreaktion einer Redoxreaktion: Zn/Zn^{2+} (Reduktionsmittel/Oxidationsmittel). Für Iod gilt umgekehrt dasselbe: I^-/I_2

Reduktionsmittel $\rightleftharpoons$ Oxidationsmittel + Elektron(en)

$Zn \rightleftharpoons Zn^{2+} + 2e^-$ $\rightarrow$ 1. korrespondierendes Rexopaar
$2I^- \rightleftharpoons I_2 + 2e^-$ $\rightarrow$ 2. korrespondierendes Rexopaar

ALLES VERSTANDEN?

1. Was versteht man unter einer Elektrolyse?

2. Was sind korrespondierende Rexopaare?

AUFGABE

1. Beschreiben Sie die Reaktionen an der Anode und der Kathode bei der Elektrolyse einer Kupfer(II)chloridlösung.

2. Aus dem Erz Bauxit wird durch ein chemisches Aufschlussverfahren Aluminiumoxid (Al_2O_3) gewonnen. Dieses wird verwendet, um Aluminium elektrolytisch herzustellen. Dazu wird das Aluminiumoxid einer so genannten Schmelzflusselektrolyse unterzogen (**Bild 1**). In einer Wanne, welche mit Kohlenstoffmaterial ausgekleidet ist (Minuspol) befindet sich eine Schmelze aus ca. 96 % Kryolith ($Na_3[AlF_6]$) und 5 % Aluminiumoxid. In der Schmelze befinden sich die Ionen Al^{3+}, O^{2-}, Na^+ und F^-. Weder Na^+ noch F^- werden hier ausgeschieden. Der Grund findet sich in der Entladbarkeitsreihe, welche hier nicht behandelt wird. Durch die Elektrolyse entsteht Aluminium und Sauerstoff (welcher mit dem Kohlenstoff der Elektroden zu CO_2 verbrennt)

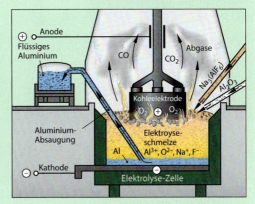

Bild 1: Schmelzflusselektrolyse zur Al-Herstellung

Stellen Sie für diese Elektrolyse die Reaktionsgleichung auf und geben Sie die korrespondierenden Rexopaare an. Begründen Sie, weshalb die Anode immerfort erneuert werden muss.

Exkurs: Der Zink/Iod Akku:

Die Redoxreaktion kann freiwillig ablaufen oder sie kann wie bei der Elektrolyse erzwungen werden. So bald der äußere Zwang nicht mehr ausgeübt wird, also sobald die Stromquelle getrennt wird, stoppt eine Elektrolyse.

Beispiel: Nach einer Elektrolyse einer Zinkiodid-Lösung wird ein niederohmiger Gleichstrommotor an die Elektroden angeklemmt. Dieser beginnt sich zu drehen, es fließt Strom (**Bild 2**). Das Zink wird wieder oxidiert, Iod wird reduziert. Die erzwungene Redoxreaktion kehrt sich ohne diesen Zwang um, sobald ein Verbraucher angeschlossen wird, es ist nun eine sogenannte Galvanische Zelle.

> Galvanische Zellen geben für eine bestimmte Zeit elektrischen Strom ab.

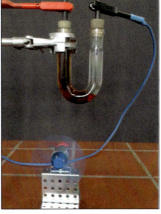

Bild 2: Nach der Elektrolyse von Zinkiodid fließt Strom

Eine Zelle, in welcher reversible elektrochemische Reaktionen stattfinden, sind Akkumulatoren. Beim Laden wird Strom „verbraucht", beim Entladen wird elektrische Arbeit verrichtet.

Schülerversuch:

In eine Zinkiodid-Lösung werden zwei Elektroden aus Graphit getaucht. An die Elektroden wird eine Gleichspannung angelegt, die Elektrolyse findet statt. Nach einer gewissen (auflade-) Zeit trennt man die Elektroden von der Spannungsquelle und klemmt einen kleinen Verbraucher wie einen Elektromotor (**Bild 1**) oder eine LED (Polung beachten) an. Der Motor dreht sich, die LED leuchtet für kurze Zeit. Die Redoxreaktion von Zink mit Iod liefert den Strom.

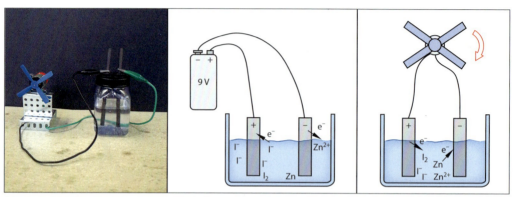

Bild 1: Versuchsaufbau, Laden (m.) und Entladen (r.) eine Zink-Iod-Zelle

Zusammenfassung:

Ladevorgang (Elektrolyse):	Entladen (Galvanische Zelle)
$2\,I^- \rightarrow I_2 + 2\,e^-$ (Oxidation) $Zn^{2+} + 2\,e^- \rightarrow Zn$ (Reduktion) Eine erzwungene Redoxreaktion Elektrischer Strom wird „verbraucht", Umwandlung von elektrischer Energie in chemische Energie.	$Zn \rightarrow Zn^{2+} + 2\,e^-$ (Oxidation) $I_2 + 2\,e^- \rightarrow 2\,I^-$ (Reduktion) Eine freiwillig ablaufende Redoxreaktion Elektrischer Strom wird abgegeben, Umwandlung von elektrischer Energie in elektrische Arbeit.

3.4   Anziehungskräfte der Ionen, das Ionengitter

Nach der Bearbeitung dieses Abschnitts können Sie

- die Bildung eines Ionengitters bei Salzen mit den Anziehungskräften zwischen unterschiedlich geladenen Ionen beschreiben.
- einige Eigenschaften von Salzen anhand der Anziehungskräfte der unterschiedlich geladenen Ionen im Ionengitter begründen.

Die Synthese von Natriumchlorid aus den Elementen ist eine stark exotherme Reaktion. Dies ist alleine mit dem Erreichen des Oktetts nicht zu erklären, vielmehr muss die Bindung selbst stabil und energiearm sein. Salze haben einen vergleichsweise hohen Schmelz- und Siedepunkt (**Tabelle 1**), was ebenfalls auf einen starken Zusammenhalt der Bindung hindeutet.

Tabelle 1: Schmelztemperaturen ausgewählter Salze							
Salz	$MgCl_2$	NaCl	NaF	AlF_3	Na_2O	Al_2O_3	CaO
Schmelztemperatur	712 °C	801 °C	993 °C	1260 °C	1275 °C	2050 °C	2580 °C

Bei der Reaktion von Natrium mit Chlor findet ein Elektronenübergang statt – es bilden sich positiv geladene Natrium-Ionen Na^+ und negativ geladene Chlorid-Ionen Cl^-. Zwischen den entgegengesetzt geladenen Ionen wirkt eine elektrostatische Anziehung, diese Bindung wird als Ionenbindung bezeichnet.

Bei der Ionenbindung ziehen sich unterschiedlich geladene Ionen an.

3.4.1 Bildung von Ionengittern

Durch den Elektronenübergang entstehen positiv und negativ geladene Ionen, welche als kugelförmige Teilchen angenommen werden können. Diese entgegengesetzt geladenen Teilchen ziehen sich elektrostatisch an (**Bild 1**). Negativ geladene Ionen ziehen positiv geladene an und umgekehrt, die Anziehung wirkt ungerichtet nach allen Seiten. Das coulombsche Gesetz beschreibt diese Anziehungskraft, deren Größe ist abhängig von der Ladung (Q) der Ionen und vom Abstand (d).

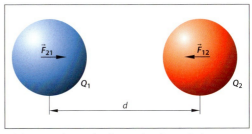

Bild 1: Anziehungskraft verschieden geladener Ionen

Coulombsche Gesetz: $F = k \cdot \dfrac{Q_1 \cdot Q_2}{d^2}$

- Q_1 bzw. Q_2: kugelsymmetrisch verteilte Ladungsmengen
- d: Abstand zwischen den Mittelpunkten der Ladungsmengen
- k: Konstante

Die Ionenbindung ist keine gerichtete Bindung, sie wirkt nach allen Seiten.

Bildung des Ionengitters am Beispiel Natriumchlorid:

Es lagert sich um ein positiv geladenes Natrium-Ion negativ geladene Chlorid-Ionen. Um die Chlorid-Ionen wiederum lagern sich Natrium-Ionen an, so bildet sich ein regelmäßiges Ionengitter (**Bild 2**). Es entsteht ein Salzkristall aus Natrium- und Chlorid-Ionen, das Natriumchlorid (**Bild 3**).

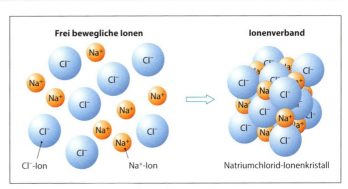

Bild 2: Bildung eines Kristalls aus Na^+ und Cl^--Ionen

In einem Ionengitter wechseln sich negativ- und positiv geladene Ionen in regelmäßigen Abständen ab.

Ist der Abstand der Ionen recht klein, so ist der Wert der Coulomb-Kraft recht groß, der notwendige Energiebetrag zum Schmelzen des Ionengitters ist entsprechend hoch. Ein solches Salz hat bei gleichen Ladungsbeträgen eine höhere Schmelztemperatur. Einen Anhaltspunkt für diesen Abstand liefert der Ionendurchmesser, welcher mit der Periode zunimmt.

Bild 3: Salzkristall

Beispiele: Das Salz Kaliumbromid hat mit 732 °C wegen dem größeren Abstand der Ionen zueinander einen geringeren Siedepunkt als Natriumchlorid (801 °C). Neben dem Abstand ist noch die Ladungsmenge ausschlaggebend. Ein **zweifach** positiv geladenes Ion bewirkt eine stärkere Anziehung als ein **einfach** geladenes. Magnesiumoxid, welches aus dem zweifach positiv geladenen Magnesium-Ionen und zweifach negativ geladenen Sauerstoff-Ionen aufgebaut ist hat deshalb mit 2800 °C einen wesentlich höheren Siedepunkt als das aus einfach geladenen Ionen aufgebaute Natriumfluorid (993 °C).

Salzeigenschaften

- Salze haben hohe Schmelz- und Siedepunkte, da die Ionen im Gitter fest gebunden sind.
- Salze sind im trockenen Zustand nicht elektrisch leitend, es sind keine freien Ladungsträger vorhanden, die Ionen können sich nicht frei bewegen.
- Wird das Salz geschmolzen oder in Wasser gelöst, so zeigt sich eine gute elektrische Leitfähigkeit. Die Ionen sind nicht mehr an Gitterplätze gebunden und sind Ladungsträger.
- Salze sind hart und spröde. In einem gewissen Umfang halten sie Druck und Schlagbeanspruchungen aus. Allerdings sind Salze außerordentlich spröde, schon bei geringfügigen Verformungen brechen die Kristalle auseinander. Die Bruchstücke haben wie das ursprüngliche Kristall, ebene Flächen und gerade Kanten. Durch die Verschiebung der Ionenschichten im Gitter treffen gleichnamige Ladungen über eine große Fläche hinweg aufeinander, diese stoßen sich ab. Der Kristall zerspringt (**Bild 1**).

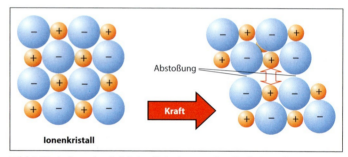

Bild 1: Verhalten des Salzkristalls bei zu großer Krafteinwirkung

---

ALLES VERSTANDEN?

1. Was versteht man unter einem Ionengitter?

2. Wie lautet das coulombsche Gesetz?

3. Warum sind trockene Salze elektrisch nicht leitend, in Wasser gelöst oder geschmolzen leiten Salze dagegen den Strom gut?

4. Warum sind Salze spröde?

AUFGABE

Salze, welche als Anionen Halogen-Ionen besitzen, werden unter dem Sammelbegriff Halogenide zusammengefasst. Zu den bekanntesten Vertretern gehören die Natriumsalze, Natriumchlorid, Natriumfluorid, Natriumbromid und das Natriumiodid. Diese Halogenide kommen auf der Erde natürlich vor und werden in Bergwerken oder aus dem Meerwasser gewonnen. Speisesalz besteht aus Natriumchlorid, zur Vorsorge gegen Jodmangel wird Natriumiodid wird verwendet. In Zahncreme ist häufig Natriumfluorid enthalten.

Halogenide unterscheiden sich bei der Schmelztemperatur doch deutlich. Ordnen Sie folgende Schmelztemperaturen den Natrium-Halogeniden zu. Begründen Sie ihre Zuordnung. 993 °C, 801 °C, 747 °C , 661 °C

3.4.2   Räumliche Struktur der Ionenbindung (Exkurs)

Die Ionengitter können in unterschiedlicher Form entstehen. Exemplarisch werden hier einige Kristalle gezeigt, bei denen die Anzahl an Kationen der Anzahl der Anionen entspricht. Die Verhältnisformel ist in diesem Fall vom Typ AB, das bedeutet die stöchiometrische Zusammensetzung beträgt A : B = 1 : 1. Ist beispielsweise jedes positiv geladene Ion von sechs negativ geladenen Ionen umgeben, so benachbart auch jedes negative Ion sechs positive. Diese Zahl wird auch Koordinatenzahl genannt.

> Die Koordinatenzahl gibt die Anzahl der unmittelbar benachbarten Ionen der anderen Art an.

Häufig haben Ionen beim Ionengitter eine Koordinatenzahl von vier, sechs oder acht. Daraus ergeben sich unterschiedliche räumliche Anordnungen:

Koordinatenzahl 4 → Tetraeder

Koordinatenzahl 6 → Oktaeder

Koordinatenzahl 8 → Würfel

> Die Ionen ordnen sich z. B. in Form eines Tetraeders, Oktaeders oder Würfels an.

Die Salze Natriumchlorid, Caesiumchlorid und Zinksulfid vertreten jeweils einen Kristalltyp. Mitentscheidend für die Ausbildung eines Gittertyps ist das Verhältnis der Ionenradien von Kation und Anion.

Natriumchlorid-Struktur:

Jedes Natrium-Ion ist von sechs (beinahe doppelt so großen) Chlorid-Ionen umgeben und umgekehrt. Diese ordnen sich in der räumlichen Form eines Oktaeders an (**Bild 1**).

In diesem Gittertyp kristallisieren neben NaCl viele Salze wie zum Beispiel LiCl, KCl, KBr, AgCl, MgO, CaO, SrO, BaO, MnO, FeO und andere.

> In der Natriumchloridstruktur haben alle Ionen die Koordinatenzahl sechs.

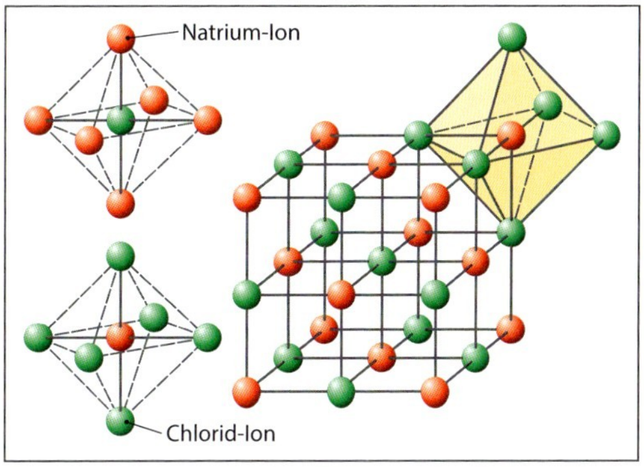

Bild 1: Aufbau von Natriumchlorid

Caesiumchlorid-Struktur:

Hier ist jedes Cäsium-Ion unmittelbar von acht (annähernd gleich großen) Chlorid-Ionen benachbart. Umgekehrt ist auch jedes Chlorid-Ion direkt von acht Cäsium-Ionen umgeben (**Bild 2**). Die Koordinatenzahl beträgt für das Anion und Kation jeweils 8, entsprechend bildet sich die räumliche Form eines Würfels aus.

Neben CsCl kristallisieren in diesem Gittertyp zum Beispiel RbCl, NH_4Cl, CsBr oder CsI.

> In der Cäsiumchloridstruktur haben alle Ionen die Koordinatenzahl acht.

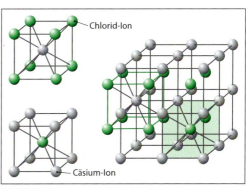

Bild 2: Aufbau von Cäsiumchlorid

Zinkblende-Struktur: Zn : S = 4 : 4

Jedes Zink-Ion ist von vier (mehr als doppelt so großen) Sulfid-Ionen umgeben (**Bild 1**). Diese bilden die Form eines Tetraeders aus.

Es kristallisieren neben ZnS unter anderem ZnSe, CdS, CdSe, CuCl, oder CuBr in diesem Gittertyp.

Im Zinkblendengitter haben alle Ionen die Koordinatenzahl vier.

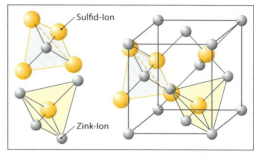

Bild 1: Aufbau von Zinksulfid (Zinkblende)

3.4.3 Energiebilanz bei der Bildung eines Ionengitters (Exkurs)

Wenn ein Metall wie beispielsweise Natrium mit einem Nichtmetall wie Chlor reagiert und sich somit ein Salz bildet, dann wird oft Energie in Form von Wärme abgegeben: Eine exotherme Reaktion findet statt. Hauptverantwortlich für diesen Energieumsatz sind die großen elektrostatischen Anziehungskräfte der Ionen: die Gitterenergie. Damit es aber überhaupt zu Reaktion kommt, muss aber zuerst Wärme zugeführt werden: die Aktivierungsenergie.

Anhand der Salzbildung von Natriumchlorid soll der Ablauf der Reaktion näher betrachtet werden (**Bild 2**):
Zunächst muss ein Teil der beteiligten Elemente atomar vorliegen. Natrium muss verdampfen, die dazu notwendige **Sublimationsenergie** beträgt $\Delta H = +108$ kJ/mol. Um die Bindung vom Chlormolekül zu lösen, werden 121 kJ/mol **Bindungsenergie** benötigt.

Ionisierungsenergie: Das gasförmige Natrium ist relativ leicht zu Ionisieren, dazu genügen vergleichsweise geringe 496 kJ/mol.

Chlor erreicht durch die Aufnahme des Elektrons das Oktett. Die dadurch frei gewordene Energie (**Elektronenaffinität**) beträgt $\Delta H = -349$ kJ/mol.

Durch die Vereinigung der Ionen wird ein großer Energiebetrag freigesetzt, die **Gitterenergie** beträgt hier -787 kJ/mol.

Zieht man Bilanz, so ergibt sich ein Energieüberschuss (**Bildungsenergie**) von 411 kJ/mol, welches bei der Reaktion in Form von Wärme abgegeben wird.

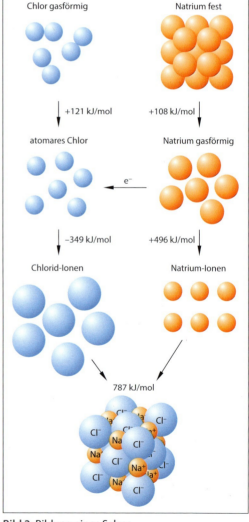

Bild 2: Bildung eines Salzes

Die Synthese von Salzen ist wegen der hohen Gitterenergie eine stark exotherme Reaktion.

4   Elektronenpaarbindung

Nach der Bearbeitung dieses Kapitels werden Sie in der Lage sein,

- die Bildung von Molekülen aus Nichtmetallatomen mithilfe der Oktettregel und gemeinsamen Elektronenpaaren zu erklären.
- die Valenzstichformel von Molekülen und Molekül-Ionen zu erstellen.
- anorganische Moleküle, Kohlenwasserstoffe und Alkohole zu benennen und die Nomenklaturregeln anzuwenden.
- mithilfe des Elektronenpaarabstoßungsmodells den räumlichen Bau von ausgewählten Molekülen abzuleiten.
- mithilfe der Elektronegativität die Bindungspolarität zu erkennen und damit, zusammen mit der Molekülgeometrie, die Polarität eines Moleküle abzuleiten.
- polare Moleküle in Form von Teilladungen an der Strukturformel zu visualisieren.
- physikalische Eigenschaften molekularer Stoffe zu vergleichen und die Unterschiede mithilfe der auftretenden zwischenmolekularen Wechselwirkungen zu erklären.

4.1   Bildung von Molekülen

Nach der Bearbeitung dieses Abschnitts können Sie

- erklären wie Nichtmetallatome mithilfe gemeinsamer Elektronenpaare die Edelgaskonfiguration erreichen und so Moleküle bilden.
- die Dublett- und Oktettregel nennen.

Alle Atome (außer Edelgase) kommen in der Natur nur gebunden vor, sie haben das Bestreben eine Edelgasaußenschale zu bilden. Bei der Atombindung wird dieser energiearme Zustand erreicht, indem Elektronen von zwei Atomen gemeinsam beansprucht werden.

Dublettregel: Wasserstoff strebt zwei Valenzelektronen an.

Oktettregel: Alle anderen Nichtmetalle streben acht Valenzelektronen an.

Beispiel 1: Bildung eines Wasserstoffmoleküls aus den Atomen: $H + H \rightarrow H_2$. Ein Wasserstoffatom besitzt ein Elektron, zur Edelgasschale (vgl. Helium) fehlt eins. Überlagern sich die Elektronenhüllen zweier Wasserstoffatome, so entsteht eine gemeinsame Elektronenhülle (**Bild 1**). Jedes Atom für sich kann so das gemeinsame Elektronenpaar als zu sich gehörend betrachten.

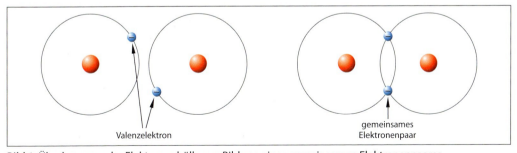

Valenzelektron

gemeinsames
Elektronenpaar

Bild 1: Überlagerung der Elektronenhüllen zu Bildung eines gemeinsamen Elektronenpaares

Atombindungen (Elektronenpaarbindungen) beruhen darauf gemeinsame bindende Elektronenpaare zu bilden. Es entstehen zwei- oder mehratomige Moleküle.

Exkurs: Die Atombindung beim Wassermolekül kann auch mit dem Orbitalmodell verständlich gemacht werden. Jedes Wasserstoffatom hat ein einfach besetztes s-Orbital. Durch die Vereinigung dieser Orbitale ist das gemeinsame Molekülorbital (im Anziehungsbereich beider Atomkerne) mit zwei Elektronen voll besetzt. Dies ist energetisch günstiger als zwei einfach besetzte s-Orbitale. Um das Molekül wieder zu trennen, muss diese Bindungsenergie aufgebracht werden (**Bild 1**).

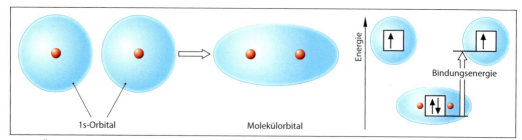

Bild 1: Überlappung zweier s-Orbitale beim Wasserstoffmolekül, das bindende Molekülorbital nimmt ein niedrigeres Energieniveau ein.

Beispiel 2: Bildung eines Chlormoleküls aus den Atomen. Durch die Überlagerung der Elektronenschalen der beiden Chloratome kommt es zu einer Ausbildung eines gemeinsamen Elektronenpaares. Jedes Chloratom für sich betrachtet hat im Molekül acht (Oktett) Valenzelektronen (**Bild 2**).

$$Cl + Cl \rightarrow Cl_2$$

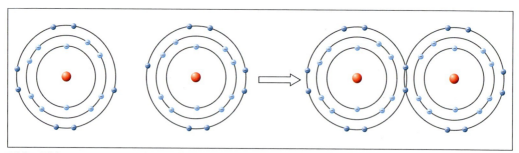

Bild 2: Bildung eines gemeinsamen Elektronenpaares beim Chlormolekül

Die Halogene bilden zweiatomige Moleküle durch ein gemeinsames Elektronenpaar: Fluor (F_2), Chlor (Cl_2), Brom (Br_2) und Ion (I_2).

Exkurs: Wie beim Wasserstoff können sich beim Chlor die Orbitale überlappen und ein Molekülorbital bilden. Jedes Halogen hat auf dem höchsten (3.) Hauptenergieniveau fünf Elektronen in drei p-Orbitalen, davon ist eines mit nur einem Elektron besetzt.

Beispiel Chlor: [Ne] $3s^2\ 3p^5$. Durch die Überlappung zweier einfach besetzter p-Orbitale ist das gemeinsame Molekülorbital mit zwei Elektronen voll besetzt, es hat ein niedrigeres Energieniveau. Diese Elektronen sind im Anziehungsbereich beider Atomkerne, die Chloratome werden durch eine Elektronenpaarbindung zusammen gehalten (**Bild 3**).

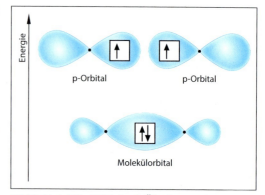

Bild 3: Molekülorbital durch Überlappung zweier p-Orbitale beim Chlormolekül

Auch unterschiedliche Nichtmetalle können gemeinsame Elektronenpaare ausbilden, um Edelgaskonfiguration zu erreichen.

Beispiel 3: Bildung von Chlorwasserstoff (HCl) aus den Atomen. Bei der Bildung des Moleküls Chlorwasserstoff (Hydrogenchlorid) aus Wasserstoff und Chlor erreichen die beiden Atome die Edelgaskonfiguration durch die Überlappung der Elektronenschale (**Bild 1**). Wasserstoff genügt wie Chlor ein weiteres Elektron zur Edelgasschale.

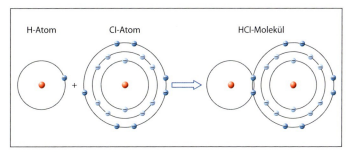

Bild 1: Bildung eines HCl-Moleküls aus einem H- und einem Cl-Atom

> Im Allgemeinen gilt: Nichtmetallatome bilden mit anderen Nichtmetallatomen gemeinsame Elektronenpaare.

Exkurs: Das s-Orbital des Wasserstoffs ist mit einem Elektron besetzt ($1s^1$), in den drei p-Orbitalen der höchsten Hautenergiestufe von Chlor sind fünf Elektronen ([Ne] $3s^2\ 3p^5$), davon ist eines nur mit ein Elektron besetzt. Durch die Überlappung der einfach besetzten Orbitale entsteht ein energieärmeres Molekülorbital, welches mit zwei Elektronen voll besetzt ist (**Bild 2**).

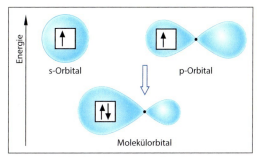

Bild 2: Molekülorbital durch Überlappung eines s- und p-Orbitals beim HCl

ALLES VERSTANDEN?

1. Wie erreicht ein Atom die Edelgaskonfiguration ohne ein Elektron auf- oder abzugeben und wie nennt man diese Bindungsart?

2. Wie nennt man zweiatomige Teilchen, welche durch eine Atombindung verbunden sind?

3. Welche Elemente gehen in der Regel eine Atombindung ein?

4. Worin liegt der Unterschied zwischen der Bindung HCl und der Bindung NaCl?

AUFGABEN

1. Zeichnen Sie das Schalenmodell eines Atoms Fluor. Überlegen Sie, wie durch Überlagerung zweier Fluoratome das Oktett erreicht wird.

2. Wasser bedeutet Leben. Sowohl Mensch als auch Tiere benötigen es, um zu überleben. Ohne H_2O können Pflanzen nicht gedeihen. Chemisch betrachtet ist das Molekül aus einem Sauerstoff und zwei Wasserstoffatomen aufgebaut. Zeigen Sie mithilfe des Schalenmodells, wie hier jedes Atom die Edelgaskonfiguration erreicht.

3. Ammoniak ist der Grundstoff für die Produktion vieler Stickstoffverbindungen. Die Verbindung aus einem Stickstoff- und drei Wasserstoffatomen ist eine der am meisten produzierten Chemikalien. Zeichnen Sie das Schalenmodell eines Stickstoff- und dreier Wasserstoffatome und zeigen Sie, dass mithilfe von gemeinsamen Elektronenpaaren jedes Atom Edelgaskonfiguration erreicht.

4.2 Die Valenzstrichformel

Nach der Bearbeitung dieses Abschnitts können Sie

- mithilfe der Valenzstrichformel bindende und nicht bindende Elektronenpaare darstellen.
- unter Berücksichtigung der Oktettregel die Valenzstrichformeln von Molekülen und Molekül-Ionen erstellen.
- die Formalladung bestimmen.
- mesomere Grenzformeln darstellen.

4.2.1 Die Einfachbindung

Die Valenzstrichformel beschränkt sich auf das Wesentliche und erhöht somit die Übersichtlichkeit. Nur die Außenelektronen sind an der Bindung beteiligt, die inneren Elektronen sind weniger bedeutend – diese werden nicht beachtet. Ein Elektron, welches eine Bindung eingehen kann, wird als Punkt dargestellt, ein Elektronenpaar mit einem Strich. Die Anzahl der bindungsfähigen Elektronen entspricht der Wertigkeit eines Atoms.

Beispiel Chloratom: Mit sieben Valenzelektronen fehlt noch eins zur Edelgaskonfiguration (Oktett) – es ist **einwertig** und kann somit eine Bindung eingehen. Die übrigen sechs Elektronen werden paarweise zusammengefasst (**Bild 1**).

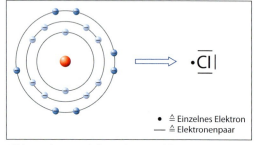

• ≙ Einzelnes Elektron
— ≙ Elektronenpaar

Bild 1: Valenzstrichformel eines Chloratoms

Beispiel Sauerstoffatom: Bei sechs Valenzelektronen fehlen noch zwei zum Oktett, **Sauerstoff ist zweiwertig**. Neben zwei einzelnen Elektronen gibt es somit auch zwei Elektronenpaare. Da nur die Valenzelektronen betrachtet werden, ist die Valenzstrichformel für ein Atom der 2. Periode auch typisch für die Atome der entsprechenden Hauptgruppe. (**Tabelle 1**)

Tabelle 1: Valenzstrichformel für die Elemente der 1. und 2. Periode							
I	II	III	IV	V	VI	VII	VIII
·H							|He
·Li	·Be	·B·	·C·	·N·	·O|	·F|	|Ne|

Bildung eines Moleküls aus einzelnen Atomen: Einzelne Valenzelektronen bilden gemeinsame Elektronenpaare.

bindendes Elektronenpaar

Beispiel Wasserstoff: H· + ·H   →   H — H

bindendes Elektronenpaar

Beispiel Chlor: |Cl· + ·Cl| → |Cl — Cl|
freies Elektronenpaar

Die Elemente Wasserstoff, Stickstoff, Sauerstoff sowie die Halogene bilden zweiatomige Moleküle (H_2, N_2, O_2, F_2, Cl_2, Br_2, I_2).

Atombindungen aus unterschiedlichen Nichtmetallen

Beispiel Wasser (H_2O): Das zweiwertige Sauerstoff benötigt zwei Bindungen, um das Oktett zu erreichen, Wasserstoff kann nur eine eingehen. Dadurch vermag Sauerstoff zwei Wasserstoffatome zu binden – so ergibt sich das Molekül H_2O:

$$H\cdot + \cdot\overline{\underset{\cdot}{O}}| + \cdot H \quad \Rightarrow \quad H - \overline{O}| \atop \qquad\quad |\atop \qquad\quad H$$

Beispiel Ammoniak (NH_3): Ein Verbindung aus einem Stickstoffatom mit drei Wasserstoffatomen. Das Element der fünften Hauptgruppe benötigt noch drei Elektronen zum Oktett. Durch die Ausbildung von drei gemeinsamen Elektronenpaaren mit jeweils einem Wasserstoff wird dies bei Ammoniak erreicht. Das Molekül hat ein freies Elektronenpaar beim Stickstoff und drei einfache bindende Elektronenpaare zwischen Wasserstoff und dem Stickstoff (**Bild 1**).

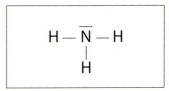

Bild 1: Ammoniak

Reaktion von Nichtmetallen am Beispiel Wasserstoff reagiert mit Stickstoff zu Ammoniak.

Bei einer Reaktionsgleichung, in dem Elemente miteinander reagieren, ist die Tatsache zu beachten, dass Wasserstoff, Stickstoff, Sauerstoff sowie die Halogene nur als zweiatomige Moleküle vorkommen. In der Wortgleichung kommt dies entsprechend zum Ausdruck:

Wortgleichung: $H_2 + N_2 \rightarrow NH_3$

Ausgleichen: Auf der linken Seite stehen zwei Stickstoff-Atome, demnach entstehen aus einem Stickstoffmolekül zwei Ammoniak-Moleküle, welche insgesamt sechs Wasserstoffatome benötigen – das entspricht drei Wasserstoffmolekülen.

Reaktionsgleichung: $3\,H_2 + N_2 \rightarrow 2\,NH_3$

ALLES VERSTANDEN?

1. Was bedeutet bei der Valenzstrichformel ein Punkt bzw. ein Strich?

2. Wie wird bei der Valenzstrichformel ein gemeinsames Elektronenpaar dargestellt?

3. Welche Elemente kommen nur als zweiatomige Moleküle vor?

AUFGABEN

1. Zeichnen Sie die Valenzstrichformel der Elemente Fluor, Chlor und Iod!

2. Elementarer Wasserstoff reagiert mit Brom zu Bromwasserstoff.
   a) Zeichnen Sie die Valenzstrichformel der beteiligten Atome und stellen Sie Wasserstoff, Brom und Bromwasserstoff in der Valenzstrichschreibweise dar.
   b) Stellen Sie die Reaktionsgleichung auf: Wasserstoff reagiert mit Brom zu Bromwasserstoff.

3. Geben Sie die Valenzstrichformel folgender Moleküle an: Cl_2O, CH_4, PH_3, CH_3Cl

4.2.2   Die Mehrfachbindung

Werden Atome durch zwei oder drei Elektronenpaare verbunden, so bezeichnet man dies als Doppel- oder Dreifachbindung. Ein Sauerstoffatom hat sechs Valenzelektronen, zum Oktett fehlen noch zwei. Das Sauerstoffmolekül O_2 kann durch zwei gemeinsame Elektronenpaare eine Doppelbindung bilden, so dass jedes Sauerstoffatom für sich betrachtet die Edelgaskonfiguration erreicht hat (**Bild 1**).

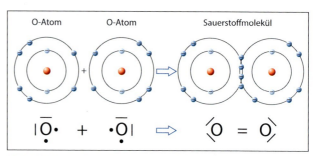

Bild 1: Bildung eines Sauerstoffmoleküls aus den Atomen unter Ausbildung einer Doppelbindung

Anmerkung: Tatsächlich bildet Sauerstoff (O_2) ein so genanntes Diradikal, es ist paramagnetisch. Das Modell der Doppelbindung ist einer didaktischen Reduktion geschuldet.

Ein Stickstoffatom hat fünf Valenzelektronen. Durch das Ausbilden von drei gemeinsamen Elektronenpaaren mit einem anderen Stickstoffatom besitzt jedes einzelne für sich betrachtet acht Valenzelektronen. Das N_2 – Molekül bildet eine Dreifachbindung. Vierfachbindungen sind im Übrigen nicht möglich.

Bilden zwei Atome zwei (drei) gemeinsame Elektronenpaare, so spricht man von einer Doppelbindung (Dreifachbindung). Eine Vierfachbindung ist nicht möglich.

Bei verschiedenen Nichtmetallatomen können sich ebenfalls Einfach-, Doppel-, oder Dreifachbindungen ausprägen (**Tabelle 1**).

Tabelle 1: Beispiel für eine Einfach-, Doppel-, oder Dreifachbindung

Art der Elektronen-paarbindung	Beispiel		
	Name	Summenformel	Valenzstrichschreibweise
Einfachbindung	Fluorwasserstoff	HF	$H — \overline{\underline{F}}|$
Doppelbindung	Kohlenstoffdioxid	CO_2	$\langle O = C = O \rangle$
Dreifachbindung	Ethin	C_2H_2	$H — C \equiv C — H$

ALLES VERSTANDEN?

1. Was versteht man unter einer Doppelbindung?

2. Warum kann Wasserstoff keine Doppelbindung eingehen?

AUFGABEN

1. Zeichnen Sie die Valenzstrichformel der Elemente Stickstoff und Sauerstoff!

2. Zeichnen Sie die Valenzstrichformel von HCN, CH_2O, C_2H_4!

4.2.3 Ermitteln der Valenzstrichformel

Die Elektronenpaarbindungen können mit der Valenzstrichformel dargestellt werden. Für einfache Moleküle wie H_2O oder HCl gelingt dies recht einfach. Sobald jedoch die Zahl der beteiligten Atome zunimmt oder Molekül-Ionen darzustellen sind, dann gelingt die Darstellung ad hock nicht mehr ganz so leicht. Werden aber einige wenige Regeln beachtet, sind auch komplexere Moleküle und Molekül-Ionen zuverlässig darstellbar.

1 Zahl aller Valenzelektronen (VE) ermitteln! Von allen beteiligten Atomen wird die Summe der Valenzelektronen mithilfe des PSEs gebildet. Dies entspricht im neutral geladenen Molekül auch der Gesamtvalenzelektronenzahl. So hat beispielsweise das Molekül CH_2O_2 18 Valenzelektronen (**Bild 1**), es werden bei der Valenzstrichformel neun Elektronenpaare zu zeichnen sein. Bei einem Molekül-Ion muss noch die Ladung berücksichtigt werden. Ein negativ geladenes Molekül hat entsprechend der Ladungszahl mehr, ein positives weniger Elektronen.

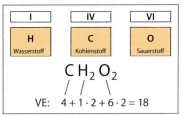

Bild 1: Die Valenzelektronenzahl mit der Hauptgruppennummer bestimmen

2 Zahl der notwendigen VE ermitteln! Jedes in der Bindung beteiligte Atom hat Edelgaskonfiguration. Wasserstoff hat zwei, die anderen Nichtmetalle acht Valenzelektronen (**Bild 2**). Die Anzahl der notwendigen Valenzelektronen wird entsprechend berechnet, so werden bei CH_2O_2 28 VE benötigt.

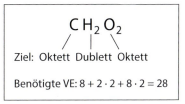

Bild 2: Berechnung der benötigten Valenzelektronen

3 Zahl der gemeinsamen VE ermitteln! Die Differenz der notwendigen und der vorhandenen Valenzelektronen entspricht den gemeinsam genutzten Elektronen, welche Elektronenpaarbindungen eingehen. Das Molekül mit 18 Valenzelektronen, welches 28 benötigt, hat somit zehn gemeinsame Valenzelektronen bei fünf bindenden Elektronenpaare (**Bild 3**).

4 Zahl der nicht bindende VE ermitteln. Die Differenz der vorhandenen und der bindenden Elektronen entspricht der Anzahl der nicht bindenden Elektronen. So hat ein Molekül mit 18 Valenzelektronen, von denen zehn bindende sind, noch acht nicht bindende Valenzelektronen – also vier freie Elektronenpaare (**Bild 3**).

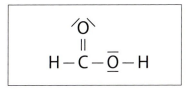

Bild 3: Anzahl der bindenden und freien Elektronenpaare bei CH_2O_2

5 Valenzstrichformel zeichnen! Wasserstoff ist immer, Halogene sind meistens am Ende eines Moleküls → mit diesen Elementen endet oder beginnt die Valenzstrichformel. Die Oktett- bzw. Dublettregel beachten (Ausnahmen gibt es erst ab der 3. Periode), eine symmetrische Anordnung ist zu bevorzugen. Sauerstoffatome dürfen nicht direkt miteinander verbunden werden (außer bei Peroxide oder O_2 bzw. O_3). Kohlenstoff zentral zeichnen. Formalladung, falls vorhanden, anschreiben,

Bild 4: Valenzstrichformel von CH_2O_2

diese sollen möglichst klein sein. Sollten dennoch mehrere Valenzstrichformeln möglich sein, dann sollte das elektronegativere auch die negative Formalladung aufweisen.

Beispiel: Das Molekül CH_2O_2 hat fünf bindende und vier freie Elektronenpaare. Kohlenstoff ist das Zentralatom, Wasserstoff ist jeweils am Ende eines Moleküls, Sauerstoff nicht verbinden (**Bild 4**).

Formalladung bestimmen: bindende Elektronenpaare werden gedanklich mittig getrennt. Ist die Anzahl der Valenzelektronen größer als die Hauptgruppennummer, so ist die Ladung negativ, im umgekehrten Fall positiv. Die Molekülladung entspricht der Summe aller formalen Ladungen.

Beispiel Hydroxid-Ion (OH⁻): Das gemeinsame Elektronenpaar wird mittig getrennt, jedem Atom wird ein bindendes Elektron zugesprochen. Somit hat formal der Wasserstoff ein, der Sauerstoff sieben Valenzelektronen, also ein Elektron mehr als erwartet (Hauptgruppe VI) → Sauerstoff ist einfach negativ geladen (**Bild 1**).

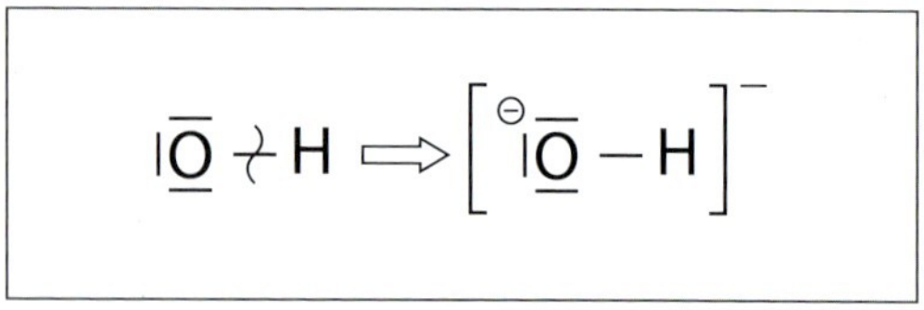

$$\overline{|O} \; \dot{+} \; H \;\Longrightarrow\; \left[\overset{\ominus}{|}\overline{O} - H \right]^{-}$$

Bild 1: Formalladung beim OH⁻

Die Summe der Formalladungen gleicht sich bei einem Molekül aus, bei Molekül-Ionen entspricht diese der gesamten Ladung des Ions.

Mesomere Grenzformeln

Es gibt Moleküle, welche sich nicht durch eine Valenzstrichformel, sondern durch mehrere, so genannte mesomere (von griechisch meso, mittig und méros, Teil) Grenzformeln darstellen lassen. Beispiel Schwefeldioxid (SO₂): Das Molekül hat 18 Valenzelektronen, es werden 24 benötigt → sechs gemeinsame Valenzelektronen bilden drei bindende Elektronenpaare. Damit verbleiben 12 Valenzelektronen, weshalb sechs freie Elektronenpaare vorhanden sind. Nun kann ein Sauerstoffatom mit einer Einfach-, das andere mit einer Doppelbindung gebunden werden. Es sind zwei Lösungen möglich (**Bild 2**). Mit dem Doppelpfeil wird symbolisiert, dass ein ständiger Wechsel zwischen den beiden Möglichkeiten stattfindet. Der tatsächliche Zustand ist der Mittelwert zwischen diesen beiden (**Bild 3**).

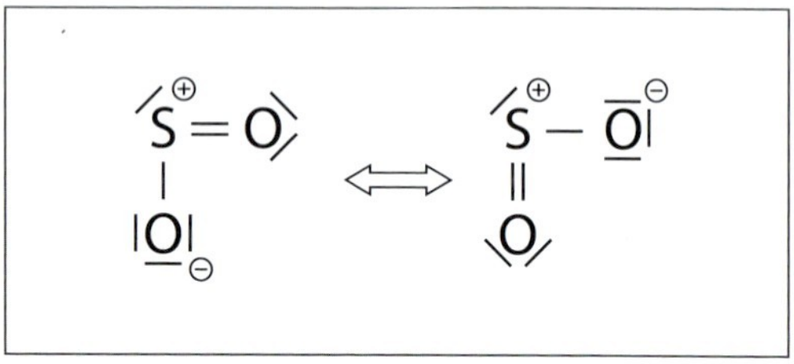

Bild 2: Mesomere Grenzformel von SO₂

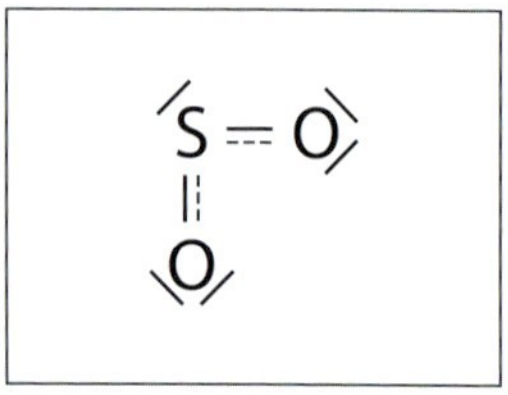

Bild 3: Schwefeldioxid

Lässt sich ein Molekül durch mehrere Valenzstrichformeln darstellen, so werden diese Strukturen als mesomere Grenzformeln bezeichnet.

Valenzstrichformel am Beispiel Carbonat (CO₃²⁻)

1 **Zahl aller Valenzelektronen:**   → $4 + 6 \cdot 3 + 2 = 24$ → 12 e⁻-Paare zeichnen
2 **Zahl der notwendigen VE:**   → $8 \cdot 4 = 32$ VE werden benötigt
3 **Zahl der gemeinsamen VE:**   → $32 - 24 = 8$ gemeinsame VE → 4 bindende e⁻-Paare
4 **nicht bindende VE:**   → $24 - 8 = 16$ nicht bindende VE → 8 freie e⁻-Paare
5 **Valenzstrichformel:**   Es gibt drei mesomere Grenzformeln von CO₃²⁻ (**Bild 4**)

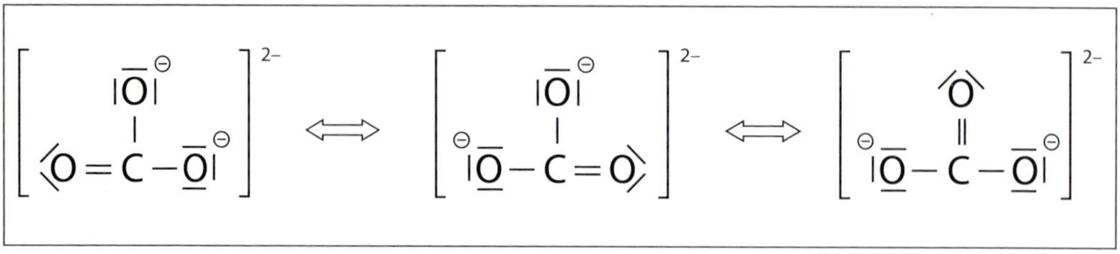

Bild 4: Mesomere Grenzformeln von Carbonat

ALLES VERSTANDEN?

1. Wie lässt sich die Anzahl der bindenden und freien Elektronenpaare einer Valenzstrichformel ermitteln?

2. Worauf ist beim Zeichnen der Valenzstichformel zu achten, wenn mehrere Sauerstoffatome im Molekül vorhanden sind?

3. Wo stehen bei einer Valenzstrichformel die Halogene?

4. Was versteht man unter einer mesomeren Grenzformel?

Exkurs: Über- oder unterschreiten der Oktettregel

Überschreiten der Oktettregel: Ab der dritten Periode kann das Oktett bei Bindungen mit Sauerstoff oder Fluor überschritten werden, was als Hypervalenz bezeichnet wird. Als wichtiges Beispiel sei das Sulfat-Ion (SO_4^{2-}) genannt. Die insgesamt 32 Valenzelektronen würden nach den genannten Regeln auf vier bindende Elektronenpaare schließen lassen. Tatsächlich bilden sich aber sechs bindende Elektronenpaare aus. Weitere Beispiele sind Phosphat (PO_4^{3-}) oder Schwefelhexafluorid (SF_6).

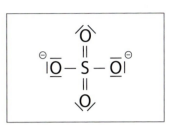

Bild 1: Sulfat-Ion

Unterschreiten der Oktettregel: Es gibt auch Molekülstrukturen, bei denen auch ungepaarte Elektronen vorkommen. Ein solches Molekül ist ein so genanntes Radikal. So erkennt man am Beispiel Stickstoffdioxid (NO_2) schon an der ungeraden Anzahl von 17 Valenzelektronen, dass hier nicht nur Elektronenpaare vorkommen können (**Bild 2**).

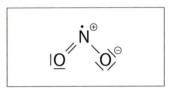

Bild 2: Stickstoffdioxid

AUFGABEN

1. Zeichnen Sie die Valenzstrichformeln folgender Moleküle:
   a) Ethen (C_2H_4)
   b) Methanal (CH_2O)
   c) Blausäure (HCN)
   d) Hydrazin N_2H_4
   e) Schwefeldifluorid (SF_2)
   f) Phosphorsäure (H_3PO_4)

2. Zeichnen Sie eine Valenzstrichformel folgender Molekül-Ionen:
   a) Ammonium-Ion (NH_4^+)
   b) Nitrit-Ion (NO_2^-)
   c) Hydrogensulfid-Ion (HS^-)
   d) Formiat-Ion (CHO_2^-)

3. Geben Sie alle mesomeren Grenzformeln folgender Moleküle an:
   a) NO_3^-
   b) SO_3

4.3   Nomenklatur

Nach der Bearbeitung dieses Abschnitts können Sie

- anorganische Moleküle benennen.
- Alkane, Alkene und Alkine nach IUPAC benennen.
- Alkohole nach IUPAC benennen.
- die funktionelle Gruppe bei den Alkoholen beschreiben.

4.3.1   Anorganische Moleküle

Moleküle, welche nur aus den Atomen A und B bestehen (A_nB_m):

Beim Aufstellen der Formeln von Verbindungen mit zwei verschiedenen Elementen wird in der Regel zuerst das Molekülatom mit seinem unveränderten Namen genant, welches in folgender Reihenfolge weiter links steht:

B, Si, C, Sb, As, P, N, H, Te, Se, S, At, I, Br, Cl, O, F

Diese Reihenfolge ergibt sich (bis auf Wasserstoff und Sauerstoff) im Wesentlichen aus der Hauptgruppe und der Periode (von unten nach oben). Das andere Molekülatom erhält die Endung -id. Diese lateinisierten Namen leiten sich nicht von der deutschen Bezeichnung ab: S = Sulfur, N = Nitrogen, O = Oxygen, C = Carbon, H = Hydrogen.

z. B. „Fluorid" = F^- „Nitrid" = N^{3-}
 „Oxid" = O^{2-} „Phosphid" = P^{3-}
 „Sulfid" = S^{2-} „Carbid" = C^{4-}
 „Selenid" = Se^{2-}

Präfix: Durch das Voranstellen eines griechischen Zahlwortes (**Tabelle 2**) wird die Anzahl der Atome in einem Molekül (mono, di, tri, tetra, ...) angegeben. Auf „mono" beim erstgenannten Atom wird jedoch verzichtet.

Das griechische Zahlenwort gibt Auskunft über die Anzahl der Atome im Molekül.

Beispiele: NO_2: Stickstoff**di**oxid, N_2O: **Di**stickstoff**mono**xid, PCl_5: Phosphor**penta**chlorid, H_2S: **Di**hydrogensulfid, OF_2: Sauerstoff**di**fluorid, S_2Cl_2: **Di**schwefel**di**chlorid, Cl_2O: **Di**chlor**mono**xid

Tabelle 1: Moleküle und deren Trivialname

Summen-formel	Trivialname
H_2O	Wasser
NH_3	Ammoniak
HCl	Chlorwasserstoff
H_2S	Schwefel-wasserstoff
N_2O	Lachgas
CH_4	Methan
O_3	Ozon

Tabelle 2: Griechische Zahlwörter

Zahl	Griechisches Zahlwort
1	mono
2	di
3	tri
4	tetra
5	penta
6	hexa
7	hepta
8	okta
9	nona
10	deka

Häufig sind aber die Eigennamen (Trivialnamen) geläufiger (**Tabelle 1**). Bei der Benennung von Kohlenstoffverbindungen gelten eigene Regeln.

Beispiele:

		Systematischer Namen	Trivialnamen
H_2S	=	Dihydrogensulfid	= „Schwefelwasserstoff"
HCl	=	Wasserstoffchlorid (oder Hydrogenchlorid)	= „Chlorwasserstoff"
N_2O	=	Distickstoffmonoxid (auch Distickstoffoxid)	= „Lachgas"

Bei Molekülen, welche aus zwei verschiedenen Nichtmetallen aufgebaut sind, gilt in der Regel:
1. Anzahl (wenn größer eins) und Name des Elementes, welches im PSE weiter links steht (Ausnahme: Wasserstoff und Sauerstoff). Sollten beide Elemente in dergleichen Hauptgruppe stehen, dann das Element, welches weiter unten steht.
2. Anzahl (1 = mono, 2 = di, 3 = tri, 4 = tetra, …) und lateinisierter Name des anderen Elementes mit der Endung -id.

AUFGABEN

1. Benennen Sie folgende Verbindungen: SO_2, P_2O_5, PCl_5, ClF_3, HBr, B_4C.

2. Geben Sie die Summenformel folgender Moleküle an: Distickstofftetroxid, Siliciumtetrachlorid, Schwefelhexafluorid

3. Ein Molekül besteht aus …
   a) 4 Atomen Chlor und einem Atom Kohlenstoff.
   b) 5 Atomen Brom und einem Atom Phosphor.
   c) 2 Atomen Chlor und 2 Atomen Schwefel.
   d) 1 Atom Chlor und 1 Atom Iod.
   Geben Sie die Summenformel und den Molekülnahmen an.

4.3.2 Alkane

Verbindungen, die nur aus Kohlenstoff und Wasserstoff aufgebaut sind, werden unter dem Begriff Kohlenwasserstoffe zusammengefasst. Da der Kohlenstoff vierwertig ist, sind hier eine Vielzahl von Molekülen möglich. Die Regeln für die Benennung der Moleküle erfolgt nach IUPAC (International Union of Pure and Applied Chemistry). Alkane sind Kohlenwasserstoffe, die nur C – C Einfachbindungen enthalten.

Alkane haben nur Einfachbindungen zwischen den Kohlenstoffatomen.

Die homologe Reihe der Alkane

Die einfachste Verbindung aus Kohlenstoff und Wasserstoff ist das Methan (CH_4), es besteht aus einem Kohlenstoff- und vier Wasserstoffatomen (**Bild 1**).

Wird ein H-Atom durch ein C-Atom ersetzt, an das drei H-Atome gebunden sind, so ergibt sich der Kohlenwasserstoff Ethan (C_2H_6).

Durch erneutes Ersetzen wächst die Kette um ein weiteres C zu C_3H_8, dem Propan.

Dieses Schema lässt sich beliebig fortführen. So ergibt sich die homologe Reihe der Alkane (**Bild 1**) mit der Summenformel C_nH_{2n+2}.

In der homologen Reihe (nicht verzweigt) unterscheiden sich die Alkane nur in der Kettenlänge.

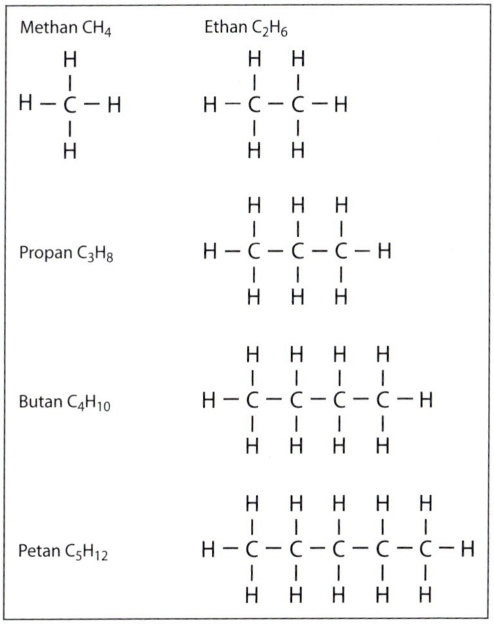

Bild 1: Die Summen und Strukturformel einiger Alkane

Die Namen der Alkane enden mit -an, mit der Kohlenstoffanzahl 1 bis 4 lauten sie: Methan, Ethan, Propan und Butan. Ab 5 Kohlenstoffatome wird die Namensgebung von dem griechischen Zahlenwörtern abgeleitet: Pentan (5). Hexan (6), Heptan (7), Oktan (8) Nonan (9), Dekan (10) usw.. Alkane finden sich beispielsweise in Waschbenzin (**Bild 1**).

Bild 1: Waschbenzin

> Die Namen von Alkane tragen die Endung -an.

Halbstrukturformel

Die Summenformel gibt nur unzureichend Aufschluss über den Aufbau eines Moleküls. Oftmals ist es aber auch recht aufwändig die Strukturformel zu zeichnen. Dann behilft man sich mit einer vereinfachten Strukturformel, diese veranschaulicht, wie die Kohlenstoffatome miteinander verbunden sind (**Bild 2**).

Beispiel Propan: Am ersten Kohlenstoff sind drei Wasserstoff, am zweiten zwei und am dritten wieder drei Wasserstoffatome gebunden.

C_3H_8: $CH_3 - CH_2 - CH_3$

> Die Summenformel von Alkanen lautet C_nH_{2n+2}.

Ethan
C_2H_6

Butan
C_3H_8

```
      H   H                      H   H   H
      |   |                      |   |   |
  H — C — C — H          H — C — C — C — H
      |   |                      |   |   |
      H   H                      H   H   H

    CH₃ – CH₃              CH₃ – CH₂ – CH₂ – CH₃
```

Bild 2: Struktur- und Halbstrukturformel von Ethan und Butan

Alkylgruppen

Nimmt man bei einem Alkan ein Wasserstoffatom weg, so bleibt ein Molekül mit einem ungepaarten Elektron zurück (= Radikal). Dieser Rest wird als Alkyl (oder Alkylrest) bezeichnet. Diese tragen die Endung -yl, und sind stets ein Teil eines größeren Moleküls. So lautet die Summenformel von Methyl -CH_3 oder von Ethyl -C_2H_5.

Methylgruppe	Ethylgruppe	Propylgruppe	Butylgruppe

Isomere Alkane

Kohlenwasserstoffe können bei gleicher Summenformel eine unterschiedliche Struktur aufweisen und somit auch verschiedene chemische und physikalische Eigenschaften haben. Diese Moleküle sind so genannte Isomere (von griechisch isos: gleich und méros: Teil). So können Alkane unverzweigt oder verzweigt sein.

> Isomere haben bei gleicher Summenformel eine unterschiedliche Strukturformel.

Beispiel: Ausgehend von einem Molekül Propan ($CH_3 - CH_2 - CH_3$) soll ein Wasserstoffatom durch eine Methylgruppe (-CH_3) ersetzt werden. Erfolgt dies am ersten oder letzten Kohlenstoffatom, so wächst die Kette einfach zu Butan ($CH_3 - CH_2 - CH_2 - CH_3$). Wird aber am mittleren Kohlenstoffatom getauscht, so entsteht ein verzweigtes Molekül mit anderen Eigenschaften, die Summenformel lautet aber in beiden Fällen C_4H_{10}. Die Unterscheidung der beiden Moleküle muss somit entweder durch die Angabe einer Strukturformel oder über den Namen erfolgen. In diesem Beispiel wurde beim Propan am zweiten Kohlenstoff ein Wasserstoffatom durch ein Methyl ersetzt. Der Name lautet 2-Methylpropan (**Bild 1**, nächste Seite).

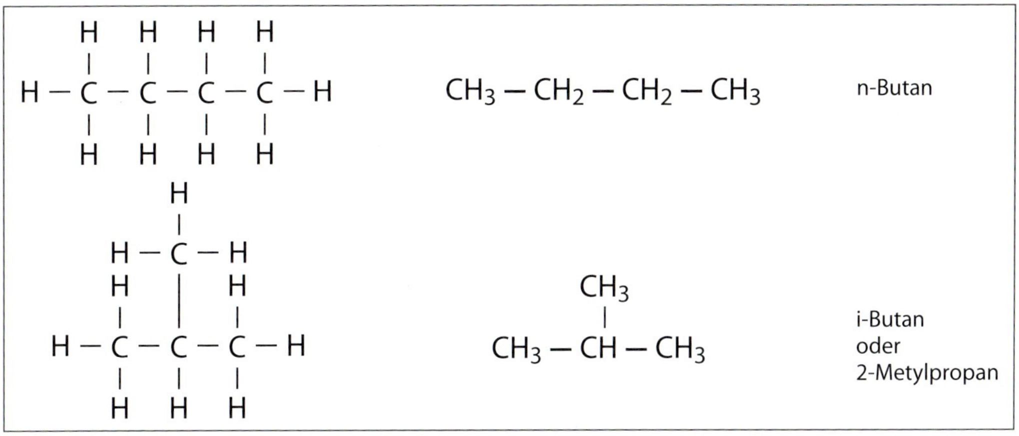

$$H - \underset{\underset{H}{|}}{\overset{\overset{H}{|}}{C}} - \underset{\underset{H}{|}}{\overset{\overset{H}{|}}{C}} - \underset{\underset{H}{|}}{\overset{\overset{H}{|}}{C}} - \underset{\underset{H}{|}}{\overset{\overset{H}{|}}{C}} - H$$

$$CH_3 - CH_2 - CH_2 - CH_3 \qquad \text{n-Butan}$$

$$\begin{array}{c} H \\ | \\ H - C - H \\ H \quad | \quad H \\ | \quad | \quad | \\ H - C - C - C - H \\ | \quad | \quad | \\ H \quad H \quad H \end{array}$$

$$\begin{array}{c} CH_3 \\ | \\ CH_3 - CH - CH_3 \end{array} \qquad \begin{array}{l} \text{i-Butan} \\ \text{oder} \\ \text{2-Metylpropan} \end{array}$$

Bild 1: Von Butan gibt es zwei Isomere: n-Butan und *2-Methylpropan*

Bei den Isomeren Alkanen ist die Summenformel gleich (grch: iso), die Strukturformel ist jedoch unterschiedlich (= **Isomere Verbindung**), die Moleküle unterscheiden sich in ihren physikalischen Eigenschaften. Mit der Anzahl an Kohlenstoffatomen steigt auch die Zahl der möglichen Isomere deutlich an (**Tabelle 1**), so gibt es von Hexan (C_6H_{14}) fünf verschiedene Isomere. Ausgehend von Pentan (CH_3–CH_2–CH_2–CH_2–CH_3) kann beim zweiten oder dritten Kohlenstoffatom ein Wasserstoff durch ein Methyl ersetzt werden. So gibt es 2-Methylpentan bzw. 3-Methylpentan, je nachdem an welchem Kohlenstoffatom die Methylgruppe verbunden ist. Vom Butan ausgehend können entweder zwei Wasserstoffatome durch Methylgruppen oder ein Wasserstoff durch eine Ethylgruppe ersetzt werden.

Tabelle 1: Zahl der Isomere	
Alkan	Anzahl der Isomere
Pentan	3
Hexan	5
Heptan	9
Oktan	18
Decan	75
Dodekan ($C_{12}H_{26}$)	355

Die Benennung der Isomere erfolgt nach den IUPAC –Regeln.

1 Der Stammname ergibt sich aus der längsten Kohlenstoffkette: Es wird nach der längsten unverzweigten Kohlenstoffkette gesucht. Diese legt den Stammnamen fest.

Beispiele:

Die längste Kette hat sieben C-Atome:
Der Stammname: **-Heptan**

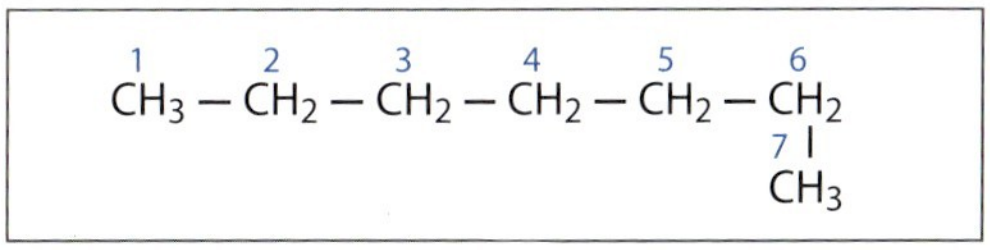

$$\overset{1}{CH_3} - \overset{2}{CH_2} - \overset{3}{CH_2} - \overset{4}{CH_2} - \overset{5}{CH_2} - \overset{6}{CH_2} \\ \underset{CH_3}{\overset{7|}{}}$$

Sechs C-Atome bilden den Stammnamen:
-Hexan

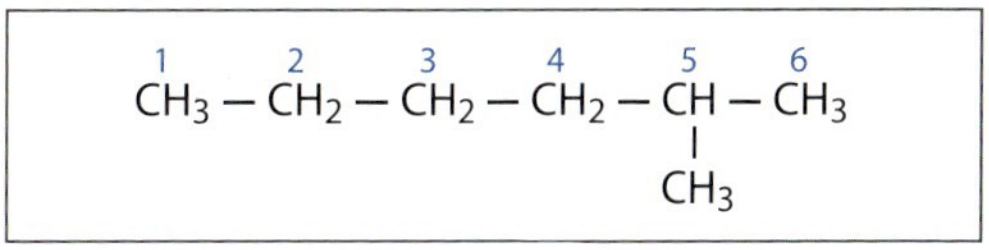

$$\overset{1}{CH_3} - \overset{2}{CH_2} - \overset{3}{CH_2} - \overset{4}{CH_2} - \overset{5}{CH} - \overset{6}{CH_3} \\ \underset{CH_3}{|}$$

Der Stammname **-Heptan** ergibt sich aus sieben C-Atomen.

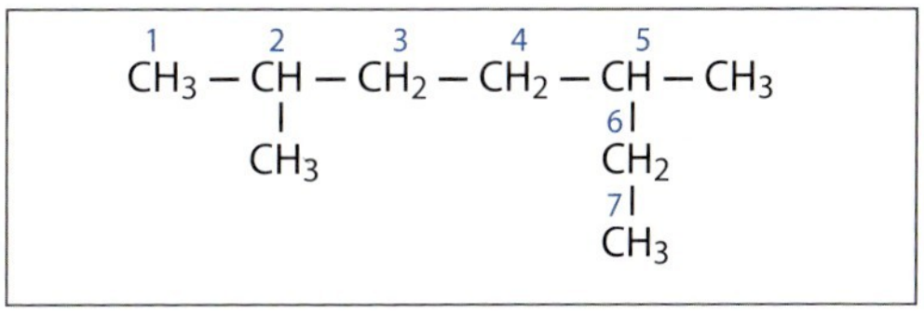

$$\overset{1}{CH_3} - \overset{2}{CH} - \overset{3}{CH_2} - \overset{4}{CH_2} - \overset{5}{CH} - \overset{6}{CH_3} \\ \underset{CH_3}{|} \qquad\qquad \underset{\underset{\underset{CH_3}{7|}}{\overset{6|}{CH_2}}}{}$$

2 Die Seitenketten benennen: Die Seitenketten erhalten ihren Namen nach den Alkylgruppen. Sind davon unterschiedliche vorhanden, so sind diese alphabetisch geordnet dem Namen der Hauptkette vorangestellt. Die Seitenketten haben die Endung „yl".

Beispiel: eine Seitenkette Methyl an der Stammkette Hexan: -Methyl-hexan

$$\overset{1}{CH_3} - \overset{2}{CH_2} - \overset{3}{CH_2} - \overset{4}{CH_2} - \overset{5}{CH} - \overset{6}{CH_3}$$
$$|$$
$$CH_3$$

3 Die Anzahl der gleichen Seitenketten ermitteln: Kommt eine Alkylgruppe öfters vor, wird dem Namen das entsprechende griechische Zahlenwort (di-, tri-, tetra-, …) dem jeweiligen Seitenkettennamen vorgestellt.

Beispiel: es sind zwei Methylgruppen vorhanden: -Dimethyl-heptan

$$\overset{1}{CH_3} - \overset{2}{CH} - \overset{3}{CH_2} - \overset{4}{CH_2} - \overset{5}{CH} - CH_3$$
$$| \qquad\qquad\qquad\qquad 6|$$
$$CH_3 \qquad\qquad\qquad\quad CH_2$$
$$7|$$
$$CH_3$$

4 Die Verknüpfungsstellen zwischen Haupt- und Seitenketten ermitteln: Die Kohlenstoffatome der Hauptkette von beiden Enden durchnummerieren. Die Verknüpfungsstellen sollen möglichst kleine Zahlen enthalten.

Beispiel: Die Verknüpfungsstellen sind entweder am zweiten und fünften oder am dritten und sechsten Kohlenstoffatom. Die Zahlen sollen möglichst klein sein.

$$CH_3 - \overset{5\,3}{CH} - \overset{4\,4}{CH_2} - \overset{3\,5}{CH_2} - \overset{2\,6}{CH} - \overset{1\,7}{CH_3}$$
$$\overset{6|2}{} \qquad\qquad\qquad\qquad |$$
$$CH_2 \qquad\qquad\qquad\quad CH_3$$
$$\overset{7|1}{}$$
$$CH_3$$

→ 2,5-Dimethyl-heptan (sprich: „zwei, fünf-dimethylheptan")

Anwenden der Regeln an einem Beispiel (**Bild 1**): Die längste Hauptkette hat sieben Kohlenstoffatome. Der Stammname lautet somit -heptan.

Eine Ethylgruppe und zwei Methylgruppen sind mit der Kette verbunden. Im Alphabet kommt „e" vor „m", weshalb die Ethylgruppe zuerst genannt wird. Wegen der beiden Methylgruppen bekommen diese dann die Vorsilbe „di".

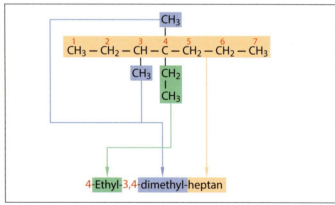

Bild 1: Nomenklatur eines Alkans

Um die Stellung der Alkylgruppen zu finden, wird die Hauptkette von beiden Seiten nummeriert, die Zahlen sollen möglichst klein sein. So ergibt sich der Name: 4-Ethyl-3,4-dimethyl-heptan.

ALLES VERSTANDEN?

1. Wie lautet die allgemeine Summenformel von Alkanen?

2. Was versteht man unter isomeren Verbindungen?

3. Wie findet man den Stammnamen eines Alkans?

4. In welcher Reihenfolge werden die Alkylgruppen angeordnet?

5. Worauf ist beim Durchnummerieren der Kette zu achten?

AUFGABEN

1. Benennen sie folgende Verbindungen

a)

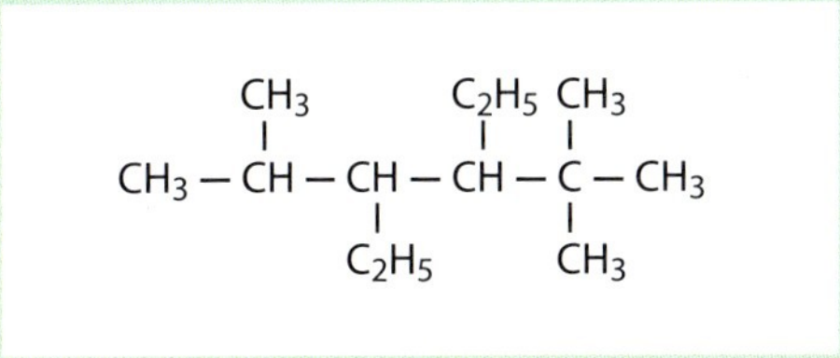

$$CH_3 - CH - CH - CH - C - CH_3$$

with substituents: CH_3, C_2H_5, CH_3 above; C_2H_5, CH_3 below.

b)

$$CH_3 - CH - C - CH - CH_3$$

with CH_3 above; $CH_3 - CH_2 - CH_2$ and CH_3 below.

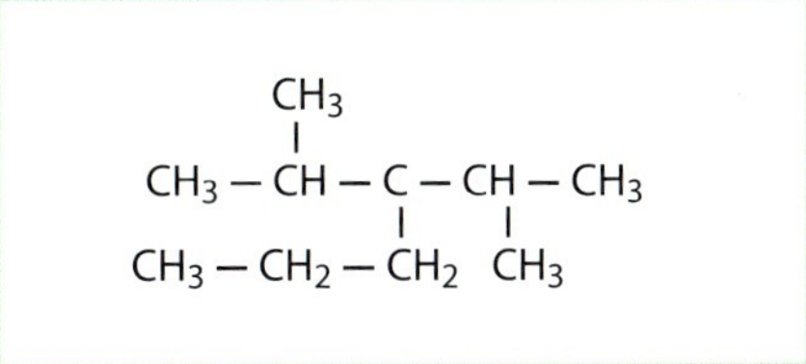

c)

$$CH_3 - CH_2 - CH_2 - C - CH_2 - C - CH_2 - CH_3$$

with $CH_3 - CH_2$ and CH_3 above; $CH_3 - CH_2 - CH_2$ and CH_3 below.

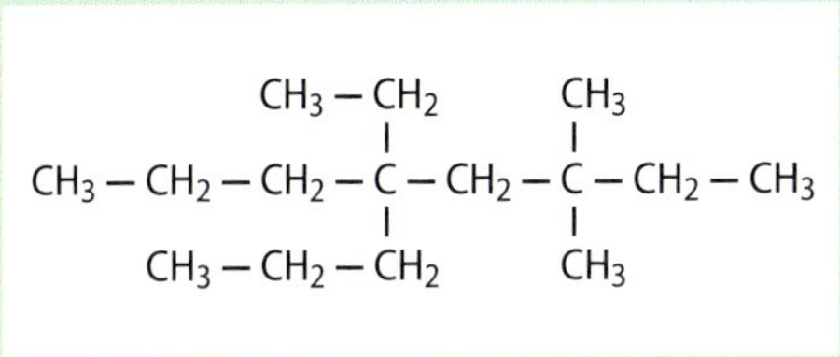

d)

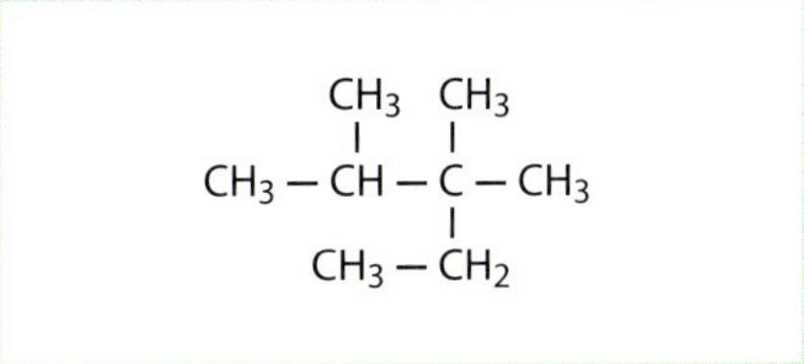

$$CH_3 - CH - C - CH_3$$

with CH_3, CH_3 above; $CH_3 - CH_2$ below.

e)

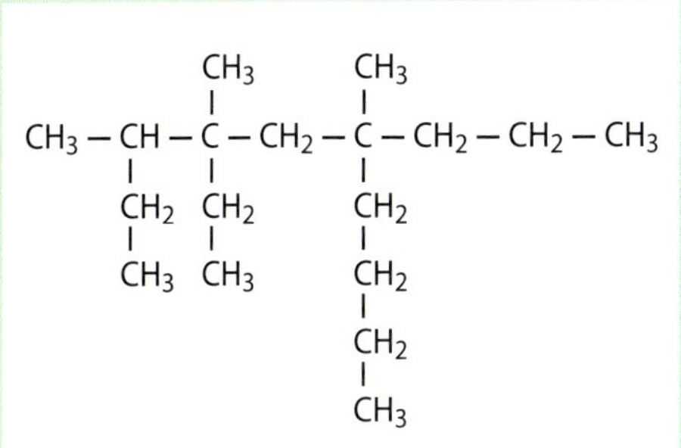

$$CH_3 - CH - C - CH_2 - C - CH_2 - CH_2 - CH_3$$

with CH_3, CH_3 above; CH_2, CH_2, CH_2 below, continuing CH_3, CH_3, $CH_2 - CH_2 - CH_3$.

f)

$$CH_3 - C - CH_2 - C - CH_3$$

with CH_3, CH_3 above; CH_3, CH_3 below.

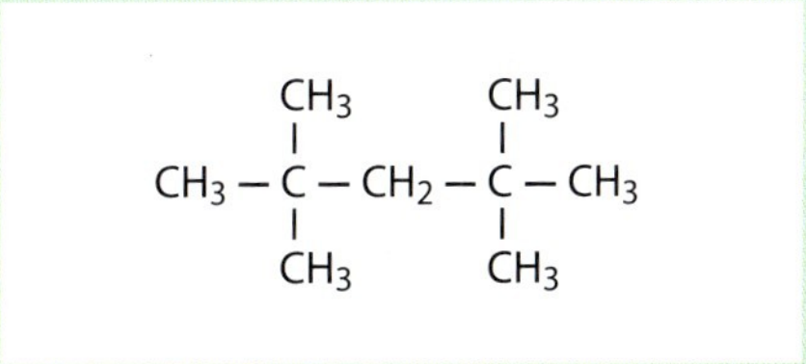

2. Stellen Sie die Struktur- oder Halbstrukturformel für die Moleküle folgender Verbindungen auf:
   a) 3-Methyl-hexan
   b) 2,3-Dimethyl-pentan
   c) 3-Ethyl-3,4-dimethyl-heptan
   d) 3,4,4,5-Tetramethyl-heptan

3. Bei der Benennung hat sich der ein oder andere Fehler eingeschlichen. Stellen Sie die Struktur- oder Halbstrukturformel für die Moleküle folgender Verbindungen entsprechend der vorgegebenen Bezeichnung auf und kontrollieren Sie, ob die IUPAC-Regeln eingehalten wurden. Korrigieren Sie gegebenenfalls.
   a) 3-Ethyl-2-methyl-hexan
   b) 2,4,4-Trimethyl-pentan
   c) 2-Propyl-5-ethyl-3,3-dimethyl-oktan

4.3.3 Alkene und Alkine

Alkene

Bei den Alkanen sind die Kohlenstoffatome alle mittels Einfachbindung verbunden, sie haben auch die höchstmögliche Anzahl an Wasserstoffatomen, da Kohlenstoff vier Bindungen eingeht. Es besteht aber auch die Möglichkeit, dass C-Atome durch eine Doppel- oder Dreifachbindung miteinander verbunden sind. Dann handelt es sich um ungesättigte Kohlanwasserstoffe.

> Alkene haben eine Doppelbindung zwischen zwei Kohlenstoffatomen.

Alkene bilden wie Alkane eine homologe Reihe, das einfachste Alken ist das Molekül Ethen (C_2H_4). Die beiden Kohlenstoffatome sind mit einer Doppelbindung verbunden. Dieses Molekül ist ein wichtiges Zwischenprodukt und wird unter anderem zur Herstellung des Kunststoffes Polyethylen (PE) verwendet. Viele Alltagsgegenstände bestehen aus diesem Polymer (**Bild 2**).

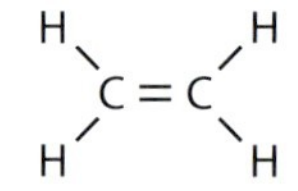

$$\underset{H}{\overset{H}{\diagdown}} C = C \underset{H}{\overset{H}{\diagup}} \qquad CH_2 = CH_2$$

Bild 1: Struktur- und Halbstrukturformel von Ethen

Generell werden Alkene nach IUPAC analog zu Alkanen benannt, mit der Endung -en.

> Die Namen von Alkane tragen die Endung -an.

Ersetzt man bei dem Molekül Ethen ein H-Atom durch ein C-Atom, an denen drei H-Atome gebunden sind, so ergibt sich der Kohlenwasserstoff Buten (C_3H_6). So nimmt die Zahl der Wasserstoffatome mit jedem Kohlenstoff um zwei zu.

> Die Summenformel von Alkenen lautet C_nH_{2n}.

Bild 2: Gegenstand aus Polyethylen

Sobald ein Alken mehr als drei Kohlenstoffatome hat, kann die Doppelbindung an verschiedenen Stellen liegen. Beispiel Buten: die Doppelbindung kann zwischen dem ersten und zweiten bzw. zwischen dem zweiten und dritten Kohlenstoffatom liegen. Um die beiden Moleküle unterscheiden zu können, wird die Stellung der Doppelbindung mit angegeben: But-1-en bzw. But-2-en (**Bild 3**). Wenn keine weitere funktionelle Gruppe vorhanden ist, kann die Ziffer auch vorangestellt werden. 1-Buten bzw. 2-Buten.

Bei der Reihenfolge der Nummerierung muss berücksichtigt werden, dass die Lage der Doppelbindung eine möglichst kleine Ziffer erhält.

$$CH_2 = CH - CH_2 - CH_3$$

$$CH_3 - CH = CH - CH_3$$

Bild 3: But-1-en und But-2-en

> Die Lage der Doppelbindung wird durch die kleinstmögliche Zahl angegeben.

Isomerie von Alkene

Alkenmoleküle bilden wie Alkane Moleküle, bei denen die Summenformel gleich, die Struktur aber unterschiedlich ist. Ausgehend von einem Prop-1-en Molekül kann am zweiten Kohlenstoffatom ein Wasserstoff durch eine Methylgruppe ersetzt werden: 2-Methylprop-1-en hat die Summenformel C_4H_8 (**Bild 4**).

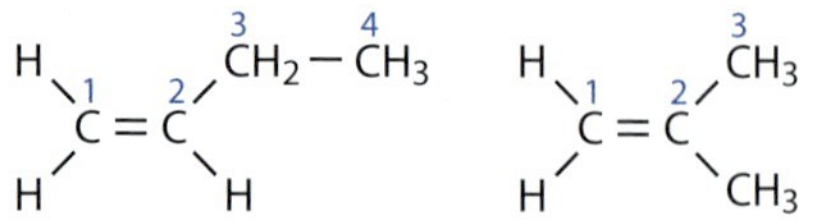

$$\underset{H}{\overset{H}{\diagdown}} \overset{1}{C} = \overset{2}{C} \overset{\overset{3}{C}H_2 - \overset{4}{C}H_3}{\diagdown} \qquad \underset{H}{\overset{H}{\diagdown}} \overset{1}{C} = \overset{2}{C} \overset{\overset{3}{C}H_3}{\underset{CH_3}{\diagdown}}$$

Bild 4: But-1-en (links) und 2-Methylprop-1-en

Benennung von Alkene: Die längste Kette, welche die Doppelbindung enthält, bildet den Stammnamen. Die Nummerierung wird so gewählt, dass die Doppelbindung eine möglichst kleine Ziffer erhält. Die Alkylgruppen wie bei den Alkanen benennen.

Exkurs: Z-E-Isomerie

Im Gegensatz zu Einfachbindungen besteht bei der Doppelbindung keine freie Drehbarkeit. Unter Beachtung der Geometrie können die weiteren Molekülbauteile auf derselben (**zusammen** = Z-Stellung) oder der **e**ntgegen (= E-Stellung) liegenden Seite der Bindungsachse der Doppelbindung liegen (**Bild 1**).

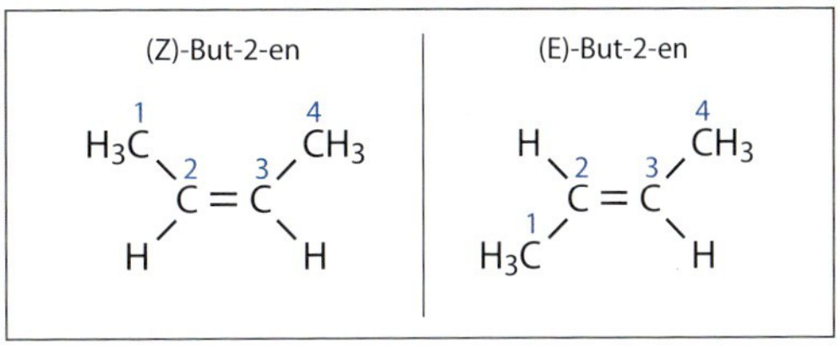

Bild 1: Z-E Isomerie bei But-2en

Anmerkung: Häufig findet man auch die Bezeichnung cis- (= Z-Stellung) bzw. trans- (= E-Stellung). **Beispiel:** cis-But-2-en oder trans-But-2-en.

> Bei der Z-Isomerie befinden sich die weiteren Molekülbauteile auf der gleichen Seite der Bindungsachse der Doppelbindung, bei der E-Isomerie auf verschiedenen Seiten.

Exkurs: Polyene

Die Kohlenwasserstoffe, welche mehr als eine Doppelbindung zwischen zwei Kohlenstoffatomen haben, bezeichnet man allgemein als Polyene. Sind zwei vorhanden, so nennt man diese Diene, diese haben im Namen die Endung -dien (**Bild 2**). Bei drei Doppelbindungen handelt es sich um so genannte Triene mit der Namensendung -trien.

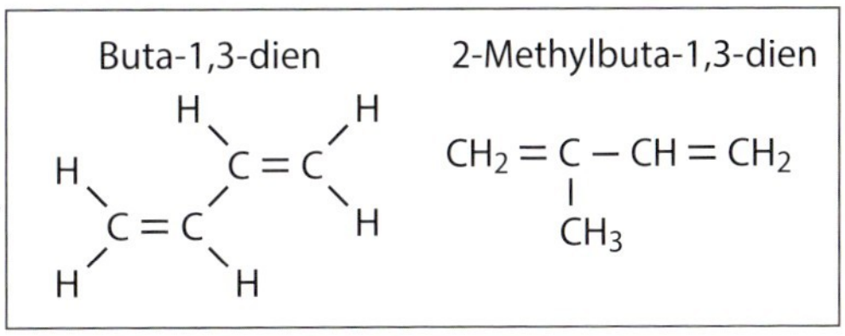

Bild 2: Diene haben zwei Doppelbindungen.

Beispiele:
- Propadien: $CH_2 = C = CH_2$,
- 1,3-Butadien bzw. Buta-1,3-dien: $CH_2 = CH - CH = CH_2$
- Isopren bzw. 2-Methylbuta-1,3-dien: $CH_2 = (CCH_3) - CH = CH_2$

Alkine

Durch die Fähigkeit von Kohlenstoff vier Bindungen einzugeben, können Kohlenstoffketten gebildet werden, bei denen zwei Atome durch eine Dreifachbindung miteinander verbunden sind.

> Alkine haben eine Dreifachbindung zwischen zwei Kohlenstoffatomen.

Das einfachste Alkin ist das sehr reaktionsfreudige Ethin (C_2H_2), auch unter der älteren Bezeichnung Acetylen bekannt. Beim Autogenschweißen kommt dieses Gas zum Einsatz (**Bild 3**). Die beiden Kohlenstoffatome sind hier durch eine Dreifachbindung verbunden.

Bild 3: Brennerflamme mit einem Sauerstoff-Ethin-Gemisch

Die Strukturformel von Ethin: $H - C \equiv C - H$

Die Summenformel von Alkinen lautet C_nH_{2n-2}.

Die Benennung berücksichtigt wie bei den Alkene die Stellung der Mehrfachbindung, die Namen enden mit -in. Die **Tabelle 1** gibt eine Übersicht über einige Alkine.

Tabelle 1: Beispiele von Alkine		
Name und Summenformel	Halbstrukturformel	Strukturformel
Propin C_3H_4	$CH_3 - C \equiv CH$	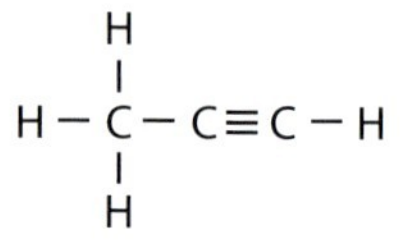 $H-\overset{\displaystyle H}{\underset{\displaystyle H}{C}}- C \equiv C - H$
But-1-in C_4H_6	$CH \equiv C - CH_2 - CH_3$	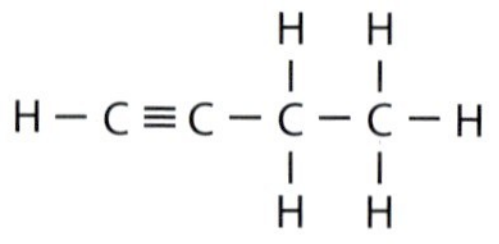 $H - C \equiv C - \overset{\displaystyle H}{\underset{\displaystyle H}{C}} - \overset{\displaystyle H}{\underset{\displaystyle H}{C}} - H$
But-2-in C_4H_6	$CH_3 - C \equiv C - CH_3$	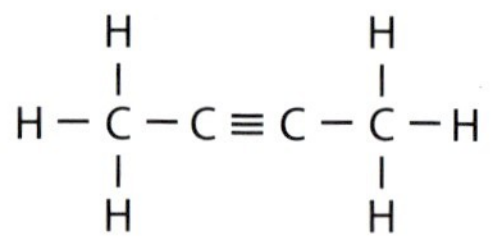 $H - \overset{\displaystyle H}{\underset{\displaystyle H}{C}} - C \equiv C - \overset{\displaystyle H}{\underset{\displaystyle H}{C}} - H$
3-Methyl-but-1-in C_5H_8	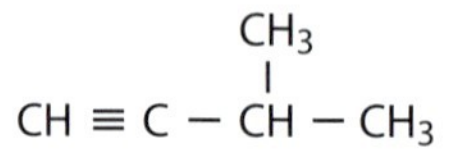 $CH \equiv C - \overset{\displaystyle CH_3}{\overset{\displaystyle \vert}{CH}} - CH_3$	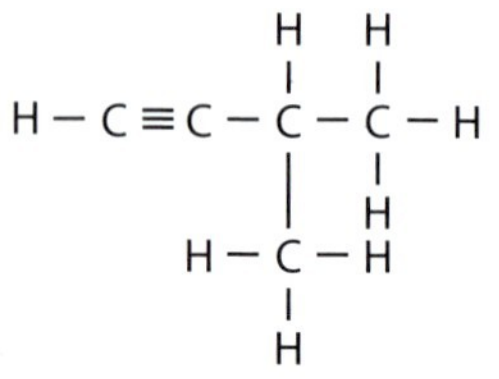 $H - C \equiv C - \overset{\displaystyle H}{\underset{\displaystyle \vert}{C}} - \overset{\displaystyle H}{\underset{\displaystyle H}{C}} - H$ mit $H-C-H$ unten

ALLES VERSTANDEN?

1. Wie lautet die allgemeine Summenformel von Alkene und von Alkine?

2. Woran erkennt man beim Namen ein Alken?

3. Wie wird bei einem Alken der Stammname gebildet?

4. Wie heißen die Kohlenwasserstoffe, welche genau eine C-C-Doppelbindung bzw. C-C-Dreifachbindung haben?

5. Warum ist Ethen ein wichtiges Zwischenprodukt?

6. Was versteht man unter einer Z-E-Isomerie?

7. Welches Alkin wird beim Schweißen verwendet?

AUFGABEN

1. Erläutern Sie den Begriff „ungesättigte Kohlenwasserstoffe"!

2. Benennen Sie folgende Verbindungen:

a)
$$CH_2 = CH - CH_2 - CH_3$$

b)
$$CH_3 - CH_2 - CH_2 - CH_2 - \overset{\overset{\displaystyle CH_2}{\|}}{C} - CH_2 - CH_2 - CH_3$$

c)
$$CH_3 - \overset{\overset{\displaystyle |}{\underset{\displaystyle CH_2 - CH_3}{|}}}{C} = CH - CH_2 - CH_2 - CH_3$$

d)
$$CH_3 - C \equiv C - CH_2 - CH_3$$

e)
$$CH_2 = \overset{\overset{\displaystyle |}{\underset{\displaystyle \underset{\displaystyle CH_3}{\overset{\displaystyle |}{CH_2}}}{|}}}{C} - CH_2 - CH_2 - CH_3$$

f)
$$CH \equiv C - \overset{\overset{\displaystyle |}{\underset{\displaystyle CH_3}{|}}}{CH} - CH_2 - CH_3$$

3. Stellen Sie die Struktur- oder Halbstrukturformel für die Moleküle folgender Verbindungen auf:
   a) Hept-1-en
   b) Pent-1-in
   c) 4,4-Dimethyl-pent-2-en
   d) 2-Methyl-but-2-en
   e) 3-Ethyl-5-methyl-hex-2-en

4. Geben Sie die Summenformel folgender Verbindungen an:
   a) (Z)-But-2-en
   b) 3-Ethyl-pent-1-in
   c) 5-Methyl-hex-2-en
   d) 3-Methyl-pent-1-en

5. Butenin wird nach IUPAC als But-1-en-3-in benannt. Der mehrfach ungesättigte Kohlenwasserstoff ist ein farbloses Gas und wird als Zwischenprodukt für die Produktion von Neopren verwendet. Stellen Sie die Strukturformel von Butenin dar!

6. Bei Polyisobuten (PIB) handelt es sich um einen Kautschuk. Der Grundstoff wird bei der Herstellung von Kaugummi (**Bild 1**), Teich- und Dachfolien benötigt und wird unter dem Handelsname Oppanol vertrieben. Polyisobuten wird durch kationische Polymerisation von Isobuten (= 2-Methyl-prop-1-en) hergestellt. Geben Sie die Struktur von 2-Methyl-prop-1-en an und erläutern Sie, weshalb dieses Molekül auch als Isobuten bezeichnet wird!

Bild 1: PIB – Grundstoff für Kaugummi

4.3.4   Alkohole

Die Vielfältigkeit von Kohlenwasserstoffen ergibt sich durch die Möglichkeit, dass man beispielsweise ein Wasserstoffatom durch ein anderes Atom oder Atomgruppe ersetzt, welche die Eigenschaften und das Reaktionsverhalten eines Kohlenwasserstoffes prägen.

Die funktionelle Gruppe prägt das Reaktionsverhalten eines Kohlenwasserstoffs.

Umgangssprachlich versteht man unter Alkohol die Flüssigkeit, welche in Getränken wie Bier oder Wein enthalten ist. Aber auch in Kraftstoffen wird dieser Stoff beigemischt, so enthält das Benzin E10 (**Bild 1**) bis zu 10 % Ethanol.

Alkohol lässt sich von den Kohlenwasserstoffen ableiten, bei denen ein Wasserstoffatom durch eine bestimmte funktionelle Gruppe ersetzt wurde: der sogenannten Hydroxy-Gruppe (**Bild 2**). Diese besteht aus einem Sauerstoff- und einem Wasserstoffatom und wird auch als OH-Gruppe bezeichnet. Durch das Vorhandensein eines O-Atoms werden die Alkohole auch sauerstoffhaltige Derivate der Kohlenwasserstoffe genannt.

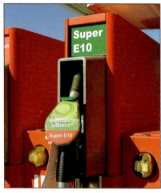

Bild 1: E10 enthält den Alkohol Ethanol

Alkohole sind organische Verbindungen mit mindestens einer Hydroxy-Gruppe.

Anmerkung: Bei einem Alkohol darf an einem Kohlenstoff neben der OH-Gruppe nur ein weiteres Kohlenstoff- oder Wasserstoffatom gebunden sein. Ist bei einem Kohlenstoff neben der Hydroxy-Gruppe noch ein weiterer Sauerstoff gebunden, so ist dies kein Alkohol, sondern eine Carbonsäure.

Alkanole: Ausgehend von einem Alkan wird ein Wasserstoffatom durch die Hydroxy-Gruppe ersetzt (**Bild 2**). In diesem Fall spricht man von einem Alkanol, die Namen enden dann auf -ol: Aus Methan wird Methanol, aus Ethan wird Ethanol, aus Butan wird Butanol. Es können auch mehrere Wasserstoffatome durch die OH-Gruppe ersetzt werden. Allerdings kann an einem Kohlenstoffatom nur eine Hydroxy-Gruppe gebunden sein.

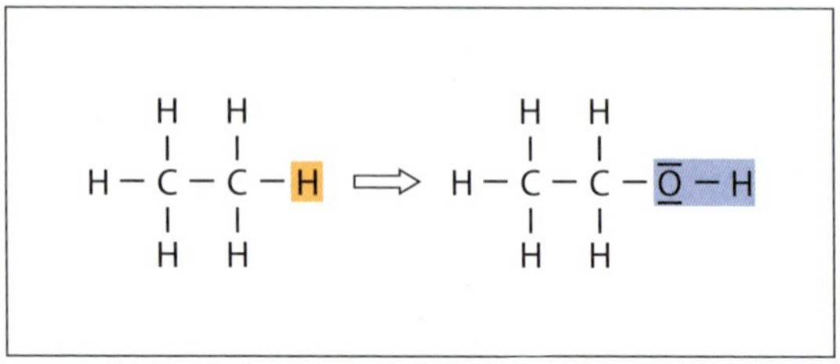

Bild 2: Ethan und Ethanol

Die Namen von Alkoholen tragen die Endung -ol.

Die Alkanole lassen sich von den Alkanen ableiten, ein Wasserstoffatom wird durch eine OH-Gruppe ersetzt. Bei der Summenformel von Alkanole wird dies oft berücksichtigt, so dass die funktionelle Gruppe auch erkannt wird (**Tabelle 1**).

Beispiele: Methanol (CH_4O bzw. CH_3OH), Ethanol (C_2H_6O bzw. C_2H_5OH).

Tabelle 1: Alkanole bilden eine homologe Reihe			
Name	Summen-formel	Halbstrukturformel	Siede-punkt
Methanol	CH_3OH	$CH_3–OH$	65 °C
Ethanol	C_2H_5OH	$CH_3–CH_2–OH$	78 °C
Propanol	C_3H_7OH	$CH_3–CH_2–CH_2–OH$	97 °C
Butanol	C_4H_9OH	$CH_3–CH_2–CH_2–CH_2–OH$	118 °C
Pentanol	$C_5H_{11}OH$	$CH_3–CH_2–CH_2–CH_2–CH_2–OH$	138 °C

Die Summenformel von Alkanole lautet $C_nH_{2n+1}OH$, der Name endet auf -anol.

Isomerie bei Alkoholen

Ebenso wie bei den Kohlenwasserstoffen gibt es bei den Alkoholen ab drei Kohlenstoffatomen verschiedene Strukturen bei gleicher Summenformel. Bei Propanol sind zwei solcher Isomere möglich, je nachdem an welchem C-Atom die OH-Gruppe gebunden ist. Bei der Benennung wird dies durch eine entsprechende Zahl vor dem -ol berücksichtigt: Propan-1-ol oder Propan-2-ol haben unterschiedliche chemische Eigenschaften (**Bild 1**).

$$\overset{3}{CH_3} - \overset{2}{CH_2} - \overset{1}{\underset{\underset{\text{OH}}{|}}{CH_2}}$$

$$\overset{3}{CH_3} - \overset{2}{\underset{\underset{\text{OH}}{|}}{CH}} - \overset{1}{CH_3}$$

Propan-1-ol   Propan-2-ol

Bild 1: Isomere von Propanol

Benennung von Alkoholen:

1. Die Hauptkette wie bei den Alkanen benennen, die für Alkohole kennzeichnende Endung: -ol. Z. B. bei vier C-Atomen Butanol.
2. Die Kohlenstoffatome werden so nummeriert (**Bild 2**), dass die OH-Gruppe eine möglicht kleine Ziffer erhält. Diese Zahl wird dem -ol vorangestellt, z. B. Butan-2-ol.
3. Die Seitenketten benennen, kommt eine Methylgruppe öfters vor mit entsprechendem Präfix voranstellen. Die Stellung ergibt sich aus der bereits erstellen Nummerierung, z. B. 2-Methylbutan-2-ol.

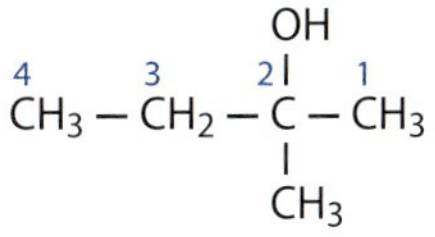

$$\overset{4}{CH_3} - \overset{3}{CH_2} - \overset{2}{\underset{\underset{CH_3}{|}}{\overset{\overset{\text{OH}}{|}}{C}}} - \overset{1}{CH_3}$$

2-Methylbutan-2-ol

Bild 2: Benennung eines Alkohols

Des Weiteren werden die Eigenschaften davon beeinflusst, ob ein Kohlenstoffatom neben der Hydroxy-Gruppe noch ein, zwei oder drei weitere Kohlenstoffatome bindet. So ist die OH-Gruppe sowohl bei Butan-1-ol, als auch 2-Methylpropa-1-ol an einem Kohlenstoffatom gebunden, welches nur ein weiteres C-Atom bindet. Beim Butan-2-ol sind das zwei, beim 2-Methylbutan-2-ol drei Kohlenstoffatome. Entsprechend unterscheidet man zwischen primären, sekundären und tertiären Alkohol (**Bild 3**).

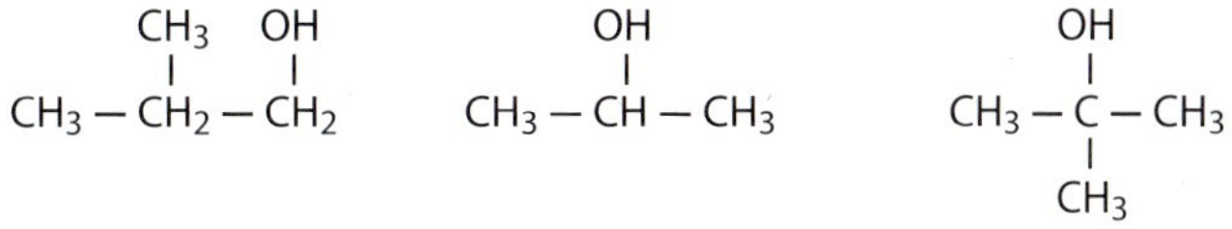

$$CH_3 - \underset{\underset{CH_2}{|}}{\overset{\overset{CH_3}{|}}{CH_2}} - \underset{\underset{\text{OH}}{|}}{CH_2}$$

$$CH_3 - \underset{\underset{\text{OH}}{|}}{CH} - CH_3$$

$$CH_3 - \underset{\underset{CH_3}{|}}{\overset{\overset{\text{OH}}{|}}{C}} - CH_3$$

2-Methylpropan-1-ol
(primärer Alkohol)

Propan-2-ol
(sekundärer Alkohol)

2-Methylpropan-2-ol
(tertiärer Alkohol)

Bild 3: Primärer, sekundärer und tertiärer Alkohol

Verwendung einiger Alkohole

Methanol (stark giftig): als Treibstoff oder Treibstoffzusatz, Rohstoff zur Herstellung von Formaldehyd, Lösungsmittel für Lacke.

Ethanol: In alkoholischen Getränken, als Spiritus ungenießbar gemacht (vergällt), Beimischung in Kraftstoff – E5 enthält bis zu 5 %, E10 bis zu 10 % Ethanol.

Propanol: Propan-2-ol (= Isopropanol), und Propan-1-ol, Lösungsmittel. Reinigungsmittel, Fettlöser, Desinfektionsmittel (**Bild 4**).

Bild 4: Propanol in Hygienespray und Ethanol in Spiritus

ALLES VERSTANDEN?

1. Was ist die Hydroxy-Gruppe?

2. Worin unterscheidet sich ein Alkan von einem Alkanol?

3. Was bezeichnet in der Chemie einen Alkohol?

4. Wie lautet die Summenformel von Alkanolen?

5. Ein Alkohol soll benannt werden. Worauf ist bei der Nummerierung der längsten Kette zu achten?

6. Wo wird Methanol, Ethanol und Propanol eingesetzt?

AUFGABEN

1. Erstellen Sie für alle Isomere von Butanol die Struktur- oder Halbstrukturformel und benennen Sie diese!

2. Stellen Sie die Struktur- oder Halbstrukturformel für die Moleküle folgender Verbindungen auf:
   a) 3-Ethylpentan-1-ol
   b) 2-Methylhexan-2-ol
   c) 3-Ethyloctan-4-ol
   d) 3,3-Diethylpentan-1-ol

3. Benennen Sie folgende Verbindungen:

a)

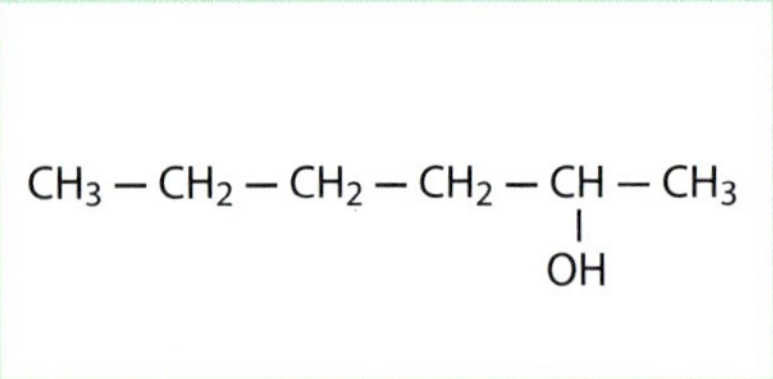

$$CH_3 - CH_2 - CH_2 - CH_2 - CH - CH_3$$
$$| $$
$$OH$$

b)

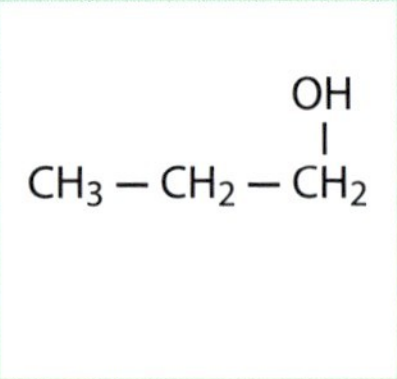

$$CH_3 - CH_2 - CH_2$$
$$OH$$ (über dem letzten C)

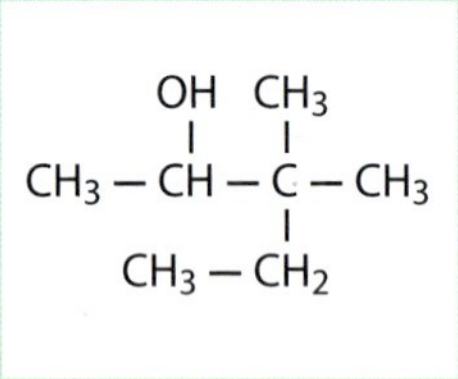

c)

$$CH_3 - CH - C - CH_3$$
mit OH und CH_3 oben, CH_3 - CH_2 unten

d)

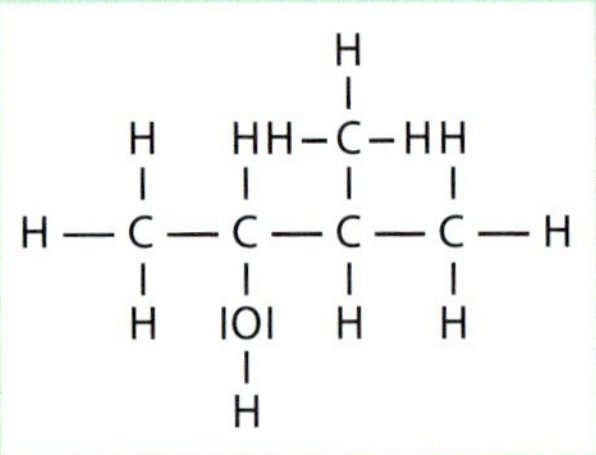

e)

$$H_3C$$
$$CH_2 - C - CH_3$$
$$OH, CH_3$$

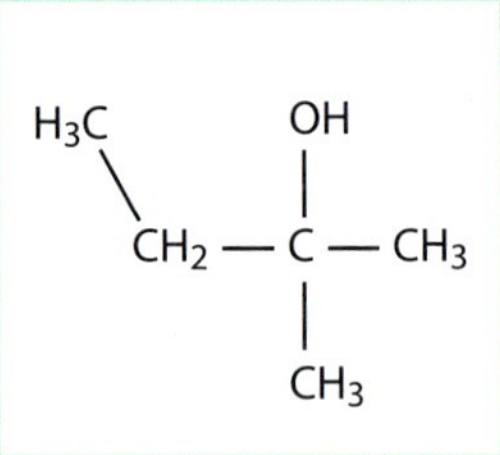

f)

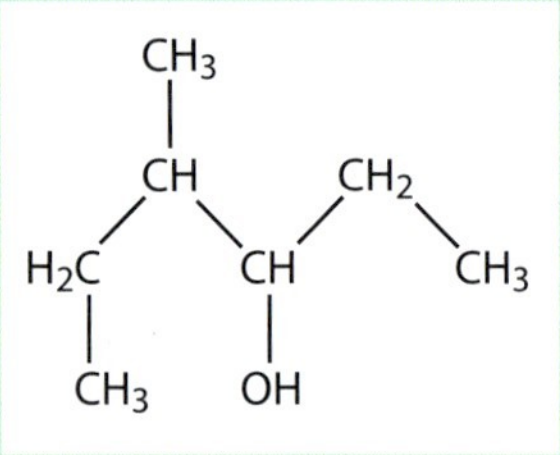

4. Geben Sie die Strukturformel eines sekundären sowie eines tertiären Alkohols an. Benennen Sie systematisch diese Verbindungen.

4.4   Räumliche Bau von Molekülen

Nach der Bearbeitung dieses Abschnitts können Sie

- den räumlichen Bau von Molekülen mithilfe des Elektronenpaarabstoßungsmodells ableiten.
- die Molekülgeometrien in linear, gewinkelt, tetraedrisch, trigonal-planar und trigonal-pyramidal unterscheiden.
- den Winkel zwischen den bindenden Elektronenpaaren abschätzen.

4.4.1   Das Elektronenpaarabstoßungsmodell

Die negativ geladenen Elektronen stoßen sich ab. Das Elektronenpaar-Abstoßungs-Modell (EPA) berücksichtigt diese Tatsache und beschreibt den räumlichen Bau eines Moleküls auf anschauliche Weise. Nach der Oktettregel kommen die Atome der vierten bis siebten Hauptgruppe in einem Molekül auf vier Elektronenpaare. Sowohl die bindenden als auch die freien Elektronenpaare stoßen sich gegenseitig ab und ordnen sich im maximal möglichen Abstand zueinender an. Dies ergibt eine tetraedrische Anordnung (**Bild 1**).

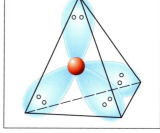

Bild 1: Die Elektronenpaare ordnen sich tetraedrisch an

Elektronenpaare stoßen sich ab, sie nehmen den größtmöglichen Abstand ein.

Vier bindende Elektronenpaare: tetraedrisch

Beispiel 1: Das Kohlenstoffatom bei Methan (CH_4) besitzt vier bindende Elektronenpaare. Diese ordnen sich möglichst weit voneinander entfernt an. Die Wasserstoffatome bilden so die Eckpunkte eines Tetraeders, mithilfe von Molekülbaukästen lässt sich dies einfach verdeutlichen. Der Winkel zwischen den Bindungen (= Bindungswinkel) beträgt hier 109,5°.

$$H - \underset{\underset{H}{|}}{\overset{\overset{H}{|}}{C}} - H$$

Methan

Ein freies Elektronenpaar und drei bindende: trigonal-pyramidal

Beispiel 2: Ammoniak (NH_3) hat drei bindenden Elektronenpaare und ein freies Elektronenpaar. Das nicht bindende Elektronenpaar benötigt etwas mehr Raum als die bindenden, weshalb sich der Bindungswinkel zwischen den Wasserstoffatomen verringert. Er beträgt 107,3°. Die Atome des Moleküls bilden die Eckpunkte einer Pyramide mit dreieckiger Grundfläche (= trigonal-pyramidal).

$$H - \underset{\underset{H}{|}}{\overline{N}} - H$$

Ammoniak

Freie Elektronenpaare benötigen mehr Raum als bindende Elektronenpaare.

Zwei freie Elektronenpaare und zwei bindende: gewinkelt

Beispiel 3: Die beiden bindenden und nicht bindenden Elektronenpaare des Wassers (H_2O) benötigen entsprechend Raum. Egal wie das Molekül betrachtet wird, es ergibt sich ein gewinkelter Bau der drei Atome. Durch den größeren Raumbedarf der freien Elektronenpaare verringert sich der Winkel im Vergleich zu Ammoniak nochmals, er beträgt bei Wasser 104,5°.

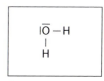

$$\underset{\underset{H}{|}}{\overline{|O}} - H$$

Wasser

Drei freie Elektronenpaare und ein bindendes: linear

Beispiel 4: Ein Molekül mit zwei Atomen wie Chlorwasserstoff (HCl) kann nur linear angeordnet sein.

$$\overline{|\underline{Cl}} - H$$

Chlorwasserstoff

In allen vier Beispielen ordnen sich die vier Elektronenpaare regelmäßig um ein zentrales Atom herum an. Je nachdem welche Ecken des Tetraeders besetzt sind, ergibt sich eine lineare, gewinkelte, trigonal-pyramidale oder tetraedrische Struktur (**Bild 1**).

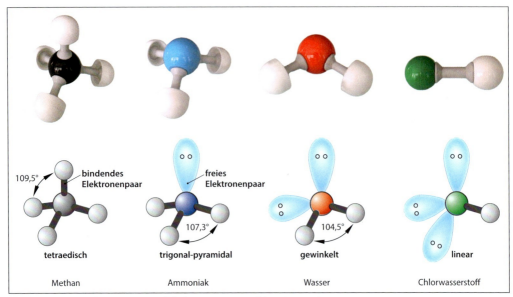

Bild 1: Der räumliche Bau von Molekülen an ausgewählten Beispielen

Die tatsächliche Geometrie der Moleküle wird bei der Valenzstrichformel oftmals nicht berücksichtigt. Der Einfachheit wegen werden die Bindungspartner und die freien Elektronenpaare rechtwinklig gezeichnet. Zumindest bei einem Molekül wie Wasser kann aber der gewinkelte Aufbau problemlos dargestellt werden.

Um die tetraedrische Anordnung des Methans oder die pyramidale des Ammoniak besser darstellen zu können, eignet sich die Keilstrichformel (**Bild 2**): Ein gefüllter Keil gibt dabei an, dass der Bindungspartner aus der Zeichenebene herausragt, ein gestrichelter Keil kennzeichnet, dass sich der Bindungspartner hinter der Zeichenebene befindet.

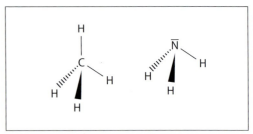

Bild 2: Keilstrichformel von Methan (links) und Ammoniak (rechts)

Bei ebenen Molekülen wie dem gewinkelten Wasser oder dem linearen Chlorwasserstoff macht diese Form der Darstellung wenig Sinn.

Molekül-Ionen

Beispiel Ammonium-Ion (NH_4^+): Die acht Valenzelektronen bilden vier Einfachbindungen aus. Das EPA-Modell lässt sich auch hier anwenden, es ist ein tetraedrisches Molekül-Ion (**Bild 3**).

Das Elektronenpaarabstoßungsmodell kann bei Molekülen und Molekül-Ionen angewendet werden.

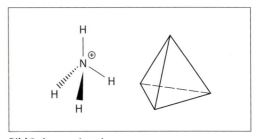

Bild 3: Ammonium-Ion

4.4.2 Mehrfachbindungen im EPA-Modell

Beispiel: Methanal (CH_2O) ist **trigonal-planar** gebaut. Das Kohlenstoffatom ist mit einem Sauerstoffatom durch eine Doppelbindung verbunden. Im Elektronenpaarabstoßungsmodell wird die Mehrfachbindung wie eine Einfachbindung behandelt. Der größtmögliche Abstand wird durch eine ebene (planare) Struktur erreicht. Der Bindungswinkel beträgt ca. 120° (**Bild 1**).

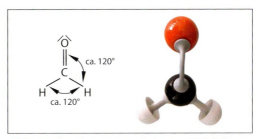

Bild 1: Methanal: ein trigonal-planares Molekül

Beispiel: Cyanwasserstoff (HCN) ist ein **lineares** Molekül. Die Dreifachbindung zwischen dem Kohlenstoff und dem Stickstoff wird wie eine Einfachbindung betrachtet. Durch die abstoßende Wirkung ergibt sich hier ein lineares Molekül mit einem Bindungswinkel von 180° (**Bild 2**).

Mehrfachbindungen werden wie Einfachbindungen behandelt.

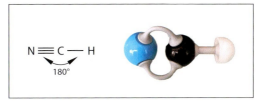

Bild 2: Lineares Cyanwasserstoff

Zusammenfassung:
1. Valenzstrichformel aufstellen, die Anzahl der freien und bindenden Elektronenpaare ermitteln.
2. Die Struktur finden, bei der die Elektronenpaare einen möglichst großen Abstand haben. Sind nur Einfachbindungen vorhanden, so nehmen die vier Elektronenpaare den Raum eines Tetraeders ein. Bei einer Doppel- oder Dreifachbindung ergibt sich eine planare Struktur, denn diese werden wie eine Einfachbindung behandelt.
3. Die Abweichung des Bindungswinkels von 180°, 120° oder 109° ist unter anderem damit zu erklären, dass freie Elektronenpaare mehr Raum benötigen. Aber auch die Elektronegativität (Kapitel 4.5) spielt eine Rolle, elektronegative Substituenten benötigen weniger Platz.

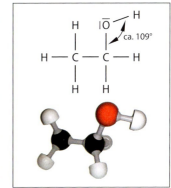

Darstellung der Strukturformel unter Beachtung des räumlichen Baus eines Moleküls am Beispiel von Ethanol (C_2H_5OH):

Ausgehend von Ethan wird ein Wasserstoff durch eine OH-Gruppe ersetzt:
Beide Kohlenstoffatome haben jeweils vier Einfachbindungen und kein freies Elektronenpaar: Jedes Kohlenstoffatom bildet für sich betrachtet einen Tetraeder. Sauerstoff bildet mit seinen beiden Einfachbindungen und den beiden freien Elektronenpaar eine gewinkelte Struktur. Die Bindungswinkel betragen jeweils ca. 109° (**Bild 3**).

Bild 3: Ethanol

ALLES VERSTANDEN?

1. Warum ordnen sich vier Elektronenpaare tetraedrisch an?

2. Welche geometrische Anordnung haben Methan, Ammoniak und Wasser?

3. Was bedeutet bei der Keilstrichformel der ausgefüllte Keil?

4. Wie wird beim Elektronenabstoßungsmodell ein freies Elektronenpaar bzw. eine Doppelbindung behandelt?

AUFGABEN

1. Stellen Sie den räumlichen Bau folgender Moleküle in Form von Strukturformeln dar und benennen Sie die geometrische Anordnung.
   a) Schwefelwasserstoff (H_2S)
   b) Kohlenstoffdioxid (CO_2)
   c) Hydroxid-Ion (OH^-)
   d) Phosgen ($COCl_2$)

2. Stellen Sie eine mesomere Grenzformeln von Carbonat unter Beachtung des räumlichen Baus dar und benennen Sie die geometrische Anordnung.

3. Zeichnen Sie unter Berücksichtigung der Geometrie die Strukturformel folgende organischer Moleküle:
   a) Methanal (CH_2O)
   b) Methanol (CH_3OH)
   c) Tetrachlormethan (CCl_4),
   d) 2-Methlyprop-1-en (C_4H_8)

4.5   Polare Bindung und Dipol

Nach der Bearbeitung dieses Abschnitts können Sie

- den Begriff der Elektronegativität erläutern.
- mithilfe der Elektronegativität die Bindungspolaritäten erklären.
- zwischen einer polaren und unpolaren Bindung unterscheiden.
- aufgrund der Bindungspolarität und der Molekülgeometrie die Molekülpolarität ableiten.
- die Partialladungen bei polaren Molekülen entsprechend kennzeichnen.
- die Wechselwirkung zwischen unpolaren Atomen und Molekülen mit der van-der-Waals-Kraft erläutern.

4.5.1   Elektronegativität

Beispiel Chlorwasserstoff: Die Atome im Molekül sind durch die Atombindung stabil miteinander verbunden. Durch die Ausbildung eines gemeinsamen Elektronenpaares erreichen sowohl das Wasserstoff als auch das Chlor die Edelgaskonfiguration.

Die Atomkerne ziehen die gemeinsamen Elektronenpaare unterschiedlich stark an.

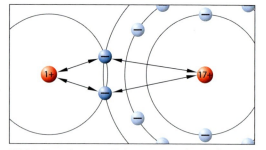

Bild 1: Gemeinsames Elektronenpaar bei HCl wird von den Protonen angezogen

Die beiden bindenden Elektronen werden allerdings von den Atomkernen unterschiedlich stark angezogen (**Bild 1**). Die Vermutung liegt nahe, dass die 17 Protonen des Chlor-Atoms eine stärkere Anziehungskraft ausüben als das eine Proton von Wasserstoff. Messungen bestätigen diese Annahme. Sie zeigen aber auch, dass der Unterschied nicht so groß ist, wie die Differenz der Protonen erahnen lässt. So hat auch der Atomradius einen Einfluss auf diese Anziehungskraft, das Chloratom ist etwa dreimal so groß wie das Wasserstoffatom.

Die Anziehungskraft eines Atoms auf bindende Elektronen wird vom Atomradius und der Kernladung beeinflusst.

Linus Paulig hat nach der Untersuchung von einer Vielzahl von Verbindungen diese Anziehungskraft untersucht. Immer wenn eine Atombindung von verschiedenen Elementatomen A und B ausgebildet wird, wirkt auf das bindende Elektronenpaar durch die beiden Kerne praktisch immer eine unterschiedliche Anziehungskraft.

Fluor ist das elektronegativste Element.

Tabelle 1: Elektronegativität nach Paulig

1	H	II	III	IV	V	VI	VII
	2,2						
2	Li	Be	B	C	N	O	F
	1,0	1,6	2,0	2,6	3,0	3,4	4,0
3	Na	Mg	Al	Si	P	S	Cl
	0,9	1,3	1,6	1,9	2,2	2,6	3,2
4	K	Ca	Ga	Ge	As	Se	Br
	0,8	1,0	1,8	2,0	2,2	2,6	3,0
5	Rb	Sr	In	Sn	Sb	Te	I
	0,8	1,0	1,8	2,0	2,1	2,1	2,7
6	Cs	Ba	Tl	Pb	Bi	Po	At
	0,8	0,9	1,8	1,8	1,9	2,0	2,2

Als Maß dafür hat Paulig die Modellvorstellung der Elektronegativität herangezogen. Dem Element Fluor ordnete er willkürlich den Wert 4 zu. Die anderen Elemente werden dazu in Relation gesetzt.

Die Elektronegativität (EN) ist ein Maß für die Fähigkeit bindende Elektronen anzuziehen. Je größer die EN, desto stärker werden die Elektronen angezogen.

Die EN-Werte von Pauling liegen zwischen 0,7 und 4,0 (**Tabelle 1**). Fluor hat die größte, Sauerstoff, Chlor, Brom und Stickstoff eine sehr hohe Elektronegativität. Dagegen haben die Alkalimetalle kleine EN-Werte.
- Halogene haben aufgrund der Elektronenkonfiguration (sieben Valenzelektronen) eine hohe Elektronegativität.
- Kleine Atome haben eine größere Elektronegativität als größere. Ein großer Kernabstand und die zunehmende Abstoßung der Elektronen untereinander verringern diese.
- Innerhalb einer Periode nimmt die Elektronegativität mit steigernder Kernladungszahl bis zu den Halogenen zu.

ALLES VERSTANDEN?

1. Was versteht man unter Elektronegativität?

2. Weshalb fehlen in der Tabelle für die Elektronegativitätswerte die Edelgase?

3. Welche Elemente haben besonders hohe, welche besonders geringe EN-Werte?

AUFGABEN

1. Beschreiben Sie, wie im Periodensystem die EN-Werte zunehmen.

2. Schwefel hat trotz der 16 Protonen im Atomkern eine geringere Elektronegativität als Sauerstoff mit acht Protonen. Erläutern Sie den Grund für diese Tatsache.

3. Ordnen Sie die folgenden Atome nach ihrer Elektronegativität: O, Cl, Mg, H, Na, As.

4.5.2   Polare Bindung

Verbinden sich Atome mit unterschiedlicher Elektronegativität, so hat dies Auswirkungen auf bindende Elektronen. Bindet sich zum Beispiel ein Chloratom mit einem Wasserstoffatom, so zieht das elektronegativere Chlor das gemeinsame Elektronenpaar stärker an als das Wasserstoffatom. Das hat zur Folge, dass die Aufenthaltswahrscheinlichkeit der bindenden Elektronen um das Chlor herum größer ist als beim Wasserstoff (**Bild 1**).

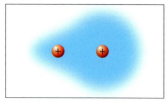

Bild 1: Ungleiche Verteilung von Elektronen bei HCl

Die gemeinsamen Elektronen sind ungleichmäßig verteilt.

Der Elektronegativitätsunterschied beträgt hier 1,0. Je größer dieser Unterschied, desto näher rücken die bindenden Elektronen an das elektronegativere Element heran.

Im Grunde genommen sind nur Bindungen zwischen Atomen mit der gleichen Elektronegativität unpolar. Die Polarität steigt mit der EN-Differenz. Als Orientierung können folgende Richtwerte herangezogen werden:

ΔEN $\leq$ 0,4: unpolare Bindung

ΔEN > 0,4: polare Bindung

Da die negative Ladung des Elektrons nur verschoben ist, spricht man von einer Teilladung und kennzeichnet diese mit einem Keil oder mit δ+/δ– (**Bild 2**).

Bei **ΔEN** oberhalb von 1,4 bis 1,9 sind keine zuverlässigen Aussagen möglich, hier sollte der Einzelfall geprüft werden. Als Faustregel gilt: Unterhalb von 1,7 liegen polare Atombindungen, darüber Ionenbindungen vor (**Bild 3**).

Ist die Elektronegativitätsdifferenz ΔEN größer als 1,7, so liegt im Allgemeinen eine Ionenbindung vor. Unterhalb dieser Grenze handelt es sich in der Regel um eine Elektronenpaarbindung.

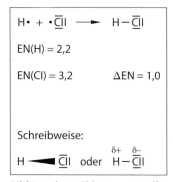

Bild 2: polares Chlorwasserstoffmolekül

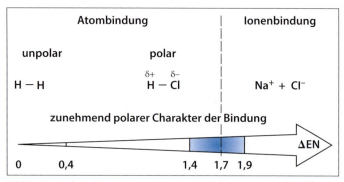

Bild 3: Der polare Charakter steigt mit der Elektronegativitätsdifferenz ΔEN.

Beispiel Aluminiumchlorid (Verhältnisformel AlCl$_3$): Der Elektronegativitätsunterschied beträgt 1,6. Es stellt einen Grenzfall zwischen Atom- und Ionenbindung dar. Nach der Faustregel sollte es sich um ein polares Molekül handeln. Tatsächlich liegt aber im festen Zustand ein Ionengitter vor. In der Gasphase hingegen bildet es das Molekül (Dimer) Al$_2$Cl$_6$.

ALLES VERSTANDEN?

1. Warum sind bei vielen Molekülen die bindenden Elektronen ungleichmäßig verteilt?

2. Wie wird ein Atom gekennzeichnet, welches die gemeinsamen Elektronen stärker anzieht?

3. Ab welcher EN-Differenz liegt eine Ionenbindung vor?

4. Warum werden Bindungen zwischen Kohlenstoff und Wasserstoff als unpolar bezeichnet?

AUFGABEN

1. Ordnen Sie die folgenden Bindungen nach ihrer Polarität. Kennzeichnen Sie gegebenenfalls die Partialladungen entsprechend: O – H, H – F, H – S, C – H, N – H,

2. Bestimmen Sie bei folgenden Stoffen den entsprechenden Bindungstyp: CO_2, O_2, $CaCl_2$, HI, MgO, CH_4, SO_4, Cs_2O

3. Der Ionen-Charakter einer Bindung ist abhängig von der Elektronegativitätsdifferenz. Nehmen Sie Stellung zu dieser Aussage unter Zuhilfenahme des nebenstehenden Diagramms (**Bild 1**).

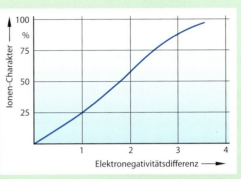

Bild 1: Der Ionen- Charakter ist abhängig von ΔEN.

4.5.3   Polares Molekül

Da die negative Ladung des Elektrons bei einer polaren Bindung nur verschoben ist, spricht man von einer Teilladung (Partialladung) und kennzeichnet diese mit einem $\delta+/\delta-$. Ein Molekül, welches zwei Ladungsscherpunkte besitzt, wird als **polares Molekül** bezeichnet, es besitzt einen Dipol.

Beispiel: Wasser H_2O

Versuch: Ein Kunststoffstab wird durch Reiben mit einem Katzenfell elektrostatisch geladen. Wird dieser in die Nähe eines dünnen Wasserstrahls gebracht, so wird das Wasser durch den Stab abgelenkt (**Bild 2**). Wird der Versuch mit einem Hexanstrahl wiederholt, so erfolgt keine Ablenkung des Strahls.

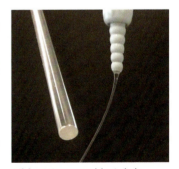

Bild 2: Wasserstrahl wird abgelenkt

Im Wassermolekül bindet sich jedes Wasserstoffatom mit dem Sauerstoffatom. Sauerstoff hat im Vergleich zu Wasserstoff eine deutlich größere Elektronegativität: EN(O) = 3,4; EN(H) = 2,2

Das Wassermolekül ist ein gewinkeltes Molekül mit ΔEN = 1,2.

Am Modell (**Bild 3**) lässt sich gut das unsymmetrische, gewinkelte Molekül erkennen.

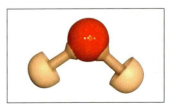

Bild 3: gewinkeltes Wassermolekül

Bei H_2O kommt es unter Beachtung der EN-Differenz bei den Elektronenpaarbindungen zu einer Ladungsverschiebung. Die Elektronen werden vom elektronegativeren Sauerstoff stärker angezogen, die Partialladung wird mit $\delta-$, die Wasserstoffatome werden mit $\delta+$ gekennzeichnet. Da die Ladungsschwerpunkte nicht zusammenfallen, bildet das Wassermolekül einen Dipol aus. In der kompakten Darstellung des Kalottenmodells lassen sich ein positiver und ein negativer Pol am Molekül erkennen (**Bild 1**).

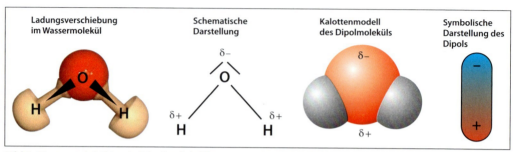

Bild 1: Wassermolekül ist ein Dipolmolekül bzw. ein polares Molekül.

Voraussetzung für die Ausbildung eines Dipols:

- Elektronegativitätsunterschied der beteiligten Atome
- Räumlicher Bau des Moleküls (nicht symmetrisch), die Ladungsschwerpunkte dürfen nicht zusammenfallen.

> Ein nichtsymmetrisches Molekül, bei dem die beteiligten Atome Teilladungen aufgrund einer unterschiedlichen Elektronegativität besitzen, bildet einen Dipol aus.

So lässt sich der Einfluss des elektrostatisch geladenen Kunststoffstabes auf den Wasserstrahl erklären. Der positiv geladene Stab bildet ein elektromagnetisches Feld aus, welches den Stab umgibt. Dadurch werden die Moleküle am negativ polarisierten Ende angezogen, die Wassermoleküle richten sich entsprechend aus. Es entstehen Anziehungskräfte, wodurch der Wasserstrahl abgelenkt wird (**Bild 2**).

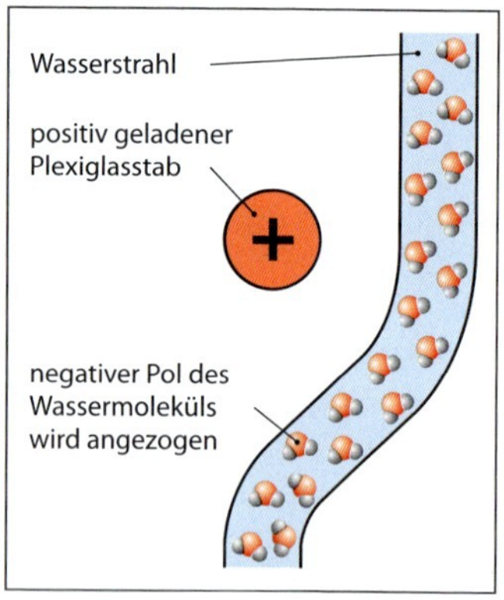

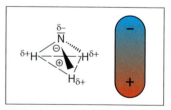

Bild 2: Ablenkung eines Wasserstrahls durch einen elektrostatisch geladenen Kunststoffstab

Beispiel: Ammoniak NH₃

Zwischen einem Wasserstoffatom (EN = 2,2) und dem Stickstoff (EN = 3,0) liegt wegen dem Elektronegativitätsunterschied von 0,8 eine polare Bindung vor. Der elektronegativere Stickstoff zieht die gemeinsamen Elektronenpaare stärker an, entsprechend liegt dort eine negative Partialladung $\delta-$ an, beim Wasserstoff eine positive $\delta+$. Im Raum betrachtet bildet Ammoniak eine Pyramide mit dreieckiger Grundfläche, welche aus den Wasserstoffatomen gebildet wird. Es bildet sich dort ein positiver Ladungsschwerpunkt aus – Ammoniak bildet einen Dipol aus (**Bild 3**).

Bild 3: Ammoniak bildet einen Dipol aus

> Bei einem Dipol-Molekül lassen sich die Partialladungen räumlich trennen (**Bild 4**).

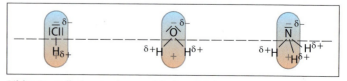

Bild 4: Partialladungen lassen sich räumlich trennen

Beispiel: Methan CH_4

Der Elektronegativitätsunterschied ist recht gering: EN(C) = 2,6; EN(H) = 2,2 → ΔEN = 0,4, die vier Elektronenpaarbindungen sind nur schwach polar. Da der Unterschied so gering ausfällt, können die Bindungen als unpolar betrachtet werden. Das Molekülmodell von Methan zeigt zudem einen tetraedrischen Bau (**Bild 1**). Das symmetrische Molekül kann auch deshalb keinen Dipol ausbilden, da die schwachen Ladungsschwerpunkte zusammenfallen fallen. So wie Methan sind die Kohlenwasserstoffe unpolare Moleküle. Dies erklärt auch, dass der Hexanstrahl (C_6H_{14}) durch den elektrostatisch geladenen Kunststoffstab nicht abgelenkt wird.

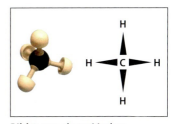

Bild 1: unpolares Methan

Polares Wasser wird von einem elektrostatisch geladenen Kunststoffstab abgelenkt, unpolares Hexan nicht.

Dipol-Dipol-Kräfte

Zwischen den polaren Molekülen wirken Kräfte. Der negative Pol eines solchen Moleküls wird vom positiven Pol des anderen angezogen, umgekehrt natürlich auch (**Bild 2**). Durch diese zwischenmolekularen Kräfte haben Dipolmoleküle einen höheren Schmelz- und Siedepunkt als unpolare Moleküle.

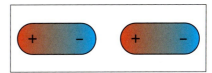

Bild 2: Dipol-Wechselwirkung

Wasserstoffbrückenbindung

Die Dipolkraft ist bei Molekülen besonders ausgeprägt, in denen Wasserstoff mit einem Atom verbunden ist, welches eine große Elektronegativität besitzt. Beispiele: HF, H_2O oder NH_3. Der positiv polarisierte Bereich um den Wasserstoff und der negativ polarisierte Bereich um den Bindungspartner ziehen sich an. Dadurch entsteht zwischen den Molekülen eine Bindung, bei der das Wasserstoffatom als „Brücke" fungiert. Hier spricht man von einer Wasserstoffbrückenbindung (**Bild 3**).

Die Bindung zwischen Dipolmolekülen mit polarisiertem Wasserstoff und einem Bindungspartner mit großer Elektronegativität (F, O, N) nennt man Wasserstoffbrückenbindung.

Es handelt sich hierbei um eine zwischenmolekulare Bindung, sie wirkt also zwischen zwei Molekülen und ist somit um einiges schwächer als eine Elektronpaarbindung.

ALLES VERSTANDEN?

1. Nennen Sie die Voraussetzungen, dass ein Molekül einen Dipol ausbilden kann.

2. Warum wird der Wasserstrahl durch einen elektrostatisch geladenen Kunststoffstab abgelenkt?

3. Welche Moleküle bilden Wasserstoffbrückenbindungen aus?

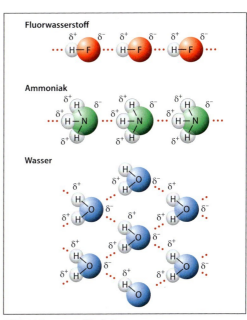

Bild 3: Wasserstoffbrücken

AUFGABEN

1. Untersuchen Sie, ob folgende Moleküle einen Dipol ausbilden: CCl_4, HF, Cl_2, H_2S, CO_2, NH_3.

2. Ein Wasserläufer (**Bild 1**) kann wegen der Oberflächenspannung auf dem Wasser laufen. Diese bildet sich an der Grenzschicht des Wassers und der Luft aufgrund der Wasserstoffbrückenbindung aus. Beschreiben Sie die Wechselwirkung zwischen den Wassermolekülen.

Bild 1: Wasserläufer

3. Begründen Sie die Tatsache, dass der Siedepunkt von Wasser bei 100 °C liegt, während das Schwefelwasserstoffmolekül (H_2S) schon bei – 60 °C siedet.

4. Untersuchen Sie das Methanol und Ethanol-Molekül auf Polarität. Kennzeichnen Sie Partialladungen und prüfen Sie, ob ein Dipol vorliegt.

4.5.4   Van-der-Waals-Kräfte (London-Kräfte)

Geckos können eine senkrechte glatte Wand hoch laufen und kleben förmlich an der Decke. Die Tiere haben an den Füßen weder Saugnäpfe oder Klebstoff, dafür aber tausende feinster Härchen, welche die Oberfläche stark vergrößern (**Bild 2**). Für die Haltekraft wird nach der gängigen Theorie die sogenannte Van-der-Waals-Kraft zwischen der Oberfläche und den Härchen verantwortlich gemacht.

Bild 2: Geckos halten sich an glatten senkrechten Flächen

Unpolare Kunststoffkleber wie Polystyrol halten aufgrund der Kraft, welche nach dem niederländischen Physiker J. D. van der Waals benannt ist.
Auch der für ein Edelgas relativ hohe Schmelzpunkt von Xenon bei –111,8 °C lässt sich mit der zwischen den Atomen wirkende Anziehungskraft erklären.

Atome oder Moleküle können äußerst kurzlebige Dipole bilden. Das lässt sich aus der Elektronenbewegung erklären, denn diese bewegen sich um den Atomkern. Dabei kann es vorkommen, dass sich die Elektronen an einer bestimmten Stelle häufen, was hier zu einer partiellen negativen Ladung führt. Für einen kurzzeitigen Augenblick tritt hier eine unsymmetrische Ladungsverteilung, ein spontaner Dipol auf (**Bild 3**). Da dieser ständig wechselt, wird er auch als temporärer Dipol bezeichnet.

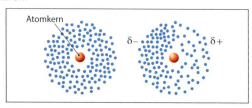

Bild 3: symmetrische Ladungsverteilung (links) und unsymmetrische Ladungsverteilung (rechts)

Eine unsymmetrische Ladungsverteilung führt zu einem kurzzeitigen Dipol. Ein solch spontaner Dipol kann beim Nachbaratom einen Dipol induzieren.

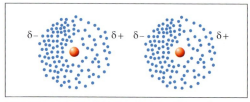

Bild 4: London-Kraft bzw. anziehende Van-der-Waals-Bindung

Befindet sich ein zweites Atom in der Nähe eines solchen Atoms, so wird seine Ladungsverteilung durch das erste beeinflusst, es wird ein Dipol induziert. Die entgegengesetzt geladenen Pole der Atome/Moleküle ziehen sich an. Dies wird London-Kraft oder auch anziehende Van-der-Waals-Bindung genannt (**Bild 4**).

Sie ist die schwächste Anziehungskraft, welche zwischen Teilchen wirkt und reicht nur auf eine sehr kleine Distanz. Mit steigender Zahl der Atom- und Molekülgröße nimmt aber auch diese Kraft zu. Große Atome besitzen mehr Elektronen und diese lassen sich wegen dem geringeren Einfluss des Kerns leichter beeinflussen. So lässt sich erklären, weshalb die Siedepunkte der Halogene mit jeder Periodenzahl zunehmen (**Tabelle 1**).

Bei den Kohlenwasserstoffen spielt aber neben der Molekülgröße auch die Geometrie eine Rolle. Verzweigte Ketten können sich weniger gut annähern, weshalb die Van-der-Waals Anziehung hier geringer ausfällt als bei einem unverzweigten Isomer.

Die Van-der-Waals-Kraft nimmt mit der Atom- bzw. Molekülgröße zu. Je größer, desto leichter lässt sich ein Dipol induzieren und die Elektronen sind auch häufiger ungleichmäßig verteilt.

Tabelle 1: Siedepunkte der Halogene			
Halogen		Elektronenzahl	Siedepunkt
Fluor	F_2	18	−188 °C
Chlor	Cl_2	34	−34,6 °C
Brom	Br_2	70	58 °C
Iod	I_2	106	138 °C

ALLES VERSTANDEN?

1. Was versteht man unter einem temporären Dipol?

2. Was ist ein induzierter Dipol?

3. Welche Kraft hält unpolare Moleküle zusammen, so dass beispielsweise Iod bei Zimmertemperatur fest ist?

AUFGABEN

1. Erläutern Sie das Zustandekommen der Van-der-Waals-Bindung und klären Sie wovon die Größe dieser Anziehungskraft abhängt.

2. Ordnen Sie folgende Bindungen nach der Stärke der Anziehungskraft: Ionenbindung, Dipol-Dipol, Atombindung, Wasserstoffbrückenbindung, van-der-Waals-Bindung.

3. Ordnen Sie den Edelgasen Helium, Neon, Argon, Krypton, Xenon und Radon die Siedetemperaturen zu. Begründen Sie ihre Reihenfolge!
   −108,1 °C; −153,4 °C; −246 °C; −185,8 °C; −268,9 °C; −61,7 °C

4.6   Eigenschaften von molekularen Stoffen

Nach der Bearbeitung dieses Abschnitts können Sie

- die Van-der-Waals-, die Dipol-Dipol-Wechselwirkungen und die Wasserstoffbrücken entsprechend ihrer Stärke einordnen.
- die unterschiedlichen Siedetemperaturen von molekularen Stoffen aufgrund der zwischenmolekularen Wechselwirkungen erklären.
- die Löslichkeit von polaren Stoffen in polaren Lösungsmitteln bzw. von unpolaren Stoffen in unpolaren Lösungsmitteln erklären.
- erläutern, weshalb sich polare und unpolare Flüssigkeiten nicht mischen lassen.
- die unterschiedliche Viskosität von molekularen Flüssigkeiten aufgrund der zwischenmolekularen Wechselwirkungen einordnen.
- beurteilen, ob sich ausgewählte Stoffe wie Grafit oder langkettige Alkane als Schmiermittel eignen.

Die Siedetemperatur, Löslichkeit oder Viskosität sind physikalische Eigenschaften, deren unterschiede sich durch die Kräfte, welche zwischen den Molekülen wirken, erklären lassen.

Dabei unterscheiden sich diese in der Stärke: Ein temporärer Dipol ist am schwächsten, ein ständiger Dipol ist schwächer als Wasserstoffbrücken. Noch stärker wirken nur ständige Bindungen (primäre Bindungen) wie die Elektronenpaar- oder die Ionenbindung. So gilt grundsätzlich: Alle Salze sind bei Raumtemperatur fest und haben die höchsten Schmelz- und Siedepunkte. Atombindungen bleiben wegen der gemeinsamen Elektronenpaare stabil, ein Lösen geht mit einer chemischen Reaktion einher. Wasserstoffbrücken sind dafür verantwortlich, dass Wasser flüssig ist. Chlormethan hat wegen der Dipol-Dipol-Kräfte einen relativ hohen Siedepunkt von −24,2 °C, das unwesentlich leichtere unpolare CO_2 sublimiert bei −78 °C.

So lässt sich die Stärke der Bindung in etwa abschätzen, die typische Gitterenthalpie bei Salzen wird im Bereich von 600 bis 2000 kJ/mol angegeben (**Tabelle 1**).

Tabelle 1: Bindungskräfte

Bindung	Wechselwirkung	Stärke in kJ/mol
Ionenbindung		600 bis 2000
Atombindung		300 bis 1000
Wasserstoff-brücken		10 bis 100 20 bei H_2O
Dipol-Dipol		5 bis 10
van-der-Waals-Bindung		0,1 bis 6

Van-der-Waals-Bindungen sind am schwächsten, ein ständiger Dipol ist schwächer als Wasserstoffbrücken.

4.6.1   Siedetemperatur

Bei der Siedetemperatur kommen diese Wechselwirkungen zum Ausdruck. Zwischen den unpolaren Molekülen wie Wasserstoff, Sauerstoff oder Methan herrschen nur sehr schwache Anziehungskräfte: die **Van-der-Waals**-Bindungen, sie nehmen mit steigender Atomgröße, Elektronenzahl und Oberfläche zu.

Beispiel unverzweigte Alkane (n-Alkane): Bei bis zu vier Kohlenstoffatomen sind diese bei einer Raumtemperatur von 20 °C und einem normalen Luftdruck von 1,013 bar gasförmig. Ab fünf bis 16 Kohlenstoffatomen sind n-Alkane bei dieser Temperatur flüssig, längere Ketten sind dann sogar fest (**Tabelle 2**).

Mit steigender Kettenlänge steigt der Siedepunkt unverzweigter Alkane.

Tabelle 2: Physikalische Eigenschaften der Alkane

Summen-formel	Name	Schmelz-punkt in °C	Siede-punkt in °C	Aggregat-zustand bei 20 °C
CH_4	Methan	− 184	− 164	gas-förmig
C_2H_6	Ethan	− 172	− 88,5	
C_3H_8	Propan	− 190	− 42	
C_4H_{10}	n-Butan	− 135	+ 0,65	
C_5H_{12}	n-Pentan	− 130	+ 36	flüssig
C_6H_{14}	n-Hexan	− 94,3	+ 68,6	
C_7H_{16}	n-Heptan	− 90	+ 98,4	
C_8H_{18}	n-Oktan	− 56,5	+ 125,8	
C_9H_{20}	n-Nonan	− 53,9	+ 150,6	
$C_{10}H_{22}$	n-Dekan	− 30	+ 173,8	
⋮				
$C_{16}H_{34}$	n-Hexadekan	+ 17,8	+ 280	wachs-artig bis fest
$C_{17}H_{36}$	n-Heptadekan	+ 22,5	+ 303	
⋮				

Bei einem **Dipolmolekül** wirken die elektrostatischen Kräfte zwischen den Molekülen wesentlich stärker als die van-der-Waals-Kräfte. Die Schmelz- und Siedetemperatur dieser Stoffe ist höher, besonders wenn die Moleküle durch **Wasserstoffbrückenbindungen** zusammengehalten werden. Um die Wassermoleküle voneinander zu trennen (= Übergang vom flüssigen in den gasförmigen Zustand), ist eine entsprechend große Energiemenge in Form von Wärme notwendig. Wasser siedet deshalb trotz der relativ geringen Molekülmasse und -größe erst bei 100 °C.

Der ebenfalls gewinkelte aber praktisch unpolare Schwefelwasserstoff siedet bei –60 °C. Zwischen Selenwasserstoff (Siedepunkt bei –41,25 °C) und Tellurwasserstoff (Siedepunkt bei –1,25 °C) wirken die van-der-Waals-Kräfte stärker, die Siedetemperaturen nehmen entsprechend zu (**Bild 1**).

Stoffe, bei denen Wasserstoffbrückenbindungen zwischen den Molekülen wirken, haben im Verhältnis zu ihrer Masse einen hohen Schmelz- und Siedepunkt.

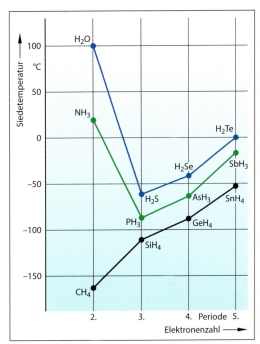

Bild 1: Siedepunkte ausgewählter Wasserstoffverbindungen

Ein ähnliches Bild ergibt sich bei den Wasserstoffverbindungen mit Halogenen (HF, HCl, HBr, HI) oder mit den Elementen der V. Hauptgruppe (NH_3, PH_3, AsH_3, SbH_3). Die Moleküle, bei denen die Wasserstoffbrückenbindungen wirken, haben im Verhältnis zu ihrer Molekülgröße einen hohen Siedepunkt. Bei Wasserstoffverbindungen mit den Elementen der IV. Hauptgruppe wirkt bei keiner Verbindung diese starke Kraft, der Anstieg erklärt sich hier ausschließlich durch die van-der-Waals-Kräfte.

ALLES VERSTANDEN?

1. Warum hat Wasser im Vergleich zu Schwefelwasserstoff einen deutlich höheren Siedepunkt?

2. Warum nimmt der Siedepunkt bei der homologen Reihe der Alkane mit jedem Kohlenstoffatom zu?

AUFGABEN

1. Der Siedepunkt von Monophosphan (PH_3) ist mit –87,7 °C deutlich tiefer als der von Ammoniak (NH_3) mit –33,3 °C, obwohl die molare Masse bei Monophosphan mit 34,00 g/mol praktisch doppelt so groß ist wie die von Ammoniak mit 17,03 g/mol. Begründen Sie diese Tatsache.

2. Spiritus besteht fast ausschließlich (96 %) aus Ethanol, es hat einen Siedepunkt von 78,4 °C. Dabei unterscheidet es sich vom Ethan, welches einen Siedepunkt von –89 °C hat, nur um eine OH-Gruppe. Noch höher ist der Siedepunkt, wenn an beiden C-Atomen ein Wasserstoff durch eine OH-Gruppe substituiert wird: Das Frostschutzmittel 1,2-Ethanediol ($C_2H_6O_2$) siedet erst bei 197,6 °C. Fast genauso schwer wie das Gefrierschutzmittel ist Propan-1-ol, es siedet bei 97 °C.
   a) Zeichnen Sie die Strukturformel von Ethan, Ethanol, Propan-1-ol und Ethandiol.
   b) Begründen Sie die unterschiedlichen Siedetemperaturen der vier Stoffe.
   c) Schätzen Sie ab: Welchen Siedepunkt hat Methanol?

4.6.2 Löslichkeit

Wasser löst Salze: Salze sind in Wasser häufig gut löslich, in Benzin dagegen nicht. Dies liegt daran, dass Wasser einen Dipol ausbildet. Es kommt zu einer Wechselwirkung zwischen den Ionen und dem polaren Lösungsmittel. Der negative Pol des Wassers wird von den positiven Ionen angezogen, der positive Pol von den negativ geladenen. So umschließen (hydratisieren) die Wassermoleküle die Ionen des Salzes und lösen sie so aus dem Kristall heraus (**Bild 1**). Im Wasser liegen die Salz-Ionen gelöst vor. In einer chemischen Gleichung kennzeichnet man dies, indem man das gelöste Salz als Ionen schreibt. Oft wird auch ein Index verwendet (s = solid; aq = aqua). Beispiel: Lösen von Kochsalz in Wasser:

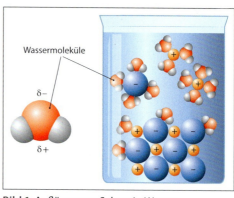

Bild 1: Auflösen von Salzen in Wasser

$$NaCl \xrightarrow{Wasser} Na^+ + Cl^-$$

oder: $NaCl_{(s)} \rightarrow Na^+_{(aq)} + Cl^-_{(aq)}$

> Polare Stoffe wie Salze sind in polaren Lösungsmitteln wie Wasser grundsätzlich löslich.

Bei elementarem Iod ergibt sich ein anderes Bild: In Wasser ist es unlöslich, in Benzin dagegen schon. Das unpolare Iod löst sich in unpolaren Lösungsmittel.

Mischbarkeit von Flüssigkeiten: Gibt man in ein Reagenzglas etwas Wasser und etwas n-Heptan, so bilden sich zwei Phasen die gut zu erkennen sind. Die Flüssigkeiten lassen sich selbst durch Schütteln nicht vermischen. Das unpolaren Alkan löst sich nicht im polare Lösungsmittel Wasser, Heptan ist **hydrophob** (Wasser abweisend). Ein Vermischen des Alkans in Speiseöl ist dagegen möglich: Heptan ist **lipophil** (das Fett liebend). Methanol ist mit Wasser in jedem beliebigen Verhältnis mischbar, mit Speiseöl bilden sich zwei Phasen. Ethanol ist wie Wasser ein polares Lösungsmittel, es ist **hydrophil** (das Wasser liebend) und **lipophob** (fett abweisend) (**Bild 2**).

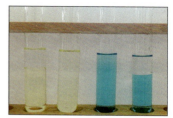

Bild 2: Methanol (= hydrophil) bzw. n-Heptan (= hydrophob) in Speiseöl bzw. gefärbtem Wasser

> Gleiches löst sich in Gleichem: Polare Stoffe lösen sich in polaren Lösungsmittel, unpolare Stoffe in unpolaren Lösungsmittel.

Versuch: Fünf Reagenzgläser werden ca. 2 cm hoch mit Wasser befüllt, die Füllhöhe wird mit einem Filzstift markiert. Anschließend jeweils dieselbe Menge (ca. 2 cm) eines Alkohols zugegeben, schütteln und eine Minute stehen lassen: Methanol, Ethanol, Propan-1-ol, Butan-1-ol, Pentan-1-ol. Beobachtung: Methanol, Ethanol und Propan-1-ol sind wasserlöslich, Butan-1-ol schlecht und Pentan-1-ol praktisch gar nicht (**Bild 3**). Der Versuch kann mit dem unpolaren n-Heptan statt dem polaren Wasser wiederholt werden. Erklärung: Ob ein Alkohol eher hydrophil oder lipophil ist, hängt von der Länge der Kette ab. Bei Methanol oder Ethanol überwiegt der polare Anteil der OH-Gruppe, sie sind hydrophil. Je länger die Kette, desto größer der Einfluss des unpolaren Anteils, Pentan-1-ol ist ein praktisch unpolareres Lösungsmittel.

Bild 3: Löslichkeit einiger Alkohole in gefärbtem Wasser

Alkohole haben sowohl einen hydrophilen, als auch einen lipophilen Teil. Je länger die Kette, desto lipophiler ist ein Alkohol.

Alkohole haben eine polare Hydroxy-Gruppe, die unterschiedlichen Partialladungen bilden einen Dipol aus. Zwischen der OH-Gruppe und dem Wasser entsteht eine Wasserstoffbrücke, der partiell negativ geladene Sauerstoff zieht das teilweise negativ geladene Wasserstoff an (und umgekehrt). Aus diesem Grund ist Ethanol wasserlöslich. Allerdings haben Alkohole auch einen unpolaren Alkylrest. Dieser ist für den lipophilen Charakter verantwortlich (**Bild 1**). Zwischen dem unpolaren Teil und dem Hexan wirken van-der-Waals-Kräfte. Bei Ethanol ist dieser aufgrund des kurzen Alkylrests nicht sehr ausgeprägt, der polare Charakter überwiegt. Bei Pent-1-ol ist dies umgekehrt. Hier überwiegt der unpolare Charakter, der Alkohol zeigt lipophile Eigenschaften.

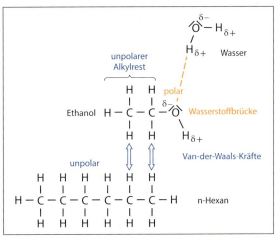

Bild 1: Alkohole haben einen polaren und einen unpolaren Teil.

Lösungsmittel

Um Gase, Flüssigkeiten oder Feststoffe zu lösen, bedarf es eines Lösungsmittels. Für polare Stoffe eignen sich polare Bindungen wie Wasser, Ethanol oder Aceton (**Bild 2**), für unpolare Stoffe eignen sich Alkane wie Petrolether oder Petroleumbenzin. Aber auch Propan-2-ol oder Aceton sind eingeschränkt geeignet. Aceton verfügt wie Alkohole sowohl über polare als auch über unpolare Anteile und vermag dadurch bis zu einer bestimmten Grenze auch polare Stoffe zu lösen. Terpentin (= Harzausflüsse z. B. von Kiefern) eignet sich als unpolares Mittel zum Lösen von ölhaltigen Stoffen, z. B. um Pinsel von Ölfarbresten zu befreien.

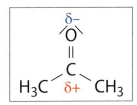

Bild 2: Aceton

Ambiphilie Stoffe sind sowohl hydrophil als auch hydrophob.

Trennverfahren gelöster Stoffe

Extraktion Versuch: Mittels Ethanol/Wasser-Gemisches oder Aceton lassen sich Blattfarbstoffe extrahieren (**Bild 3**). In einem Mörser werden zerkleinerte grüne Blätter zermahlen und mit 20 ml eines Lösungsmittels versetzt. Nach dem Filtrieren wird das grüne Gemisch in einen mit etwa 20 ml Petroleumbenzin befüllten Schütteltrichter gegeben und verschlossen kräftig geschüttelt. Nach dem Entlüften und einer fünfminütigen Wartezeit zeigt sich die obere Phase mit Petroleumbenzin deutlich verfärbt. Der grüne Farbstoff löst sich gut in organischen Lösungsmitteln wie Petroleumbenzin. Es extrahiert in die unpolare Phase. Mittels der Dünnschichtchromatographie kann verdeutlicht werden, dass Chlorophyll aus mehreren Farbstoffen besteht.

Bild 3: Extraktion von Blattfarbstoffen

Destillation

Wird ein Ethanol-Wasser-Gemisch erwärmt, so verdampft vorwiegend der Ethanol, da sein Siedepunkt mit 78 °C niedriger ist als der des Wassers (100 °C). Wird z. B. Rotwein zum Sieden gebracht, so verdampft allerdings auch eine erhebliche Menge an Wasser. Der Alkoholgehalt im Dampf, welcher im Kühler kondensiert, ist aber deutlich erhöht (**Bild 1**). Auf diese Weise lässt sich zumindest teilweise Wasser und Ethanol trennen. Mit diesem Verfahren lassen sich viele Flüssigkeiten, welche einen unterschiedlichen Siedepunkt besitzen, trennen. So wird die Destillation beim Brennen von Alkohol, bei der sogenannten fraktionierten Destillation von Erdöl oder bei der Herstellung von destilliertem Wasser angewendet.

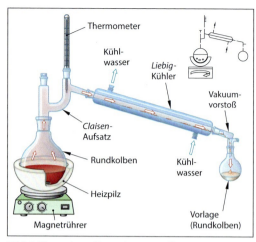

Bild 1: Versuchsaufbau einer Destillation

Ineinander lösliche Flüssigkeiten lassen sich durch Destillation zumindest teilweise wieder trennen.

Anmerkung: Ethanol entsteht durch Gärung aus Biomasse und wird auch als Bioethanol bezeichnet. Zu Beginn der Destillation hat das Destillat, der so genannte Vorlauf, einen erhöhten Anteil an Methanol (Methanol ist überdestilliert), da dieser giftige Alkohol eine Siedetemperatur von 64,5 °C besitzt. Er kommt in Bioethanol gelegentlich vor, weshalb der Vorlauf entsorgt wird.

Den Alkoholgehalt des Destillats kann man mithilfe eines Siedediagramms (**Bild 2**) abschätzen. Ein Ethanol-Wassergemisch mit einem Anteil von 10 % Alkohol siedet laut Diagramm bei etwa 94 °C. Bei dieser Temperatur hat der Dampf einen Alkoholgehalt von etwa 40 %. Zieht man von dem Punkt auf der Siedekurve beim Ethanolgehalt von 10 % der Vorlage eine waagrechte Linie zur Taukurve, so erhält man diesen Wert.

Mit längerer Destillationsdauer steigt der Wassergehalt im Dampf, bei einer Siedetemperatur von 100 °C liegt praktisch reines Wasser vor. Um den Alkoholgehalt des Destillates zu erhöhen, kann dieses erneut einer Destillation unterzogen werden. Aufgrund der Wasserstoffbrücken zwischen Ethanol und Wasser lässt sich das Gemisch aber nicht völlig trennen, bei etwa 96 % Ethanolgehalt entspricht die Zusammensetzung der Dampfphase dem der flüssigen Phase. Dieses Gemisch wird als Azeotrop (**Bild 2**, Punkt A) bezeichnet, dieses lässt sich durch einfache Destillation nicht weiter trennen.

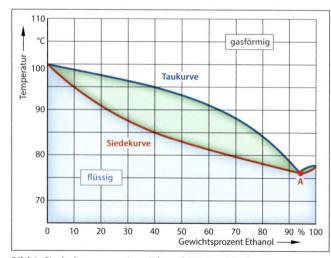

Bild 2: Siedediagramm einer Ethanol-Wasser-Mischung

Ein Stoffgemisch, welches sich durch einfache Destillation nicht trennen lässt, nennt man Azeotrop.

Versuch: Das Prinzip der Destillation lässt sich schon mit einfachsten Mitteln zeigen. In einer 10 ml Glasampullenflasche werden 3 bis 4 ml Rotwein und ein bis zwei Siedesteinchen gegeben. Das Kondensat wird mittels durchbohrten Stopfen und Schlauch in einer zweiten Flasche aufgefangen. Um den Rotwein zum Sieden zu bringen, genügt ein Teelicht (**Bild 1**). Trotz der Siedesteinchen besteht die Gefahr, dass es zu einem Siedeverzug (schlagartiges Übersieden) kommt. Dies ist durch ständiges Bewegen zu vermeiden, da ansonsten Rotwein in das Destillat gelangt. Die Destillation wird beendet, wenn etwa 0,5 ml Destillat vorliegt, welches anschließend weiter untersucht werden kann.

Bild 1: Handversuch Destillation

ALLES VERSTANDEN?

1. Was versteht man unter hydrophil bzw. lipophil?

2. Warum lässt sich Wasser nicht mit Benzin mischen?

3. Warum lassen sich Salze in Wasser lösen, in Hexan aber nicht?

4. Was versteht man unter einem unpolarem Lösungsmittel? Nennen Sie ein Bespiel!

5. Weshalb zeigen Alkohole hydrophile und lipophile Eigenschaften?

6. Wie können zwei unpolare Flüssigkeiten (z. B. n-Hexan und n-Nonan) getrennt werden?

AUFGABEN

1. Calciumchlorid löst sich gut in Wasser. Formulieren Sie für diesen Vorgang die chemische Gleichung und beschreiben Sie auf Teilchenebene den Lösungsvorgang.

2. **Tabelle 1** zeigt die molare Masse, Siedetemperatur und die Löslichkeit in Wasser.

   Tabelle 1:

Name	Molare Masse in g/mol	Siedetemperatur in °C	Löslichkeit in g/100 g Wasser
n-Pentan	72	36,2	unlöslich
2-Methylbutan	72	28	unlöslich
Butan-1-ol	74	117,5	7,9
Propan-1-ol	60	97	jedes Verhältnis

   a) Erläutern Sie die unterschiedlichen Siedetemperaturen und das unterschiedliche Löslichkeitsverhalten der Stoffe!

   b) Eine Mischung der beiden Alkohole liegt vor. Beurteilen Sie, ob sich die Flüssigkeiten wieder trennen lassen und skizzieren Sie ein mögliches Verfahren.

3. Propan-2-ol wird oft zum Entfetten von Oberflächen verwendet. Begründen Sie mithilfe der Molekülstruktur die Fähigkeit des Alkohols unpolares Fett zu lösen.

4. Auf dem technischen Merkblatt einer Nitro-Universal-Verdünnung sind unter anderem folgende Inhaltsstoffe aufgeführt: „Enthält Spezialbenzin 80/110, 15 – 30 % aliphatische Kohlenwasserstoffe". Anmerkung: Aliphatische Kohlenwasserstoffe zählen zu den reinen Kohlenwasserstoffen. Das sind organische Verbindungen, welche nur aus Kohlenstoff und Wasserstoff aufgebaut sind. Beurteilen Sie, ob zum Verdünnen und Lösen von Alkydharz (= synthetisches hydrophobes Polymer) eine Nitro-Universal-Verdünnung verwendet werden kann.

4.6.3   Viskosität

Die Viskosität ist ein Maß für die Zähflüssigkeit oder Zähigkeit einer Flüssigkeit. Je höher dieser Wert, desto dickflüssiger ist das Fluid, er kann zum Beispiel mithilfe eines Kugelfallviskosimeter bestimmt werden. Ein Standzylinder wird mit einer Flüssigkeit befüllt und eine Kugel wird darin fallen gelassen. Je nach Viskosität dauert das Durchfallen einer bestimmten Strecke unterschiedlich lange (**Bild 1**). Wird der Versuch bei einer höheren Temperatur wiederholt, so fällt die Kugel bei den meisten Flüssigkeiten schneller.

Auch das Fließverhalten hängt von der Viskosität ab.
Versuch: Messen Sie die Zeit, welche die Flüssigkeiten benötigen, um aus einer Pipette zu fließen. Ziehen Sie mithilfe eines Peleusballs in einer Messpipette 10 ml n-Heptan auf. Füllen Sie die Flüssigkeit in ein Reagenzglas, indem Sie den Peleusball entfernen. Stoppen Sie die Zeit bis zur vollständigen Entleerung der Pipette. Wiederholen Sie den Vorgang mit Leichtbenzin, Paraffinöl (Paraffinum liquidum) und Speiseöl.

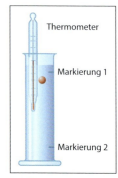

Bild 1: Kugelfallviskosimeter

> Je größer die Viskosität, desto zähflüssiger eine Flüssigkeit. Mit der Kettenlänge steigt die Viskosität bei Alkanen.

Längere Kohlenwasserstoffmoleküle haben aufgrund der höheren Van-der-Waals-Kräfte eine größere Viskosität, die Moleküle haften stärker aneinander (**Bild 2**). So gleiten die langen Moleküle des Parafinöls schlechter aneinander vorbei als die kürzeren Hexan Moleküle. Dies wird auch als innere Reibung bezeichnet. Deshalb ist Parafinöl zähflüssiger als Hexan.

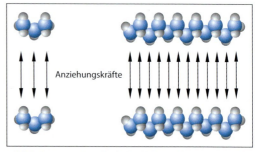

Bild 2: Die Van-der-Waals-Kraft ist abhängig von der Kettenlänge.

> Die Viskosität beruht auf die innere Reibung einer Flüssigkeit.

Folgende Faktoren haben einen Einfluss auf die Viskosität:
- Temperatur: mit steigender Temperatur nimmt die Viskosität ab.
- Zwischenmolekulare Kräfte: je mehr Wasserstoffbrücken oder je größer die Van-der-Waals-Kräfte, desto höher die Viskosität. Polare Stoffe haben eine höhere Viskosität als vergleichbar große unpolare Stoffe.
- Form der Moleküle: Kugelförmige Teilchen haben eine geringe, lineare eine kleinere Viskosität als Verzweigte. So hat beispielsweise Methylbutan eine größere Viskosität als n-Pentan.

ALLES VERSTANDEN?

1. Was versteht man unter Viskosität?

2. Wovon hängt die Viskosität bei unpolaren Stoffen ab?

AUFGABE

1. Zwei Flüssigkeiten, Hexan und Hexadecan, wurden in Reagenzgläser gegossen. Leider wurde vergessen diese zu beschriften. Überlegen Sie sich einen einfachen Versuch um herauszufinden, in welchem Reagenzglas sich das Hexan bzw. Hexadecan befindet. Begründen Sie die Zuordnung auf der Modellebene.

4.6.4 Schmierstoffe (Ausbildungsrichtung Technik)

Damit Maschinen und Arbeitsgeräte einwandfrei funktionieren, muss geschmiert werden. Schmierstoffe werden zur Verringerung der Reibung bei Maschinenelementen und zur Abfuhr der beim Betreib erzeugten Wärmeenergie eingesetzt. Öle zählen zu den klassischen Schmiermitteln (**Bild 1**). Es benetzt die Oberflächen und bildet einen Schmierfilm, der die Flächen voneinander trennt. Neben flüssigen Schmierstoffen wie Schmieröle oder Kühlschmierstoffe und Schmierfetten (halbflüssige Schmierstoffe) gibt es Festschmierstoffe wie Grafit, welche meist mit Schmierfett zu einer Paste verarbeitet werden.

Bild 1: Schmierung vermindert die Reibung

Schmierstoffe verringern die Reibung, vermindern den Verschleiß und führen Wärme ab.

Für Schmierstoffe eignen sich im Besonderen reaktionsträge Verbindungen wie Alkane. Doppelbindungen oder entsprechend reaktive andere funktionelle Gruppen sind hier unerwünscht, das Schmieröl soll möglichst lange seine Eigenschaften behalten und nicht mit Sauerstoff reagieren. Somit kommen auch keine flüchtigen kurzkettige Verbindungen in Frage.

Schmieröle und Schmierfette

Eine wesentliche Eigenschaft von Schmierölen ist die Viskosität, ein Maß für die innere Reibung des Stoffes beim Fließen. Sie ist temperaturabhängig. Ist das Öl kalt, ist die innere Reibung groß. Mit steigender Temperatur sinkt diese Reibung und die Viskosität nimmt ab. Öl, das beispielsweise beim Starten einer Maschine zu zähflüssig ist, erreicht nicht alle zu schmierenden Stellen. Aber auch ein zu dünnflüssiges Öl ist nicht erwünscht, denn es gewährleistet keinen ausreichenden Schmierfilm.

Tabelle 1: Einsatz von Alkanen in Abhängigkeit der Anzahl C-Atome

Anzahl C-Atome	Eigenschaft	Einsatz
$C_1 - C_4$	gasförmig	Gase
$C_5 - C_{10}$	sehr dünnflüssig	Benzine
$C_{10} - C_{16}$	dünnflüssig	Heizöl und Diesel
$C_{16} - C_{35}$	dickflüssig	Schmieröle

Um eine ausreichende Schmierwirkung zu gewährleisten, muss die Viskosität eines Schmieröles ausreichend groß sein. Ein Schmierfilm trennt im Idealfall die beiden Gleitflächen vollständig voneinander.

Die wichtigsten Bestandteile von Schmierölen sind höhere Alkane ab Hexadecane (16 Kohlenstoffatome), diese haben eine entsprechend hohe Viskosität (**Tabelle 1**).

Als Schmieröl eignen sich grundsätzlich ...
- gesättigte (ohne Doppelbindungen), reaktionsträge Verbindungen wie z. B. Alkane.
- Flüssigkeiten mit einer ausreichend hohen Viskosität und Siedetemperatur (z. B. verzweigte und unverzweigte Alkane ab 16 Kohlenstoff-Atome).
- wasserabweisende Stoffe.
- langkettige Moleküle, welche durch van-der-Waals-Bindungen zusammen gehalten werden und an den Oberflächen anhaften.
- nicht flüchtige Flüssigkeiten, die niedrigere Verdampfungsverluste aufweisen.

Festschmierstoffe

Zu den Festschmierstoffen gehören z. B. Molybdän(IV)-sulfid, Polytetrafluorethylen (Teflon) oder Grafit. Während an Teflon wegen des sehr geringen Reibungskoeffizienten praktisch nichts haften bleibt, ergibt sich die Fähigkeit zur Schmierung bei Grafit aufgrund der Struktur des Kohlenstoffverbundes. In dieser reinen Form des Kohlenstoffs ist jedes C-Atom mit drei weiteren Atomen durch Einfachbindungen verbunden. Das vierte Elektron des Kohlenstoff-Atoms ist nur locker gebunden und innerhalb der Schichten frei beweglich. Aus diesem Grund ist Grafit ein sehr guter elektrischer Leiter. Die einzelnen Schichten werden durch van-der-Waals-Kräfte zusammen gehalten. Der Schmierstoff haftet an den Oberflächen, die parallel angeordneten Schichten lassen sich verschieben (**Bild 1**). Grafit wird aufgrund seiner Hitzebeständigkeit z. B. bei Hochtemperaturlager als Schmiermittel verwendet.

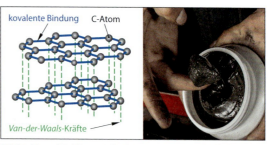

Bild 1: Verschiebbare Schichtgitter von Grafit (links), Grafit als Schmiermittel (rechts)

ALLES VERSTANDEN?

1. Welche Aufgaben haben Schmierstoffe?

2. Welche Stoffe eigen sich als Schmierstoffe?

3. Warum schmiert Grafit?

AUFGABEN

1. Vergleichen Sie n-Nonan (Schmelzpunkt: −54 °C, Siedepunkt: 151 °C) und 2,2,4,4,6,8,8-Heptamethylnonan (Schmelzpunkt: −70 °C, Siedepunkt: 240,1 °C) hinsichtlich der Eignung als Schmiermittel.

2. Molybdän(IV)-sulfid ist eine grauschwarze Verbindung, bei der Molybdän- und dazwischen liegend Schwefelteilchen geschichtet sind. So bilden sich parallel angeordnete Schichten (**Bild 2**). Beurteilen Sie Molybdän(IV)-sulfid aufgrund des Aufbaus bezüglich seiner Eignung als Schmiermittel.

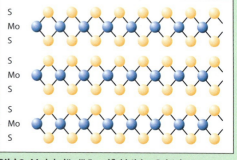

Bild 2: Molybdän(IV)-sulfid bildet Schichten

3. Folgende Alkohole sind bei Zimmertemperatur flüssig: Propan-1-ol, Propan-1,2-diol, Glycerin. Das Grundgerüst bildet Propan, bei dem ein, zwei bzw. drei Wasserstoffatome durch eine bzw. mehrer OH-Gruppen ersetzt wurden (**Bild 3**). Ordnen Sie die drei Alkohole nach steigender Viskosität und beurteilen Sie die Stoffe hinsichtlich der Eignung als Schmiermittel.

```
    H   H   OH              H   H   OH              OH  H   OH
    |   |   |               |   |   |               |   |   |
H — C — C — C — H       H — C — C — C — H       H — C — C — C — H
    |   |   |               |   |   |               |   |   |
    H   H   H               H   OH  H               H   OH  H
```

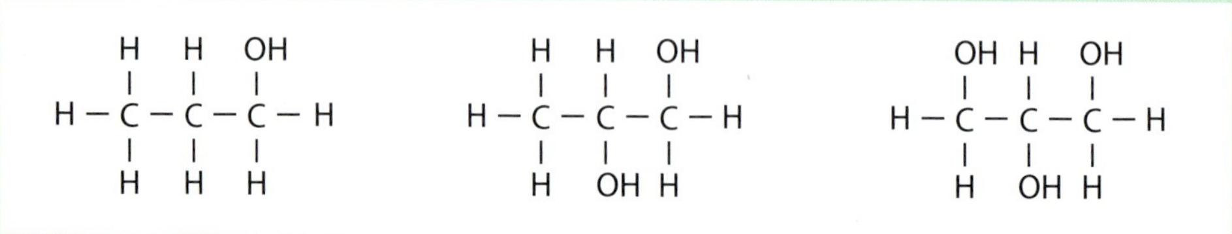

Bild 3: Strukturformel von Propan-1-ol, Propan-1,2-diol und Glycerin

5   Säuren und Basen

Nach der Bearbeitung dieses Kapitels werden Sie in der Lage sein,

- eine saure beziehungsweise eine basische Lösung anhand deren Stoffeigenschaften zu charakterisieren.
- wichtige saure und basische Lösungen im Alltag und Technik zu benennen.
- mithilfe von Indikatoren die Säure-Base-Eigenschaften von verschiedenen sauren und basischen Lösungen zu beurteilen.
- die pH-Wert Skala als Hilfsmittel zur quantitativen Angabe des sauren, neutralen oder basischen Charakters von Lösungen zu verwenden.
- das Brönsted-Konzept zu nutzen, um die Eigenschaften von Säuren und Basen auf der Teilchenebene zu beschreiben.
- durch die Analyse der Valenzstrichformeln eines Teilchen die strukturellen Voraussetzungen für die Eignung als Säure bzw. Base zu erkennen.
- saure und basische Lösungen experimentell als Reaktionsprodukt von Säuren und Basen mit Wasser darzustellen.
- die Begriffe Säure von saurer Lösung und Base von basischer Lösung abzugrenzen.
- saure und basische Lösungen zu neutralisieren, um sie fachgerecht zu entsorgen.
- die Neutralisation auf der Teilchenebene zu beschreiben.

5.1   Saure und basische Lösungen

Nach der Bearbeitung dieses Abschnitts können Sie

- unterschiedliche saure und basische Lösungen nennen.
- verschiedene saure und basische Lösungen mithilfe der Stoffeigenschaften charakterisieren.
- den Stellenwert von unterschiedlichen sauren bzw. basischen Lösungen im täglichen Leben sowie in der Natur und Technik verdeutlichen.

Bei allen genannten Versuchen ist äußerste Vorsicht geboten, auf die persönliche Schutzausrüstung und die notwendigen Schutzmaßnahmen ist zu achten. Sie dürfen nur von sachkundigen Personen oder nach einer entsprechenden Einweisung unter Anleitung und einer vorherigen Gefährdungsbeurteilung durchgeführt werden.

Die Essigsäure in Speiseessig oder die Zitronensäure in Zitronen haben einen sauren Geschmack, woraus sich der Name Säure entwickelt hat. Der englische Naturforscher Robert Boyle (1627–1691) stellte fest, dass eine Säure eine sauer schmeckende Lösung ist, welche den Pflanzenfarbstoff Lackmus in rot umwandelt und Marmor löst. Eine Base hebt die Wirkung der Säure auf, Lackmus färbt sich wieder blau.

Die Namen Säure und Base stehen für eine ganze Stoffgruppe, welche in der Chemie, in der Technik oder auch im Alltag von großer Bedeutung ist.

Bild 1: Zitronensaft färbt Lackmus rot, Kernseife blau

Eine Säurelösung färbt Lackmus rot, eine Base blau.

5.1.1   Wichtige Säuren

Der Begriff Säure wird oft unterschiedlich verwendet. Dadurch kommt es immer wieder zu falschen Vorstellungen. So herrscht oftmals die irrige Annahme, dass es sich bei einer Säure um eine Flüssigkeit handeln muss. Die Beispiele Zitronensäure ($C_6H_8O_7$) (**Bild 1**) oder das Vitamin C (Ascorbinsäure, $C_6H_8O_6$) widerlegen dieses Bild, bei Raumtemperatur sind die beiden Stoffe fest.

> Säuren können fest, flüssig oder gasförmig sein.

Es lässt sich aber festlegen: Wird eine Säure in Wasser gelöst, so entsteht eine saure Lösung. Je nach Wasseranteil wird oftmals auch von einer verdünnten Säure gesprochen, was aber als synonym für eine saure Lösung steht.

Bild 1: Zitronensäure ist ein Feststoff

> Säuren in Wasser gelöst sind saure Lösungen.

Lehrerversuch: Salzsäure aus Natriumchlorid und konzentrierter Schwefelsäure

Versuchsaufbau wie in **Bild 2** im Abzug aufbauen. Ein Becherglas mit Wasser zu etwa 3 cm befüllen und einige Tropfen Lackmus zugeben.

Beim Aufbau ist darauf zu achten, dass der Trichter das Wasser im Becherglas nicht berühren darf, da ansonsten Wasser in den Rundkolben gesogen wird (siehe Springbrunnenversuch, Kapitel 5.3.1).

Etwa zwei Löffelspatel trockenes Natriumchlorid in den Rundkolben, konzentrierte Schwefelsäure in den Tropftrichter geben. Den Hahn des Tropftrichters langsam öffnen bis ein Aufschäumen im Rundkolben zu beobachten ist. Nach kurzer Zeit ist an der Trichteröffnung eine Rauchbildung zu beobachten und die Farbe der Lösung im Becherglas schlägt von blau nach rot um (**Bild 2**). Es ist eine saure Lösung entstanden. In Salzsäure sind Chlorid-Ionen enthalten. Diese können durch Zugabe einiger Tropfen Silbernitratlösung nachgewiesen werden, die Lösung wird trübe.

Bild 2: Herstellung von Salzsäure

Das Gasleitungsrohr nach dem Versuch in einem Standzylinder mit verdünnter Natronlauge geben, um noch vorhandenen Chlorwasserstoff zu neutralisieren.

> Das Gas Chlorwasserstoff reagiert mit Wasser zu einer sauren Lösung, Lackmus färbt sich rot.

> Versuch im Abzug durchführen. Die Dämpfe sind stark ätzend. Der Trichter darf das Wasser nicht berühren. Unbedingt auf die Schutzmaßnahmen achten und persönliche Schutzausrüstung tragen.

Salzsäure (HCl)

Übergießt man Natriumchlorid mit konzentrierter Schwefelsäure, so entsteht das farblose, stechend riechendes Gas Chlorwasserstoff (Hydrogenchlorid), welches außerordentlich gut in Wasser löslich ist (bis zu 500 Liter Gas in einem Liter Wasser). Dabei gibt das HCl ein Wasserstoff-Ion (= Proton) an das Wasser ab, es entsteht ein elektrisch geladenes Oxonium- und ein Chlorid-Ion. Die Lösung wird als Chlorwasserstoffsäure oder Salzsäure bezeichnet.

$$HCl + H_2O \rightarrow H_3O^+ + Cl^-$$

Salzsäure ist Chlorwasserstoff in Wasser gelöst.

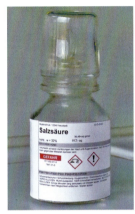

Salzsäure (**Bild 1**) ist eine **starke Säure**, welche bei Haut- oder Augenkontakt ätzend wirkt. Die konzentrierte Form, mit einen Masseanteil von 37 % bei einer Dichte 1,19 g/cm^3, wird auch als rauchend bezeichnet. Öffnet man ein Gefäß mit rauchender Salzsäure, so entweicht Chlorwasserstoffgas, welches die Luftfeuchtigkeit zu Wassertröpfchen kondensiert („Rauch"). Das Gas kann beim Einatmen die Schleimhäute verätzen.

Die Salzsäure ist eine starke einprotonige Säure.

Der in Wasser gelöste Chlorwasserstoff zählt zu den Grundchemikalien und wird auch als Lösemittel und zu Entkalken eingesetzt. Beim Menschen ist die Säure ein Bestandteil des Magensaftes und bewirkt unter anderem ein Gerinnen der Eiweißstoffe.

Bild 1: Salzsäure

Salpetersäure (HNO$_3$)

Im reinen Zustand ist die Salpetersäure eine farblose Flüssigkeit, welche sich unter Lichteinfluss teilweise zersetzt. Dabei bildet sich dann das rotbraune Stickstoffdioxid (NO$_2$), welches sich in der Säure löst und so eine Gelbfärbung verursacht. Deshalb wird die Salpetersäure in braunen Flaschen aufbewahrt, um diese vor dem Licht zu schützen (**Bild 2**).

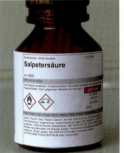

Beim Lösen in Wasser gibt Salpetersäure (**Bild 3**) sein Proton praktisch vollständig an das Wasser ab und bildet ein Oxonium- und Nitrat-Ion:

$$HNO_3 + H_2O \rightarrow \underset{\text{Nitrat}}{NO_3^-} + \underset{\text{Oxonium}}{H_3O^+}$$

Bild 2: Salpetersäure in brauner Flasche, ein Grundstoff für Düngemittel

Die Salpetersäure ist eine starke einprotonige Säure.

Die konzentrierte Säure löst viele Metalle auf, sogar Kupfer und Silber. Nur die Edelmetalle Gold und Platin werden nicht angegriffen, weshalb sie auch zum Trennen von Gold und Silber verwendet wird. Das goldlösende Königswasser besteht zu einem Teil aus konzentrierter Salpetersäure und zu drei Teilen aus konzentrierter Salzsäure. Als sehr starkes Oxidationsmittel oxidiert Salpetersäure organische Stoffe wie Papier, Holz, Stroh oder Textilien. Durch die dabei auftretende Wärmeentwicklung besteht die Gefahr eines Brandes. Salpetersäure wird unter anderem zur Herstellung von Düngemittel und Sprengstoffen benötigt.

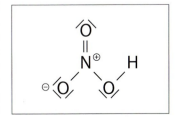

Bild 3: Salpetersäure

Schwefelsäure (H_2SO_4)

Versuch: (Im Abzug!) Einen Standzylinder mit ca. 3 cm Wasser und einen Streifen Lackmuspapier vorbereiten. In einem Verbrennungslöffel eine Spatelspitze Schwefel geben, dieses entzünden. Den Löffel in den Standzylinder oberhalb des Wassers halten und die Öffnung mit einer Glasplatte verschießen (**Bild 1**). Nach dem Erlöschen der Flamme das entstandene Schwefeldioxid (SO_2) durch Schütteln im Wasser lösen. Die Rotfärbung am Lackmuspapierstreifen zeigt, dass eine saure Lösung entstanden ist. Der Schwefel verbrennt mit Sauerstoff zu Schwefeldioxid, in Wasser entsteht die schwefelige Säure.

$$SO_2 + H_2O \rightarrow H_2SO_3 \text{ (schwefelige Säure)}$$

Um Schwefelsäure zu erzeugen, wird das Schwefeldioxid mit Sauerstoff zu Schwefeltrioxid oxidiert. Zusammen mit Wasser reagiert das Gas zur Schwefelsäure.

$$SO_3 + H_2O \rightarrow H_2SO_4 \text{ (Schwefelsäure)}$$

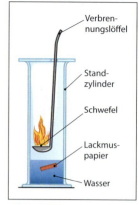

Bild 1: Bildung von schwefeliger Säure

Die Schwefelsäure ist eine starke zweiprotonige Säure.

In konzentrierter Form (98 %ig) hat die ölige Flüssigkeit eine erstaunlich hohe Dichte von 1,94 g/cm³. Wird sie in Wasser gelöst, so entstehen neben Sulfat- auch Oxonium-Ionen. Dies geschieht über einen Zwischenschritt.

$$H_2SO_4 + H_2O \rightarrow \underset{\text{Hydrogensulfat}}{HSO_4^-} + H_3O^+$$

$$HSO_4^- + H_2O \rightarrow \underset{\text{Sulfat}}{SO_4^{2-}} + \underset{\text{Oxonium}}{H_3O^+}$$

Gesamtgleichung:

$$H_2SO_4 + 2H_2O \rightarrow SO_4^{2-} + 2H_3O^+$$

Bild 2: Schwefelsäure ist in Starterbatterien enthalten

Beim Verdünnen muss wegen der starken Wärmeentwicklung unbedingt darauf geachtet werden, die Säure unter Rühren in das Wasser zu geben und nicht umgekehrt, da sonst Säuretropfen verspritzt werden könnten. Versuch: In ein mit 25 ml mit Wasser befülltes Becherglas wird unter Rühren konzentrierte Schwefelsäure zugetropft. Dabei wird die Wassertemperatur gemessen. Eine merkliche Erwärmung ist festzustellen. Deshalb gilt:

Zuerst das Wasser, dann die Säure!

Schwefelsäure ist hygroskopisch und zersetzt organische Stoffe. Sie zeigt eine so stark wasserziehende Neigung, dass sogar aus Biomasse Wasser abgespalten wird und diese zersetzt. Versuch: Ein Becherglas (100 ml, säurefeste Unterlage) wird bis zur Hälfte mit Zucker und ca. 3 ml Wasser befüllt. Anschließend gießt man 25 ml konzentrierte Schwefelsäure darüber. Der Zucker verfärbt sich schwarz und bläht sich auf (**Bild 3**). Als eine der wichtigsten industriell hergestellten Chemikalie wird ein großer

Bild 3: Zersetzung von Zucker durch Schwefelsäure

Anteil der Schwefelsäure bei der Produktion von Düngemitteln verwendet. Ein kleinerer Teil wird bei der Herstellung von Waschmitteln und Farbstoffen benötigt. Aber auch die in den Kraftfahrzeugen verbauten Starterbatterien enthalten Schwefelsäure (**Bild 2**).

Phosphorsäure (H_3PO_4)

Die wasserfreie Phosphorsäure, auch Ortho-Phosphorsäure genannt, ist ein farb- und geruchloser Feststoff mit einem Schmelzpunkt von 42,4 °C. In konzentrierte Form, mit einem Massenanteil von 85 % und einer Dichte von 1,7 kg/dm³, ist sie eine farblose, ölige Flüssigkeit. Die **mittelstarke** dreiprotonige **Säure** ist bei starker Verdünnung unschädlich und ungiftig.

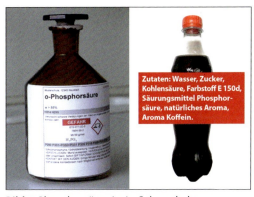

$$H_3PO_4 + H_2O \rightarrow \underset{\text{Dihydrogenphosphat}}{H_2PO_4^-} + H_3O^+$$

$$H_2PO_4^- + H_2O \rightarrow \underset{\text{Hydrogenphosphat}}{HPO_4^{2-}} + H_3O^+$$

$$HPO_4^{2-} + H_2O \rightarrow \underset{\text{Phosphat}}{PO_4^{3-}} + H_3O^+$$

Bild 1: Phosphorsäure ist in Cola enthalten

Gesamtgleichung:

$$H_3PO_4 + 3H_2O \rightarrow PO_4^{3-} + 3H_3O^+$$

Die saure Lösung enthält neben dem Säurerest Phosphat (PO_4^{3-}) das Hydrogenphosphat-Ion (HPO_4^{2-}) und das Dihydrogenphosphat-Ion ($H_2PO_4^-$).

> Phosphorsäure ist eine mittelstarke dreiprotonige Säure.

In der Lebensmittelindustrie wird die Säure stark verdünnt als Konservierungs- oder Säuerungsmittel eingesetzt. So ist beispielsweise in Cola Phosphorsäure enthalten (**Bild 1**).

Die Salze der Phosphorsäure werden hauptsächlich in der Landwirtschaft als Düngemittel eingesetzt, häufig als Calciumsalze:
- $CaHPO_4$ (Superphosphat)
- $Ca_3(PO_4)_2$
- $Ca(H_2PO_4)_2$

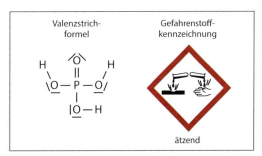

Bild 2: Phosphorsäure

Die Phosphorsäure (**Bild 2**) wird aus dem Phosphor(V)oxid (P_4O_{10}) gewonnen, bei der Instandhaltung von Autos oder Stahlträgern ist sie ein Bestendteil von vielen Rostumwandlern. Phosphat war früher in Waschmittel enthalten, heutzutage sind diese nahezu phosphatfrei.

Essigsäure/Ethansäure (CH_3COOH)

Die konzentrierte Essigsäure, auch Ethansäure genannt, ist eine stark ätzende, brennbare und hygroskopische Flüssigkeit, deren Dämpfe stechend riechend sind. In hochkonzentrierter Form bei 99–100 % wird sie als Eisessig bezeichnet, da sie bereits unterhalb von 16,6 °C zu einer eisähnlichen Masse erstarrt.

Bei einer Konzentration von 1–5 % ist in Speiseessig die schwache Säure ungefährlich, allerdings können Spritzer davon Augenschäden verursachen. Ab 15,5 % darf nicht mehr die Bezeichnung Essig verwendet werden. In Konzentrationen von 15 bis 25 % wird Essigsäure unter der Bezeichnung Essigessenz als Putzmittel oder zum Entkalken vertrieben (**Bild 3**). Typisch ist der charakteristische Geschmack und Geruch.

Bild 3: Essigessenz

In chemischen Gleichungen wird die Säure mit der Summenformel $C_2H_4O_2$ meistens in der Form CH_3COOH angegeben, was die Struktur des Moleküls wiedergibt (**Bild 1**).

Essigsäure ist eine schwache einprotonige Säure.

In wässriger Lösung bildet sich das Acetat-Ion (CH_3COO^-).

$$CH_3COOH + H_2O \rightarrow CH_3COO^- + H_3O^+$$
$$\text{Acetat}$$

Speiseessig wird aus alkoholhaltigen Flüssigkeiten wie Wein hergestellt. Die **Genusssäure** ist ein Geschmacksstoff und Säuerungsmittel. Essig wird im Haushalt als Putz- und Entkalkungsmittel verwendet. Die Lebensmittelindustrie verwendet die Essigsäure als Konservierungsstoff, in der Industrie wird sie als Grundstoff zum Beispiel für Kunststoffe, Farbstoffe oder Arzneimittel verwendet.

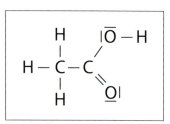

Bild 1: Strukturformel von Essigsäure

Ameisensäure/Methansäure (HCOOH)

Die Ameisensäure, auch Methansäure genannt, ist eine ausgesprochen gefährliche Säure, weshalb sie in Schullaboren nur mit Wasser verdünnt aufbewahrt wird. Wegen den reizenden Dämpfen sollte stets im Abzug gearbeitet werden. Ameisensäure ist schwächer als Phosphorsäure, aber stärker als Essigsäure. Sie ist eine **mittelstarke Säure** und löst unedle Metalle wie beispielsweise Zink.

Ameisensäure ist eine mittelstarke einprotonige Säure.

Bild 2: Behandlung gegen Varroamilben mit Ameisensäure am Bienenstock

Die Salze der Methansäure werden als Formiate bezeichnet.

$$HCOOH + H_2O \rightarrow HCOOH^- + H_3O^+$$
$$\text{Formiat}$$

Imker setzen die Ameisensäure zur Behandlung gegen die Varroamilbe (ein Parasit der Honigbiene) ein (**Bild 2**). Da die Säure edle Metalle wie beispielsweise Chrom nicht angreift, wird sie im Haushalt zum Entkalken eingesetzt. In der Industrie findet sie als Reinigungs- und Entkalkungsmittel von Anlagen und Tanks zum Beispiel in Brauereien Verwendung. Sie eignet sich auch als Desinfektionsmittel oder Rostentferner. Ameisen, einige Laufkäfer- und Bienenarten oder Pflanzen wie die Brennnessel (**Bild 3**) setzen Methansäure zur Verteidigung ein.

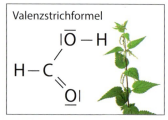

Bild 3: Ameisensäure in Brennnessel

Flusssäure (HF)

Die Flusssäure wird auch Fluorwasserstoffsäure genannt. Sie entsteht durch Lösen des Gases Fluorwasserstoff in Wasser.

$$HF + H_2O \rightarrow F^- + H_3O^+$$

Beim Umgang mit Flusssäure sind die höchsten Sicherheitsmaßnahmen zu treffen, die Verätzungen sind lebensbedrohlich. Die Säure ist ein starkes Kontaktgift und ist in der Lage Glas und Quarz aufzulösen. Sie wird deshalb bei der Chipherstellung zum Abätzen von SiO_2-Schichten eingesetzt.

| **Im Schullabor sollte Flusssäure weder aufbewahrt noch verwendet werden.**

Kohlensäure (H_2CO_3)

Wird in Wasser das Gas Kohlenstoffdioxid (CO_2) gepresst, so entsteht eine kohlensäurehaltige Lösung, das Getränk schmeckt leicht sauer. Schon am Sprudeln erkennt man, dass sich nur ein kleiner Teil des Gases löst (**Bild 1**). In einem Liter Wasser löst sich bei 20 °C nur 1,7 g CO_2, davon reagiert nur ein sehr kleiner Teil (weniger als 1 %) mit Wasser zu Kohlensäure:

$$CO_2 + H_2O \;\rightarrow\; H_2CO_3$$

Die zweiprotonige Kohlensäure ist eine **sehr schwache Säure**, kohlensaures Wasser enthält neben dem Säurerest Carbonat (CO_3^{2-}) das Hydrogencarbonat-Ion (HCO_3^-).

$$H_2CO_3 + H_2O \;\rightarrow\; \underset{\text{Hydrogencarbonat}}{HCO_3^-} + H_3O^+$$

$$HCO_3^- + H_2O \;\rightarrow\; \underset{\text{Carbonat}}{CO_3^{2-}} + H_3O^+$$

Gesamtgleichung:

$$H_2CO_3 + 2\,H_2O \;\rightarrow\; CO_3^{2-} + 2\,H_3O^+$$

Kohlensäure ist eine sehr schwache zweiprotonige Säure.

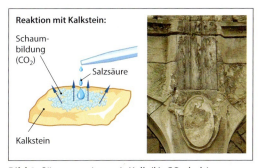

Valenzstrichformel

Bild 1: Kohlensäure in Mineralwasser

Kohlstoffdioxid entsteht bei der Verbrennung von kohlenstoffhaltigen Brennstoffen und ist als Spurengas in der Atmosphäre zu 0,04 % (= 400 ppm) enthalten. Aus diesem Grund ist Regenwasser schwach sauer, ein sehr kleiner Teil CO_2 ist darin gelöst. Treten Carbonate mit sauren Lösungen in Kontakt, so werden diese zersetzt und CO_2 entweicht (**Bild 2**). So führt lang anhaltender Kontakt mit Regen zu zersetzenden Reaktionen und beschleunigt die Korrosion bei Eisenwerkstoffen. Bei Kalkgesteine führt der schwach kohlensäurehaltige Regen zu einem Verwitterungsprozess (**Bild 2**).

Reaktion mit Kalkstein:

Schaumbildung (CO_2)

Salzsäure

Kalkstein

Bild 2: Säure reagiert mit Kalk (l.), CO_2-haltiger Regen greift Sandstein an (r.)

$$CaCO_3 + H_2CO_3 \;\rightarrow\; Ca^{2+} + 2\,HCO_3^-$$

Die Salze der Kohlensäure sind Carbonate und Hydrogencarbonate. In Backpulver ist Natriumhydrogencarbonat (Natron) als Triebmittel vorhanden. In Verbindung mit einer sauren Lösung entsteht das Gas CO_2.

Der Kalkstein, aus denen ganze Gebirge wie die Alpen aufgebaut sind, besteht überwiegend aus Calciumcarbonat ($CaCO_3$). Reine Kohlensäure zerfällt bei Raumtemperatur sofort in Kohlendioxid und Wasser. Die gasförmige Säure ist nur bei Temperaturen bis −30 °C stabil und kann erst seit wenigen Jahren im Labor unter großem Aufwand hergestellt werden.

Saure Lösungen zersetzen Carbonate und Hydrogencarbonate unter Bildung von Kohlendioxid.

Säuren entfalten ihre Wirkung, wenn diese in Wasser gelöst sind, man spricht von einer **sauren Lösung**. Diese enthalten Oxonium-Ionen und die Anionen des Säurerestes.

ALLES VERSTANDEN?

1. Welche Säuren zählen zu den starken Säuren?
2. Was bedeutet „zweiprotonige Säure"?
3. Was ist der Unterschied zwischen Chlorwasserstoff und Salzsäure?
4. Wie reagieren Carbonate mit sauren Lösungen?
5. Welche Säure ist eine Genussäure?
6. Welches Ion bilden alle Säuren in Verbindung mit Wasser?

AUFGABEN

1. Übernehmen Sie die folgende Tabelle auf ein Blatt und ergänzen Sie (siehe Beispiel Salzsäure):

Name der Säure	Formel	Anion (Formel) Name	Verwendung, Vorkommen
Salzsäure	HCl	Cl^- Chlorid-Ion	Magensaft, Entkalker, Lötwasser
		NO_3^- Nitrat-Ion	Bestandteil von Königswasser zum Goldnachweis, zur Herstellung von Stickstoffdünger
	H_2SO_4		
Phosphorsäure			Rostlöser, Cola-Getränken, Waschmittel, Konservierungsmittel
	HCOOH	$HCOO^-$ Formiat-Ion	
Essigsäure	CH_3COOH		Speiseessig, Genusssäure, Geschmacksstoff, Säuerungsmittel
Kohlensäure	H_2CO_3		Mineralwasser

2. Die Abbildung zeigt die Valenzstrichformel von Schwefelsäure (**Bild 1**). Zeichnen Sie die Valenzstrichformel folgender Säuren:
   a) Salzsäure
   b) Salpetersäure
   c) Essigsäure
   d) Phosphorsäure
   e) Kohlensäure
   f) Ameisensäure

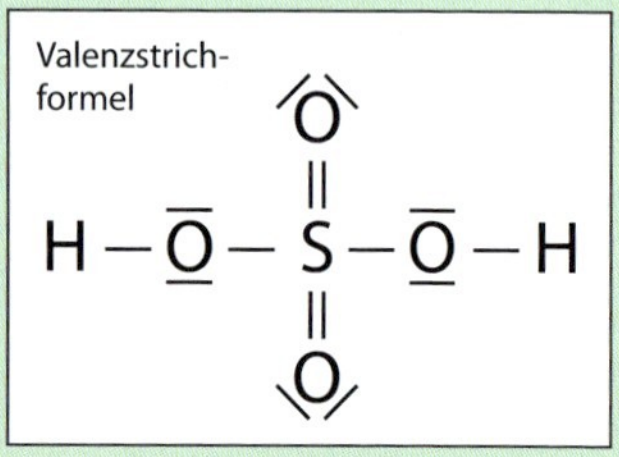

Valenzstrichformel

$$H-\overline{\underline{O}}-\overset{\overset{\displaystyle \overline{O}}{\|}}{\underset{\underset{\displaystyle \underline{O}}{\|}}{S}}-\overline{\underline{O}}-H$$

Bild 1: Schwefelsäure

5.1.2 Eigenschaften von sauren Lösungen

Säuren wirken ätzend

Beim Hantieren mit Säuren bzw. sauren Lösungen sind immer besondere Vorsichtsmaßnahmen zu treffen. Sie können bei der Haut oder den Schleimhäuten zu Verätzungen führen, die Kleidung kann zerstört werden. Sollte das Auge betroffen sein, so sind schwere Schäden möglich und es besteht die Gefahr des Erblindens. Ein Spritzer kann genügen, weshalb immer eine Schutzbrille zu tragen ist. Zur persönlichen Schutzausrüstung gehören des Weiteren Laborkittel und Handschuhe (**Bild 1**).

Bild 1: Schutzausrüstung

Saure Lösungen greifen unedle Metalle an

Versuch: Es soll untersucht werden, wie verdünnte Salzsäure auf verschiedene Metalle wirkt. Dazu wird eine Metallprobe, zum Beispiel ein Stück Magnesiumband, einen Streifen Zink oder ein Kupferblech, in ein mit ca. 2 cm Salzsäure (1 mol/l) befülltes Reagenzglas gegeben. Alternativ eignet sich auch etwas Eisenpulver oder ein kleines Stück Aluminiumfolie. Die Metalle reagieren unterschiedlich auf die saure Lösung: Magnesium löst sich unter kräftiger Gasbildung in kurzer Zeit auf, bei Zink bilden sich

Bild 2: Verschiedene Metalle in verdünnter Salzsäure

augenscheinlich nur wenig Gasbläschen und bei Kupfer passiert gar nichts (**Bild 2**). Das entstandene Gas bei der Magnesiumprobe lässt sich mit der Knallgasprobe als Wasserstoff identifizieren.

$$2\,HCl + Mg \;\rightarrow\; 2\,Cl^-_{(aq)} + Mg^{2+}_{(aq)} + H_2 \uparrow$$

Verdampft man anschließend das Wasser, so bleibt das Salz Magnesiumchlorid zurück. Der Versuch kann auch mit Lösungen der Schwefelsäure oder Salpetersäure gleicher Konzentration wiederholt werden. Es zeigt sich im Wesentlichen dasselbe Ergebnis, lediglich die Intensität der Reaktion variiert etwas.

> Knallgasprobe: Man leitet das zu untersuchende Gas in ein Reagenzglas ein. Da Wasserstoff leichter als Luft ist, wird die Öffnung nach unten gehalten. Das Reagenzglas wird mit dem Daumen verschlossen und schräg an eine Flamme gehalten. Ein Pfeifen weist auf das Vorhandensein von Wasserstoff hin (**Bild 3**).

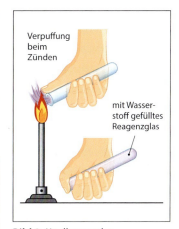

Verpuffung beim Zünden

mit Wasserstoff gefülltes Reagenzglas

Bild 3: Knallgasprobe

Säuren lösen unedle Metalle unter Wasserstoffbildung auf, es entsteht eine Salzlösung.

Saure Lösungen reagieren mit Metalloxiden

Gibt man zu verdünnter Salzsäure (1 mol/l) etwas Zinkoxid oder Kupfer(II)oxid, so löst sich das Metalloxid auf. Auch verdünnte Schwefelsäure vermag die beiden Oxide zu lösen. Wird die entstandene Lösung vorsichtig eingedampft, so bleibt das jeweilige Salz (z. B. Zinkchlorid) zurück:

$$ZnO + 2\,HCl \;\rightarrow\; ZnCl_2 + H_2O$$

$$ZnO + H_2SO_4 \;\rightarrow\; ZnSO_4 + H_2O$$

Allgemein: Metalloxid + Säure $\rightarrow$ Salz + Wasser

Säuren lösen Carbonate

Versuch: Gibt man ein Carbonat-Salz wie Calciumcarbonat oder Magnesiumcarbonat in ein Reagenzglas und übergießt dies mit Wasser, so geschieht nichts. Verwendet man stattdessen verdünnte Salzsäure (1 mol/l), so setzt sofort eine Gasentwicklung ein und das Salz löst sich auf. Das entstandene Gas führt zu einer negativen Knallgasprobe. Leitet man das Gas aber durch eine Gaswaschflasche, welches mit etwas Kalkwasser befüllt ist, so färbt sich dieses trüb (**Bild 1**). Ein Nachweis für Kohlenstoffdioxid.

Bild 1: CO_2 Nachweis beim Auflösen von Carbonaten

$$2\,HCl + CaCO_3 \;\rightarrow\; 2\,Cl^-_{(aq)} + Ca^{2+}_{(aq)} + H_2O + CO_2 \uparrow$$

In Reagenzglas verbleibt eine klare Lösung. Verdampft man diese, so bleibt auch hier ein Salz zurück. Wiederholt man den Versuch mit anderen sauren Lösungen, so erhält man vom Prinzip dasselbe Ergebnis: Kohlenstoffdioxid und ein Salz.

> Säuren lösen Carbonate unter Kohlenstoffdioxidbildung auf, es entsteht eine Salzlösung.

Saure Lösungen schmecken sauer

Bei Essigsäure und Zitronensäure ist der typische Geschmack bekannt: Sie schmecken sauer (**Bild 2**). Bei Zitronen ist die Zitronensäure für diesen Geschmack mitverantwortlich. Phosphorsäure wird wegen des sauren Geschmacks zum Beispiel als Säuerungsmittel in Cola verwendet, was durch den hohen Zuckergehalt im Getränk ausgeglichen wird. Wasser mit Kohlensäure schmeckt leicht sauer.

Bild 2: Saure Lösungen schmecken sauer

In der Chemie werden von Stoffen keine Geschmacksproben mehr genommen, aber die starken Säuren wie Salzsäure oder Salpetersäure würden auch diesen charakteristischen Geschmack aufweisen.

Der saure Geschmack ist dafür verantwortlich weshalb Säuren ihren Namen tragen. Man vermutete früher, dass Sauerstoff die Ursache dafür wäre. Heute weiß man, dass dies an den Wasserstoff-Ionen (H^+) liegt, welche an das Wasser abgegeben werden und so Oxonium-Ionen (H_3O^+) bilden.

> Für den sauren Charakter sind die Oxonium-Ionen verantwortlich.

Lackmus färbt sich in sauren Lösungen rot

Der blauviolette Pflanzenfarbstoff Lackmus (**Bild 3**) wird aus bestimmten Flechtenarten gewonnen. Er färbt sich bei Zugabe von sauren Lösungen rot. Diese Eigenschaft führte zu einer der ersten Definitionen für den Säurebegriff. Der in England wirkender Naturforscher Robert Boyle (1627-1691) bezeichnete Lösungen als Säuren, welche sauer schmecken und Lackmus rot färben.

Im Labor wird Lackmus als wässrige verdünnte Lösung (2 %) bereitgestellt. Diese zeigt durch Rotfärbung an (= Indikator), ob eine Lösung sauer ist.

Bild 3: Der Pflanzenfarbstoff Lackmus (l.) färbt sich durch saure Lösungen rot (r.)

Saure Lösungen leiten elektrischen Strom

Eisessig (reine, wasserfreie Essigsäure) ist ein schlechter elektrischer Leiter. Versuch: Bei einer Wechselspannung von 6 V wird die Leitfähigkeit von konzentrierter Essigsäure (96 %) geprüft. Dazu wird der Strom durch zwei Elektroden in die Flüssigkeit geleitet und die Stromstärke gemessen (**Bild 1**). Das Strommessgerät zeigt, dass nur ein sehr geringer Strom fließt (26,4 μA). Wiederholt man den Versuch mit destilliertem Wasser, so ist die elektrische Leitfähigkeit etwas besser (396 μA). Bei einer sauren Lösung von Essigsäure mit einer Konzentration von 1 mol/l steigt der Stromfluss deutlich an (20,4 mA), was knapp dem 1000-fachen Wert der reinen Essigsäure entspricht.

Bild 1: Leitfähigkeitsmessung von konzentrierter Essigsäure

Eine wässrige Lösung der starken Salzsäure mit einer Konzentration von 0,1 mol/l hat eine noch bessere Leitfähigkeit (0,50 A).

Weder die reine Säure, noch das destillierte Wasser hat viele Ladungsträger. Die saure Essigsäurelösung hat frei bewegliche Ionen: Acetat- (CH_3COO^-) und Oxonium (H_3O^+)-Ionen, in der Salzsäurelösung sind offensichtlich noch mehr Ladungsträger (Chlorid- und Oxonium-Ion) vorhanden.

Zusammenfassung: saure Lösungen …

- … lösen unedle Metalle unter Bildung eines Salzes und Wasserstoff auf.
- … reagieren mit Metalloxiden zu einem Salz und Wasser.
- … lösen Kalk unter Bildung von CO_2 auf.
- … wirken ätzend.
- … schmecken sauer.
- … färben den Pflanzenfarbstoff Lackmus rot.
- … leiten den elektrischen Strom.

ALLES VERSTANDEN?

1. Warum kann zum Entkalken Essig verwendet werden?

2. Wie können Salze gebildet werden (zwei Nennungen)?

3. Warum sind reine Säuren schlechte elektrische Leiter, saure Lösungen leiten dagegen gut?

AUFGABE

1. Marmor besteht aus Calciumcarbonat. Begründen Sie weshalb zum Reinigen von Marmorplatten kein Essigreiniger verwendet werden sollte.

2. Folgende saure Lösungen werden mit Metallen bzw. Metalloxiden in Kontakt gebracht. Stellen Sie jeweils die Reaktionsgleichung auf und benennen Sie gegebenenfalls die Reaktionsprodukte:
   a) Salzsäure und Aluminium
   b) Essigsäure und Kupfer
   c) Salzsäure und Natriumcarbonat
   d) Essigsäure und Magnesiumoxid
   e) Phosphorsäure und Calciumoxid
   f) Salpetersäure und Lithium
   g) Schwefelsäure und Magnesium
   h) Ameisensäure und Natrium

5.1.3   Basische Lösungen

Für basische oder auch alkalische Lösungen wird häufig der Begriff Laugen verwendet. Dabei handelt es sich um wässrige Lösungen, welche die Wirkung von sauren Lösungen aufheben können. Es ist dennoch wenig ratsam, Verätzungen durch Säuren mit Laugen zu behandeln, da der mögliche Schaden noch größer sein kann.

Laugen wirken ätzend

Konzentrierte Laugen können eine stärkere ätzende Wirkung als Säuren haben, die Wirkung auf den Menschen ist sogar noch gefährlicher, denn Laugen zersetzen das Gewebe. Bereits verdünnte Laugen führen beim Auge möglicherweise zu schweren Schäden und es besteht die Gefahr des Erblindens. Ein Spritzer kann genügen, weshalb immer Schutzhandschuhe und eine Schutzbrille zu tragen sind (**Bild 1**).

Laugen haben einen seifenartigen Geschmack und verursachen tiefe Hautgeschwüre. Sie reagieren **nicht** mit Metallen, **außer** mit Zink und Aluminium. Versuch: Zu einer Natronlauge (1 mol/l) gibt man zwei bis drei Streifen Alufolie. Nach kurzer Zeit setzt eine Bläschenbildung ein und die Folie löst sich auf (**Bild 1**).

Bild 1: Gebotszeichen Schutzbrille und Schutzhandschuhe. Aluminium löst sich in Natronlauge

Natronlauge (NaOH)

Löst man festes Natriumhydroxid in Wasser, so erhält man Natronlauge. Der Pflanzenfarbstoff Lackmus zeigt durch eine Blaufärbung an (= Indikator), dass die Lösung basisch ist.

$$NaOH_{(s)} \xrightarrow{\ H_2O\ } Na^+_{(aq)} + OH^-_{(aq)}$$

Die stark ätzende Lösung schädigt die Haut und selbst bei starker Verdünnung kann die Hornhaut der Augen so geschädigt werden, dass Erblindung droht. Hoch konzentrierte Natronlauge hat einen Massenanteil von 50 %, dessen Dichte mit 1,5253 g/cm^3 deutlich über der des Wassers liegt. Verdünnte Natronlauge (10 %) ist in der Lage, Aluminiumfolie unter Wasserstoffbildung zu zersetzen.

> Natronlauge ist eine starke Lauge.

Verwendung: Die Lauge wird vielseitig eingesetzt. Sie ist ein wichtiger Grundstoff zur Herstellung von Seifen oder Waschmittel. Im Haushalt findet sich in Abflussreinigern (**Bild 2**) das Natriumhydroxid, welches in Verbindung mit Wasser die Natronlauge bildet. Versuch: In einem Reagenzglas wird eine Haarsträhne mit konzentrierter Natronlauge übergossen. Das Gemisch wird mithilfe eines Bunsenbrenners im Abzug zum Sieden gebracht (dabei unbedingt Stutzbrille und Schutzhandschuhe tragen). Die heiße Lauge zersetzt organische Stoffe wie Haare oder Fette.

Bild 2: Rohrreiniger in Wasser bildet Natronlauge, Laugengebäck wird in Natronlauge getaucht

Gelöstes Natriumhydroxid zerstört den braunen Farbstoff des Holzes, weshalb die Lösung auch zum Abbeizen verwendet wird. Brezeln (**Bild 2**) werden vor dem Backen mit einer ca. 4%-iger Natronlauge (Brezellauge) bestrichen, der Lebensmittelzusatzstoff ist mit E 524 deklariert. Die Industrie verwendet die Lösung als Entfettungsmittel oder zum Beizen von Aluminium. In der Aluminiumproduktion wird das Aluminiumerz Bauxit durch die Lauge aufgeschlossen. In Verbindung mit Salzsäure bildet sich das Salz Natriumchlorid und Wasser.

Kalilauge (KOH)

Wird Kaliumhydroxid in Wasser gelöst, so erhält man Kalilauge. Die basische Lösung färbt den Pflanzenfarbstoff Lackmus blau.

$$KOH_{(s)} \xrightarrow{H_2O} K^+_{(aq)} + OH^-_{(aq)}$$

Die Eigenschaften dieser Lauge sind ähnlich zu denen der Natronlauge. In Verbindung mit Salzsäure bildet sich das Salz Kaliumchlorid und Wasser.

Kalilauge ist eine starke Lauge.

Bei der Herstellung von Schmierseife wird Kalilauge benötigt. Pottasche, welches wiederum bei der Herstellung von z. B. Glas benötigt wird, wird industriell aus der Lauge gewonnen. Aber auch zum Abbeizen vom Holz eignet sich die basische Lösung.

Bild 1: Kalilauge in Kunststoffflasche, Alkali-Mangan Zellen enthalten Kalilauge

Eine Kaliumhydroxidlösung wird als Elektrolyt in Nickel-Cadmium-Akkumulatoren (Ni-Cd) oder in Alkali-Mangan-Zellen (Alkaline) verwendet (**Bild 1**). Des Weiteren wird die Lauge bei der Herstellung von Farbstoffen eingesetzt.

Kalkwasser/Calciumlauge (Ca(OH)$_2$)

Löst man Calciumoxid (auch Branntkalk genannt) in Wasser, so entsteht unter starker Wärmeentwicklung Calciumlauge, auch Kalkwasser genannt.

$$\left. \begin{array}{l} CaO \xrightarrow{H_2O} Ca^{2+} + O^{2-} \\ O^{2-} + H_2O \rightarrow 2OH^- \end{array} \right\} \quad CaO + H_2O \rightarrow Ca^{2+} + 2OH^-$$

Kalkwasser kann zum Nachweisen von Kohlenstoffdioxid verwendet werden. Im Labor wird dafür Calciumhydroxid in Wasser gegeben (Kalkmilch) und anschließend filtriert.

$$Ca(OH)_2 \xrightarrow{H_2O} Ca^{2+} + 2OH^-$$

Als Kalkmilch wird die übersättigte weiße Suspension auch als Wandanstrich verwendet.

Kalkwasser wird zum Beispiel bei der Wasserenthärtung eingesetzt. Als sehr günstige Lauge wird sie auch in der Industrie vielseitig verwendet, z. B. bei der Sodaherstellung, zur pH-Regulierung oder zum Entsäuern von Abwässern in Kläranlagen.

In der Landwirtschaft findet sie zum Desinfizieren von Ställen, als Dünger oder im ökologischen Landbau als Pflanzenschutzmittel zur Behandlung gegen Pilze (Fungizid) Verwendung.

Ammoniakwasser (NH$_4$OH)

Die wässrige Lösung des Ammoniaks (NH$_3$) wird Ammoniakwasser oder Salmiakgeist genannt. Ammoniumhydroxid (NH$_4$OH) ist im freien Zustand nicht bekannt.

$$NH_3 + H_2O \rightarrow NH_4^+ + OH^-$$

Als Lebensmittelzusatzstoff E 527 wird Ammoniakwasser zum Beispiel zur Herstellung von Kakaorohmasse verwendet. Im Haushalt wird Salmiakgeist zur Reinigung von Oberflächen und zur Glasreinigung genutzt. Auch Riechstäbchen enthalten eine verdünnte Ammoniaklösung. Diese werden von Rettungssanitäter zum Aufwecken aus einer Ohnmacht benutzt, die Dämpfe üben einen starken Reiz beim Einatmen in der Nase aus. Die wässrige Lösung des Ammoniaks wird zudem zur Erzeugung von Ammoniumsalzen und Düngemitteln verwendet.

Seifenlauge

Gibt man Kern- oder Schmierseife in Wasser, so entsteht eine basische Seifenwasserlösung (**Bild 1**). Diese Seifenlauge kann Fett und Schmutz lösen und wird zum Beispiel zum Händewaschen verwendet. Die Kernseife wird mit Natronlauge und natürlichen Fetten und Ölen, die Schmierseife wird aus minderwertigen Fetten mit Kalilauge hergestellt.

Die Seifen haben so genannte anionische Tenside ($R-COO^-$). Diese sind für den basischen Charakter der Lösung verantwortlich, sie reagieren mit Wasser und es entstehen wie bei allen Laugen Hydroxid-Ionen (OH^-).

$$R-COO^- + H_2O \rightarrow R-COOH + OH^-$$

Bild 1: Schmierseife in Wasser bildet Seifenlauge

Eigenschaften von Laugen

Laugen fühlen sich auf der Haut seifig oder glitschig an, da sie das Fett der Hautoberfläche verseifen. Sie leiten den elektrischen Strom, da sie als Ladungsträger Hydroxid-Ionen (OH^-) besitzen. Die atzend wirkenden Lösungen färben den Pflanzenfarbstoff Lackmus blau und greifen Aluminium oder Zink an. Andere Metalle bilden eine unlösliche Passivierungsschicht, weshalb diese nicht weiter reagieren. Organische Stoffe werden durch Laugen zersetzt, Fette werden gespalten und verseifen, Haare lösen sich auf.

Laugen sind in der Lage, die Wirkung von sauren Lösungen aufzuheben und umgekehrt. Gibt man beispielsweise zu 20 ml verdünnter Natronlaune (NaOH) mit einer Konzentration von 1,0 mol/l etwas Aluminiumpulver, so beginnt sich dieses umgehend unter Schaumbildung zu lösen. Durch Zugabe von 20 ml verdünnter Salzsäure (HCl) gleicher Konzentration (1,0 mol/l) stoppt dieser Vorgang. Wird die Menge nicht exakt getroffen, so wird die Reaktion zumindest deutlich vermindert. In der Lauge sind Natrium- (Na^+) und Hydroxid-Ionen (OH^-) vorhanden, bei der sauren Lösung Chlorid- (Cl^-) und Oxonium-Ionen (H_3O^+). Die Wirkungen der Hydroxid-Ionen und der Oxonium-Ionen heben sich auf.

Zusammenfassung: basische Lösungen …

- … wirken ätzend.
- … färben Lackmus blau.
- … fühlen sich seifig und glitschig an.
- … leiten elektrischen Strom.
- … haben gelöste Hydroxid-Ionen (OH^-).
- … zersetzen organische Stoffe wie Haare oder Fette.
- … heben die Wirkung von sauren Lösungen auf (sie neutralisieren).

Die Tatsache, dass die saure Lösungen und Basen bestimmte charakteristische Eigenschaften haben, ist auf grundlegende Gemeinsamkeiten der Stoffe zurückzuführen. So haben alle sauren Lösungen Oxonium-Ionen, alle basischen Lösungen Hydroxid-Ionen.

ALLES VERSTANDEN?

1. Weshalb ist bei der Handhabung von Laugen immer besondere Vorsicht geboten?

2. Warum leiten Laugen den elektrischen Strom?

3. Welches Ion liegt in allen Laugen vor?

AUFGABE

1. Erläutern Sie den Unterschied zwischen Natronlauge und Natriumhydroxid.

2. Reine Essigsäure zeigt praktisch keine elektrische Leitfähigkeit, eine Schmelze aus Natriumhydroxid leitet dagegen den elektrischen Strom recht gut. Erläutern Sie auf der Teilchenebene diesen Sachverhalt.

3. Eine Kaliumhydroxidlösung wird als Elektrolyt in Alkali-Mangan Zellen (Alkaline) verwendet. Begründen Sie die Tatsache, dass sich die Lösung als Elektrolyt eignet.

4. Der Abfluss einer Dusche funktioniert nicht mehr richtig, das Wasser fließt nicht ab. Moritz empfiehlt Salzsäure einzusetzen, das ätzt den Abfluss frei. Sabine meint, als Hausmittel eignet sich Natron. Horst empfiehlt Kalilauge, die ist ja auch voll ätzend. Beurteilen Sie die drei Empfehlungen.

5. Beurteilen Sie, ob Kaliumoxid in Wasser eine saure, neutrale oder basische Lösung bildet.

6. Das Bayerische Landesamt für Gesundheit und Lebensmittelsicherheit stellte immer wieder fest, dass es in Laugengebäck bei der Aluminium-Ionenkonzentration zu Überschreitungen des in Bayern geltenden Höchstwerts kommt.
   In einem Bericht von 2014 wurden noch über 20 % der Proben beanstandet. Erfreulicherweise stellte aber die Stiftung Warentest drei Jahre später fest, dass nur noch geringe Mengen von dem Leichtmetall in den Brezeln stecken. Laut Studien sterben durch eine zu hohe Aufnahme von Aluminium Nervenzellen ab.
   Erläutern Sie, wie das Aluminium in die Brezel gelangt, und durch welche Maßnahmen man dies verhindern kann.

5.2   Säure-Base-Indikatoren und der pH-Wert

Nach der Bearbeitung dieses Abschnitts können Sie

- mithilfe von Indikatoren die Säure-Base-Eigenschaften von Lösungen beurteilen.
- den sauren, neutralen oder basischen Charakter einer Lösung mit natürlichen Indikatoren wie Curcuma, Schwarzer Tee, Rotkohl oder einem Universalindikator ermitteln.
- die pH-Skala als Maßzahl für den sauren oder alkalischen Charakter einer Lösung verwenden.
- mithilfe des pH-Werts einschätzen, ob eine Lösung neutral, stark oder schwach sauer bzw. basisch ist.

5.2.1   Indikatoren zum Anzeigen saurer oder basischer Lösungen

Um anzuzeigen, ob eine Lösung sauer oder basisch ist, werden sogenannte Säure-Base-Indikatoren (lat. Indicare: anzeigen) verwendet. Viele Pflanzenfarbstoffe zeigen in sauren Lösungen eine andere Farbe als in Wasser oder in Laugen. So färbt sich der aus den Flechten hergestellte Farbstoff Lackmus je nach Lösung rot, violett oder blau. Einige im Haushalt verwendete Naturfarbstoffe zeigen ein ähnliches Verhalten, sie ändern ihre Farbe durch Zugabe einer sauren oder alkalischen Lösung. Aber nicht alle natürlichen Farbstoffe sind auch Indikatoren.

Neben Lackmus eignen sich Anthocyane (z. B. in Rotkohl, Radieschen, Auberginen, Blaubeeren, roten Johannisbeeren, Trauben, Hagebutten, Holunderbeeren, Malven und roten Rosen), Alizarin (in der Färberkrappwurzel), Indigocarmin (E132, Lebensmittelblau) oder Curcumin (in der Gelbwurzel) als Indikatoren.

Einige Naturfarbstoffe sind Säure-Base-Indikatoren, sie ändern in sauren oder basischen Lösungen ihre Farbe.

Säure-Base-Indikator selber herstellen

Das Grundprinzip ist bei allen selbst hergestellten Indikatoren aus Naturfarbstoffen dasselbe, der Farbstoff wird mit Wasser oder Ethanol extrahiert. Durch Zugabe einer sauren oder basischen Lösung ändert sich dann die Farbe des Indikators.

Benötigte Materialien:
- Teebeutel: Schwarzer Tee, Hagebuttentee oder Malventee
- Kurkuma- oder Curry-Pulver
- Rotkohl
- Brennspiritus
- Essigessenz, Zitronensäure oder Entkalker
- Soda, Natron, Kernseife oder Schmierseife

Tee als Indikator

Neben Schwarztee eignen sich auch Früchtetees wie Hagebuttentee oder Malventee als Indikator für saure oder basische Lösungen. Die Farbe von schwarzem Tee stammt hauptsächlich von den sogenannten wasserlöslichen Theaflavine, welche in sauren Lösungen eine andere Farbe annehmen als in Laugen.

Versuchsbeschreibung: Kochen Sie Tee! Bereiten Sie ca. einen halben Liter Schwarztee zu und verteilen Sie den Tee auf drei Gläser. Geben Sie in ein Glas einen Schuss Essigessenz oder Zitronensäure, in ein anderes Glas geben Sie etwas Soda oder Kernseife. Stellen Sie die drei Gläser nebeneinander und vergleichen Sie die Farbe. Der Tee hellt sich durch die Zugabe der Zitronensäure etwas auf, wird Natron zugegeben so wird er dunkler (**Bild 1**).

Bild 1: Schwarztee (m.) mit Zitronensäure (l.) und Natron (r.)

Schwarzer Tee wird im sauren heller, im basischen dunkler.

Kurkuma Pulver als Indikator

Der Farbstoff in Kurkuma ist in Alkohol löslich.
Versuchsbeschreibung: Geben Sie einen gestrichenen Teelöffel Kurkumapulver (alternativ auch Currypulver) in ein Glas. Der darin enthaltene orange-gelbliche Farbstoff Curcumin lässt sich durch Brennspiritus (Achtung: brennbar)

Bild 2: Kurkuma Extrakt als Indikator, sauer – neutral – basisch

extrahieren. Befüllen Sie das Glas zu ca. 1,5 cm mit der brennbaren Flüssigkeit und rühren Sie so lange, bis die Lösung eine gelbe Farbe angenommen hat. Füllen Sie das Glas bis zur drei- bis vierfachen Menge (ca. 6 cm) mit Wasser auf und lassen es ca. 5 Minuten stehen. Dekantieren Sie die Curcumin-Lösung (der Bodensatz bleibt und wird entsorgt) auf drei Gläser verteilt. Hinweis: Die lichtempfindliche Lösung immer frisch herstellen.
Vorsicht: Das Kurkuma Extrakt hat eine große Färbekraft und hinterlässt auf einigen Oberflächen (z. B. Kunststoff) gelbe Flecken, die sich nur schlecht oder gar nicht entfernen lassen.
Geben Sie in ein Glas einen Schuss Essigessenz oder Zitronensäure (alternativ Zitronensaft). In ein anderes Glas geben Sie etwas Soda oder Schmierseife (alternativ Natron). Die Lösung mit der Säure nimmt eine hellgelbe, die basische Lösung eine braune Farbe an (**Bild 2**).

Curcumin ist in sauren Lösungen leuchtend gelb, in basischen Lösungen braun.

Rotkohlsaft als Indikator

Der im Rotkohl enthaltene Farbstoff Cyanidin aus der Gruppe der Anthocyane eignet sich sehr gut, um saure oder basische Lösungen anzuzeigen.

Herstellung: Die frisch geschnittenen und zerkleinerten Kohlblätter in einem Gefäß mit destilliertem Wasser etwa eine Viertelstunde kochen, bis das Extrakt eine violett-blaue Farbe angenommen hat und den Saft anschließend filtrieren.

In Wasser gelöst zeigt sich eine blaue Farbe. Bei Zugabe von beispielsweise Essigessenz nimmt das Cyanidin-Molekül ein Proton auf, das Cyanidin-Kation ist rot. Der Farbstoff kann aber auch Protonen abgeben, bei Zugabe von Soda sind dies sogar zwei, das zweifach negativ geladene Cyanidin-Anion hat eine grüne Farbe. Sehr starke Laugen wie Natronlauge können das Molekül zersetzten, es wird gelb (**Bild 1**).

Bild 1: Rotkohlsaft (m.) mit verdünnter Salzsäure, Mineralwasser, Natron und Natronlauge (von links nach rechts)

Neben den genannten Naturfarbstoffen eignen sich noch weitere als Säure-Base-Indikator. Die Herstellung erfolgt immer nach demselben Prinzip: der Farbstoff wird extrahiert (in Wasser oder in Ethanol). Dazu zählen unter anderem Rosenextrakt (rote Rosenblätter), Radieschen (Farbstoff in der Schale von Radieschen oder roten Rettichen), Traubensaft oder Auberginen.

> Der blaue, neutrale Rotkohlsaft färbt sich in sauren Lösungen rot.

ALLES VERSTANDEN?

1. Was versteht man unter einem Säure-Base-Indikator?

2. Wie kann der Pflanzenfarbstoff Cyanidin im Rotkohl extrahiert werden?

3. Wie kann man erkennen, ob eine Lösung sauer ist? Nennen Sie dazu zwei natürliche Indikatoren und wie man erkennt, ob die Lösung sauer ist.

AUFGABE

1. Blaukraut oder Rotkohl? Für die Zubereitung des Kohls stehen zwei Rezepte zur Verfügung.

   Rezept 1: 1 kg Rotkohl, 2 Zwiebeln, 2 Äpfel, 2 Esslöffel Öl, 200 ml Gemüsebrühe, 2 Esslöffel Zucker, 6 – 7 Esslöffel Essig, Gewürze nach belieben.

   Rezept 2: 1 kg Rotkohl, 2 Zwiebeln, 2 Äpfel, 2 Esslöffel Öl, 200 ml Gemüsebrühe, Natron, 2 Esslöffel Zucker, 1 Esslöffel Essig, Gewürze nach belieben.

   Erläutern Sie die Unterschiede in den beiden Rezepten und wie sich die beiden Speisen optisch unterscheiden werden.

2. In der Schale von Radieschen ist aus der Gruppe der Anthocyane der Farbstoff Pelargonidin. Stellen Sie daraus eine Indikatorlösung her und untersuchen Sie den Farbumschlag bei Zugabe von:

   a) Zitronensaft   c) Backpulver   e) Mineralwasser
   b) Natron   d) Essigessenz   f) Kernseife

5.2.2　Der pH-Wert

In Zitronensaft ist etwa 5-7 % reine Zitronensäure enthalten, das entspricht einer Konzentration von etwa 0,25 bis 0,35 mol/l. Wenn 9,1 g bis 13 g Chlorwasserstoff in einem Liter Wasser gelöst werden, erhält man eine Salzsäure gleicher Konzentration. Dennoch wirkt diese wesentlich stärker als der Zitronensaft. Während die Zitrusfrucht bedenkenlos gegessen werden kann, steht im Sicherheitsdatenblatt: „Salzsäure 0,25 mol/l verursacht schwere Verätzungen der Haut und schwere Augenschäden. Kann die Atemwege reizen". Da die Stoffkonzentration nicht ausreicht um den sauren Charakter der Lösungen einordnen zu können, wird ein anderen Zahlenwert benötigt: der pH-Wert. Alle sauren Lösungen haben eine Gemeinsamkeit: Es haben sich vermehrt H_3O^+-Ionen gebildet. Bei Laugen sind dagegen OH^--Ionen dominant.

Wasser ist neutral

Destilliertes Wasser zeigt im geringen Umfang eine Leitfähigkeit. Der Multimeter zeigt einen geringen Strom, auch reines Wasser leitet minimal. Das bedeutet, es müssen Ladungsträger vorhanden sein, damit ein Stromfluss messbar wird. Wasser dissoziiert, es bildet in entsprechend geringem Umfang Oxonium- und Hydroxid-Ionen (**Bild 1**).

Autoprotolyse von Wasser:

$$H_2O + H_2O \; \rightarrow \; \underbrace{H_3O^+ + OH^-}_{\text{nur sehr wenige Ionen}}$$

H_3O^+ und OH^- sind Bestandteil einer jeder wässrigen Lösung.

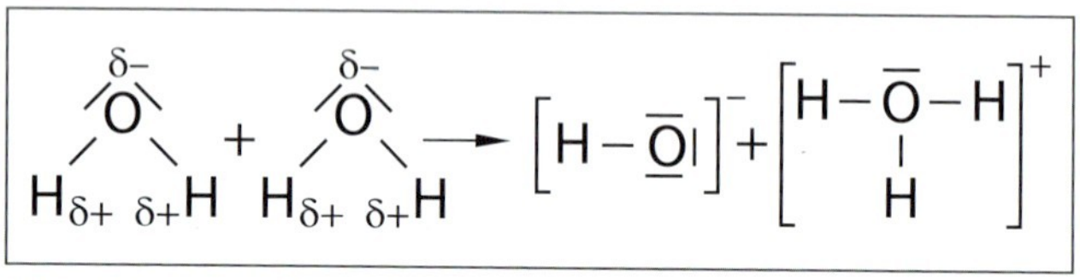

Bild 1: Wasser bildet (sehr wenig) H_3O^+ und OH^--Ionen

Im destillierten Wasser sind genau so viele Oxonium-Ionen wie Hydroxid-Ionen.

Wenn bei einer Lösung die Anzahl an Oxonium-Ionen und Hydroxid-Ionen exakt gleich ist, so spricht man von pH-neutral. Der pH-Wert beträgt dann pH = 7. Ansonsten ist die Lösung entweder sauer oder basisch.

Anmerkung: Wasser ist neutral, die Konzentration von Hydroxid- und Oxonium-Ionen ist gleich groß. Messungen haben ergeben, dass die H_3O^+ bzw. die OH^--Konzentration 10^{-7} mol/l beträgt. Das bedeutet, dass in 10 000 000 Liter Wasser gerade 1,0 mol Oxonium (entspricht 19 g) und 1,0 mol Hydroxid (entspricht 17 g) enthalten sind.

Ein Größenvergleich verdeutlicht diese geringen Konzentrationen: bei pH = 7 sind nur 19 g Oxonium-Ionen bzw. 17 g Hydroxid-Ionen in 10 000 Tonnen Wasser enthalten. Ein vergleichbares Massenverhältnis liegt vor, wenn man in einem 50 m Schwimmbecken ein Stück Würfelzucker geben würde.

pH-Wert bei sauren Lösungen

Die Leitfähigkeitsmessung bei einer verdünnen sauren Lösung von Salzsäure (0,1 mol/l) zeigt, dass hier deutlich mehr Strom fließt (vgl. Kapitel 5.1.2), es sind mehr Ladungsträger vorhanden als in reinem Wasser.

$$HCl + H_2O \; \rightarrow \; Cl^- + H_3O^+$$

→ In verdünnter Salzsäure sind mehr H_3O^+-Ionen vorhanden als im neutralen Wasser. Der pH-Wert ist kleiner als 7.

Der pH-Wert gibt die Konzentration der Oxonium-Ionen wieder: Je höher die H_3O^+-Konzentration, desto kleiner der pH-Wert.

Definition: Der pH-Wert ist der negative dekadische Logarithmus der Oxoniumkonzentration.
Oder: $c(H_3O^+) = 10^{-pH}$ mol/l

- **Beispiel 1:** In 1,0 l Wasser werden 36,5 g HCl gelöst
  → H_3O^+-Konzentration = 10^0 mol/l → pH = 0
- **Beispiel 2:** In 1,0 l Wasser werden 3,65 g HCl gelöst
  → H_3O^+-Konzentration = 10^{-1} mol/l → pH = 1
- **Beispiel 3:** In 1,0 l Wasser werden 0,365 g HCl gelöst
  → H_3O^+-Konzentration = 10^{-2} mol/l → pH = 2

Versuch: In ein Reagenzglas gibt man eine Salzsäurelösung mit der Konzentration 1 mol/l und misst den
pH-Wert. 1,0 ml dieser Lösung werden in ein zweites
Reagenzglas gegeben, in dem sich 9 ml Wasser befinden, die Säure wird somit auf 1/10 verdünnt. Auch
hier wird der pH-Wert gemessen. In einem dritten Reagenzglas wird diese Lösung erneut auf 1/10 verdünnt
(**Bild 1**).

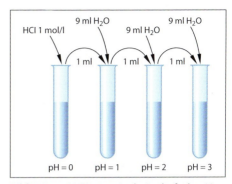

Bild 1: Der pH-Wert steigt bei zehnfacher Verdünnung um den Wert eins

pH-Wert bei Laugen

Beispiel Natronlauge: $NaOH \rightarrow Na^+ + OH^-$

→ Es sind mehr OH^--Ionen vorhanden als im neutralen Wasser. Dadurch sinkt die Konzentration von
Oxonium, da diese mit den Hydroxid-Ionen reagieren: $OH^- + H_3O^+ \rightarrow H_2O + H_2O$. Der pH-Wert ist
größer als 7.

Je höher die OH^--Konzentration, desto geringer die H_3O^+-Konzentration

- **Beispiel 1:** In 1,0 l Wasser werden 40 g NaOH gelöst → H_3O^+-Konzentration = 10^{-14} mol/l → pH = 14
- **Beispiel 2:** In 1,0 l Wasser werden 4,0 g NaOH gelöst → H_3O^+-Konzentration = 10^{-13} mol/l → pH = 13

Die pH-Skala wird von 0 bis 14 angegeben (**Bild 2**). Schwache Säuren bilden eine geringere Oxoniumkonzentration als starke aus. Während Salzsäure bei 0,1 mol/l einen pH-Wert von 1 aufweist,
so hat Essigsäure bei dieser Konzentration nur einen pH-Wert von 2,9, die etwas stärkere Zitronensäure von 2,0.

Löst man 0,1 mol Soda in einem Liter Wasser, so ist der pH-Wert mit 11,3 deutlich niedriger als bei
einer 0,1 molaren Natronlauge (pH = 13).

Zusammenfassung:

- Eine neutrale Lösung enthält
  dieselbe Konzentration an Oxo-
  nium- wie Hydroxid-Ionen. Der
  pH-Wert beträgt 7.
- Eine saure Lösung enthält einen Überschuss an Oxonium-
  Ionen. Der pH-Wert ist kleiner
  als 7.
- Eine basische (oder alkalische)
  Lösung enthält einen Überschuss an Hydroxid-Ionen. Der
  pH-Wert ist größer als 7.

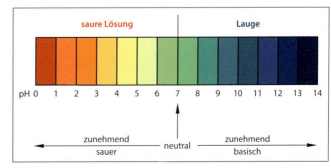

Bild 2: Die pH-Skala

Starke Säuren wie z. B. Salzsäure und Salpetersäure haben bei einer Konzentration von 1 mol/l einen pH-Wert von 0. Auch die Batteriesäure ist stark sauer. Schwache Säuren wie die Kohlensäure erreichen nicht so niedrige Werte. Spritziges Mineralwasser hat einen pH-Wert von 5 bis 6.

Stark alkalische Lösungen (= starke Laugen) haben je nach Konzentration einen hohen pH-Wert von bis zu 14. Das menschliche Blut ist dagegen schwach alkalisch (pH = 7,5), Kernseife liegt mit einem pH-Wert von etwa 10 dazwischen (**Bild 1**).

> Der pH-Wert ist eine Maßzahl für den sauren oder alkalischen Charakter einer Lösung.

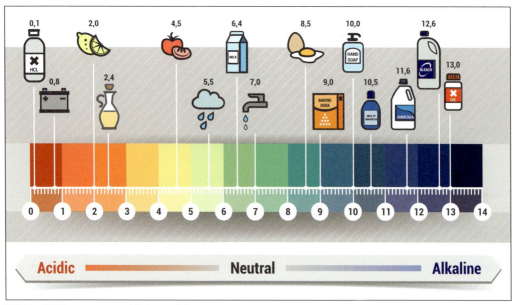

Bild 1: pH-Werte von verschiedenen Lösungen

ALLES VERSTANDEN?

1. Was versteht man unter der „Autoprotolyse von Wasser" und weshalb leitet destilliertes Wasser Strom?

2. Weshalb wird Wasser als pH-neutral bezeichnet und welchen pH-Wert hat Wasser?

3. Wie reagiert eine Säure mit Wasser? Geben Sie ein Beispiel an und was bedeutet das für die Oxoniumkonzentration?

4. Welchen pH-Wert hat eine saure Lösung bzw. eine Lauge?

5. Eine verdünnte Salzsäure zeigt pH = 1,5, eine verdünnte Essigsäure pH = 3,5. Was bedeuten die beiden Zahlenwerte konkret?

6. Warum steigt der pH-Wert durch Zugabe von OH$^-$-Ionen (z. B. durch Zugabe von KOH)?

7. Nennen Sie saure bzw. basische Lebensmittel.

AUFGABE

1. Erläutern Sie den Zusammenhang zwischen der H_3O^+-Ionenkonzentration und dem pH-Wert.

2. Nehmen Sie Stellung zu der Aussage: Je größer die OH^--Ionenkonzentration, desto kleiner die H_3O^+-Ionenkonzentration.

3. Absolut reines Wasser hat pH = 7. Lässt man es aber offen stehen, so stellt man fest, dass dieser Wert nach und nach absinkt. Eine Messung ergibt nach längerer Zeit: pH = 6,1. Recherchieren Sie die Bestandteile der Luft und erläutern Sie, wie es zu dieser pH-Absenkung kommt.

4. Zeigen Sie mithilfe einer Reaktionsgleichung, dass Essigessenz eine saure Lösung ist. Recherchieren Sie den pH-Wert einer Essigessenz.

5. Ordnen Sie folgenden Lösungen einen der folgenden pH-Werte zu: 0,0; 3,0; 5,3; 10,0; 14,0
   a) Mineralwasser (spritzig): ....
   b) Kernseife: ....
   c) konzentrierte Kalilauge: ....
   d) konzentrierte Salpetersäure: ....
   e) Speiseessig: ....

5.2.3   Den pH-Wert bestimmen

Indikatoren wechseln ihre Farbe in einer wässrigen Lösung innerhalb eines bestimmten pH-Bereichs. Der Farbstoff (als H–Ind bezeichnet) reagiert wie eine Säure mit Wasser, es bilden sich Oxonium-Ionen und ein Indikator-Anion, welches eine andere Farbe aufweist. Andererseits reagiert das Anion wieder mit H_3O^+ zu H–Ind und Wasser zurück, es stellt sich ein sogenanntes Gleichgewicht ein.

Prinzip: $\underset{\text{Farbe A}}{H\text{–}Ind} + H_2O \;\rightleftharpoons\; \underset{\text{Farbe B}}{Ind^-} + H_3O^+$

In einer sauren Lösung ist die Konzentration von H_3O^+ erhöht. Das hat zur Folge, dass verstärkt das Indikator-Anion mit Oxonium reagiert (das Gleichgewicht verschiebt sich nach links) – die Farbe der Lösung nimmt die Farbe A von H–Ind an. In basischen Lösungen ist dagegen die Konzentration der Oxonium-Ionen sehr gering, H–Ind reagiert verstärkt mit Wasser (das Gleichgewicht verschiebt sich nach rechts) – die Farbe der Lösung nimmt die Indikator-Anionenfarbe B an.

Bei einem bestimmten pH-Wert ist die Konzentration von H–Ind und Ind^- gleich groß. Das ist der sogenannte Umschlagbereich, es stellt sich eine Mischfarbe ein. Bei Lackmus liegt dieser um den pH-Wert 7. Es gibt doch eine beachtliche Menge an Indikatoren, welche sich nicht nur in den Farben, sondern auch im Umschlagbereich unterscheiden (**Bild 1**).

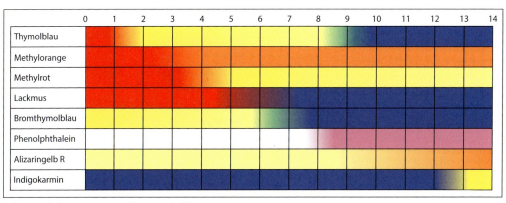

Bild 1: Farbskalen ausgewählter pH-Indikatoren

Universalindikatoren sind Mischungen von mehreren Indikatoren mit verschiedenen Umschlagbereichen. So ändert sich kontinuierlich über einen größeren pH-Bereich die Farbe, anhand dieser sich schnell und einfach der pH-Wert ablesen lässt.

pH-Wert Teststreifen: Diese preiswerten Indikatorpapiere sind mit einem Universalindikator getränkt. Sie werden in Heftchen- oder Rollenform eingesetzt, um den pH-Wert auf ganze pH-Einheiten zu bestimmen (**Bild 1**). Der Vergleich der Indikatorfarbe mit einer Farbskala zeigt den pH-Wert an.

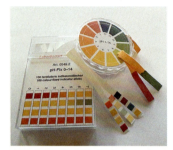

pH-Indikatorstäbchen: An Cellulose haften verschiedene Indikatorfarbstoffe mit unterschiedlichem Umschlagbereich. So lassen sich die einzelnen pH-Stufen anhand der Farbunterschiede gut ablesen (**Bild 1**). Damit lässt sich auch eine größere Genauigkeit erreichen. Die Indikatorstäbchen gibt es für unterschiedliche pH- Abstufungen wie beispielsweise für pH-Werte von 0 bis 14 oder für pH-Werte von 2,0 bis 9,0.

Bild 1: pH-Teststreifen und Indikatorstäbchen

Flüssige pH-Indikatoren: Sind z. B. bei Messungen von Trink- oder Abwasser gut geeignet. Einer Probe werden einige Tropfen Indikatorlösung zugegeben. Anhand der Farbe lässt sich auch hier der pH-Wert ablesen.

pH-Tester

Die Messung des pH-Wertes kann direkt mit einem pH-Meter erfolgen. Ob preiswerte Tester, um einfach und unkompliziert den pH-Wert einer Lösung zu messen (**Bild 2**), oder professionelle Messgeräte, welche eine sehr hohe analytische Qualität besitzen, die Messung erfolgt im Schullabor mittels einer Glaselektrode.

Das Messinstrument hat zwei Elektroden, die Bezugs- und eine Messelektrode, welche in einem Glasrohr kombiniert sind. Der Boden besteht aus einer sehr dünnen und empfindlichen Glasmembran. Die Messelektrode ist in eine sogenannte Pufferlösung (konstant bleibender pH-Wert) getaucht und mit einem Spannungsmessgerät verbunden.

Taucht die Glaselektrode in eine Probelösung mit unbekanntem pH-Wert, so steht die Bezugselektrode (oft eine Silber/Silberchlorid-Elektrode in KCl-Lösung) über ein Diaphragma im elektrischen Kontakt mit der Lösung. Es entsteht eine Spannung, welche nur von der pH-Differenz zwischen Puffer- und Probelösung abhängt. Das Gerät ermittelt daraus den pH-Wert. Für eine korrekte Messung muss das Diaphragma und die Glasmembran vollständig eingetaucht sein.

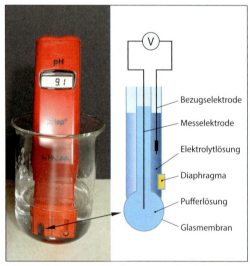

Bezugselektrode

Messelektrode

Elektrolytlösung

Diaphragma

Pufferlösung

Glasmembran

Bild 2: pH-Tester und Aufbau einer Glaselektrode

Eine solche Glaselektrode muss immer wieder kalibriert werden. Dazu taucht man sie in Lösungen mit bekannten pH-Werte. Die empfindliche Glasmembran sollte feucht gehalten und am besten in einer speziellen Aufbewahrungslösung gelagert werden. Zum Reinigen sollte das Messinstrument abgespült und nicht abgewischt werden.

5.2.4 pH-Wert Berechnung (Exkurs)

Der pH-Wert ist eine Maßzahl für die Oxonium-Ionen Konzentration einer Lösung. Er ist definiert als der negative dekadische Logarithmus der H_3O^+-Ionenkonzentration.
In dem Umfang, in der die Oxonium-Ionenkonzentration steigt, nimmt die Hydroxid-Ionenkonzentration ab. So ergeben sich für den pH-Wert zwei Formeln:

$$pH = -\log_{10}c\,(H_3O^+) \qquad\qquad pH = 14 + \log_{10}c\,(OH^-)$$

Neutrales Wasser hat eine Oxonium-Ionenkonzentration von $c\,(H_3O^+) = 10^{-7}$ mol/l, der pH-Wert beträgt: pH = 7,0. Wenn in Regenwasser ein pH-Wert von 5,5 gemessen wird, so beträgt die Oxonium-Ionenkonzentration $c\,(H_3O^+) = 10^{-5,5}$ mol/l.
Der pH-Wert von 7,5 im menschlichen Blut bedeutet eine Oxonium-Ionenkonzentration $10^{-7,5}$ mol/l.

- In neutralen Lösungen ist die H_3O^+-Ionenkonzentration gleich 10^{-7} mol/l.
- In sauren Lösungen ist die H_3O^+-Ionenkonzentration größer als 10^{-7} mol/l.
- In alkalischen Lösungen (Laugen) ist die H_3O^+-Ionenkonzentration kleiner als 10^{-7} mol/l.

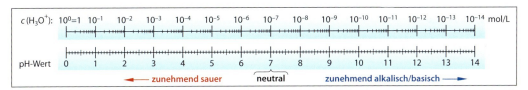

Starke Säuren (Salzsäure, Schwefelsäure, Salpetersäure) dissoziieren in Wasser praktisch vollständig, das Proton wird immer und vollständig abgegeben.
So gilt bei starken einprotonigen Säuren wie Salzsäure oder Salpetersäure, dass die Oxonium-Ionenkonzentration näherungsweise der Säurenkonzentration entspricht.

Beispiel 1: In 1,0 l Wasser sind 0,025 mol Chlorwasserstoff gelöst → Salzsäure: $c_0\,(HCl) = 0,025$ mol/l

$HCl + H_2O \;\rightarrow\; Cl^- + H_3O^+$ \qquad (praktisch vollständig)

→ $pH = -\log_{10}0,025 = 1,6$

Bei der starken zweiprotonigen Schwefelsäure entspricht die Oxoniumkonzentration näherungsweise der doppelten Säurenkonzentration, da hier zwei Protonen angegeben werden.
Beispiel 2: 0,025 mol Schwefelsäure in 1,0 l Wasser gelöst → Schwefelsäure: $c_0\,(H_2SO_4) = 0,025$ mol/l

$H_2SO_4 + H_2O \;\rightarrow\; SO_4^{2-} + 2\,H_3O^+$ \quad (praktisch vollständig)

Die Konzentration von H_3O^+ ist zweimal so groß wie die Säurekonzentration → $pH = -\log_{10}(2 \cdot 0,025) = 1,3$

Schwache Säuren (Essigsäure, Ameisensäure, Kohlensäure, …) dissoziieren nicht vollständig. Da aber schon eine geringe Änderung der H_3O^+-Konzentration den pH-Wert beeinflusst, muss hier anders vorgegangen werden. Dazu gibt es in einschlägigen Tabellen den sogenannten pK_S–Wert (**Tabelle 1**) bzw. den K_S-Wert ($pK_S = -\log_{10}K_S$). Die Oxoniumkonzentration entspricht näherungsweise der Wurzel des Produktes K_S mit der Ausgangskonzentration der Säure. Durch Anwenden der Logarithmengesetze ergibt sich folgende Näherungsformel für den pH-Wert:

$$pH = \tfrac{1}{2}\,(pK_S - \log_{10}c_0\,(\text{Säure}))$$

Tabelle 1: pK_S-Werte einiger Säuren	
Säure	pK_S
Salzsäure	−7
Schwefelsäure	−3,0
Salpetersäure	−1,32
Phosphorsäure	2,12
Ameisensäure	3,75
Essigsäure	4,75
Kohlensäure	6,52
Ammonium	9,25

Beispiel 3: In 1,0 l Wasser sind 0,025 mol Essigsäure gelöst $\rightarrow$ Essigsäure: $c_0 = 0,025$ mol/l, der pK$_S$-Wert der schwachen Säure beträgt pK$_S = 4,75$

$$CH_3COOH + H_2O \rightarrow CH_3COO^- + H_3O^+ \qquad \text{(kaum)}$$

$\rightarrow$ pH = ½ (4,75 − $\log_{10}0,025$) = 3,2

Hydroxid-Lösung (z. B. Natriumhydroxid in Wasser)
Beispiel 4: In 1,0 l Wasser werden 0,025 mol Natriumhydroxid gelöst $\rightarrow$ Natronlauge: $c_0 = 0,025$ mol/l

$$NaOH_{(s)} \xrightarrow{H_2O} Na^+_{(aq)} + OH^-_{(aq)} \qquad \text{(vollständig)}$$

$\rightarrow$ pH = 14 + $\log_{10}c\,(OH^-)$ = 14 + $\log_{10}0,025$ = 12,4

Schwache Basen (z. B. Ammoniakwasser) dissoziieren nicht vollständig. Die Berechnung erfolgt ähnlich wie bei den schwachen Säuren durch pK$_B$-Werte aus einschlägigen Tabellen (**Tabelle 1**) und einer Näherungsformel:

Tabelle 1: pK$_B$-Werte einiger Basen	
Base	pK$_B$
Sulfid	1,00
Carbonat	3,60
Cyanid	4,60
Ammoniak	4,75

pH = 14 − ½ (pK$_B$ − $\log_{10}c_0$ (Base))

Beispiel 5: In 1,0 l Wasser werden 0,025 mol NH$_3$ gelöst $\rightarrow$ Ammoniakwasser $c_0 = 0,025$ mol/l. Die schwache Base hat einen pK$_B$-Wert: pK$_B = 4,75$:

$$NH_3 + H_2O \rightarrow NH_4^+ + OH^- \qquad \text{(kaum)}$$

$\rightarrow$ pH = 14 − ½ (4,75 − $\log_{10}0,025$) = 10,8

Zusammenfassung:

- Starke Säure (Richtwert: pK$_S$ < 0): pH = −$\log_{10}c_0$ (Säure)
- Schwache Säure: pH = ½ (pK$_S$ − $\log_{10}c_0$ (Säure))
- Starke Base (Richtwert: pK$_B$ < 0): pH = 14 + $\log_{10}c_0$ (Base)
- Schwache Base: pH = 14 − ½ (pK$_B$ − $\log_{10}c_0$ (Base))

Musteraufgabe: In 200 ml Wasser werden 3,5 g Ammoniumchlorid (NH$_4$Cl) gelöst. Bestimmen Sie den pH-Wert der Lösung.
$\rightarrow$ Berechnung molare Masse (vgl. PSE): M = 14,0 g/mol + 4 · 1,0 g/mol + 35,5 g/mol = 53,5 g/mol
$\rightarrow$ Berechnung der Stoffmenge: $n = m/M$ = 3,5g/53,5g/mol = 0,0654 mol
$\rightarrow$ Berechnung der Konzentration: $c = n/V$ = 0,0654 mol/0,20l = 0,327 mol/l
$\rightarrow$ Lösungsvorgang: $NH_4Cl_{(s)} \xrightarrow{H_2O} NH_4^+{}_{(aq)} + Cl^-{}_{(aq)}$. Das Chlorid-Ion ist das Salz einer starken Säure, es reagiert nicht weiter. Dagegen ist das Ammonium-Ion eine schwache Säure (pK$_S$ = 9,25).

$$NH_4^+ + H_2O \rightarrow NH_3 + H_3O^+$$

$\rightarrow$ pH = ½ (pK$_S$ − $\log_{10}c_0$ (Säure)) = ½ (9,25 − $\log_{10}0,327$)= 4,9

Der pH-Wert der Lösung beträgt etwa 4,9.

ALLES VERSTANDEN?

1. Wie ist der pH-Wert definiert?

2. Wie wird der pH-Wert einer starken (schwachen) Säure berechnet?

AUFGABE

1. In 0,20 l Wasser werden 3,5 g Chlorwasserstoff (M = 36,46 g/mol) gelöst. Bestimmen Sie die Konzentration der Säure und den pH-Wert.

2. Eine Schwefelsäure ist mit $c_0(H_2SO_4)$ = 0,050 mol/l angegeben. Berechnen Sie den pH-Wert der Lösung.

3. Als Soda wird das Salz Natriumcarbonat bezeichnet, welches sich gut in Wasser löst. Für die Herstellung von Flüssigwaschmittel wird in 2,0 l Wasser 75 g sogenanntes Kristallsoda (M = 286 g/mol) gelöst. Das Carbonat reagiert als Base zu Hydrogencarbonat (zur Vereinfachung wird die weitere Reaktion von HCO_3^- nicht weiter betrachtet). Berechnen Sie den pH-Wert des Flüssigwaschmittels.

5.3   Säure-Base-Konzept nach Brönsted

Nach der Bearbeitung dieses Abschnitts können Sie

- Säuren und Basen nach dem Brönsted-Konzept einteilen.
- auf der Teilchenebene die Eigenschaften von Säuren und Basen beschreiben.
- die strukturellen Voraussetzungen eines Teilchens beurteilen, ob es als Säure bzw. Base reagieren kann.
- die Begriffe Säure und Base von den Begriffen saure Lösung und basische Lösung gezielt abgrenzen.
- die Umkehrbarkeit der Protonenübergänge an Experimenten zeigen und die korrespondierenden Säure-Base-Paare kennzeichnen (T/ABU).

Saure Lösungen oder Laugen haben bestimmte charakteristische Eigenschaften. Diese lassen sich auf grundlegende Gemeinsamkeiten der Stoffe, welche im Wasser gelöst wurden, zurückführen. Die dabei stattfindenden Vorgänge können mit der Säure-Basen-Theorie erklären werden. So leiten saure Lösungen den elektrischen Strom (vgl. Kapitel 5.1.2) und haben einen pH-Wert kleiner als 7,0. Der Grund für diese Eigenschaften ist in der Teilchenebene zu finden – in sauren Lösungen sind Oxonium-Ionen (H_3O^+) vorhanden.

5.3.1   Die Protolyse

Beispiel: Reaktion von Chlorwasserstoff mit Wasser (**Bild 1**): Das gasförmige Wasserstoffchlorid zeigt noch keine saure Wirkung. Erst durch die Reaktion mit Wasser entsteht eine Lösung, die Lackmus rot färbt. Vom gasförmigen HCl-Molekül trennt sich ein Wasserstoff-Ion ab, H_2O nimmt dieses auf.

$$\overset{H^+}{\overbrace{HCl_{(g)} + H_2O_{(l)}}} \rightarrow Cl^-_{(aq)} + H_3O^+_{(aq)}$$

Diesen konkreten Vorgang nennt man eine Protolyse: Ein Wasserstoff-Ion (= Proton) wird abgespalten (griechisch lýsis = (Auf)lösung) und an das Wassermolekül übertragen, es findet ein

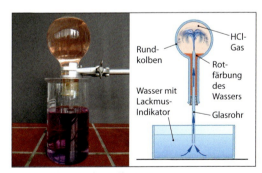

Bild 1: Chlorwasserstoff mit Wasser (Springbrunnenversuch)

Protonenübergang statt. So reagiert praktisch der gesamte gasförmige Chlorwasserstoff, im Rundkolben entsteht ein Unterdruck und Wasser strömt nach.

Wird bei einer Reaktion ein Wasserstoff-Ion (= Proton) übertragen, nennt man dies Protolyse.

Definition von Säuren und Basen nach Brönsted

Der Däne Johannes Nicolaus Brønsted (deutsche Schreibweise Brönsted) und der Engländer Thomas Lowry beschrieben 1923 unabhängig voneinander den Begriff Säure und Base nach der **Funktion**, die ein Stoff in einer chemischen Reaktion hat. So ist diese Definition nicht mehr an eine Stoffgruppe gebunden, sie beschreibt vielmehr einen chemischen Vorgang. Stoffe, die bei einer chemischen Reaktion ein Proton abgeben, werden demnach als Säuren bezeichnet. Chlorwasserstoff gibt beispielsweise bei der Reaktion mit Wasser ein Proton an das H_2O ab. Es ist in dieser Reaktion nach Brönsted eine Säure.

Eine Säure ist ein Stoff, der bei einer Reaktion ein Proton abgibt (= Protonendonator). Eine Base ist ein Stoff, der ein Proton aufnimmt (= Protonenakzeptor).

Ein Proton wird aber nur dann abgegeben, wenn ein anderer Stoff dieses Proton aufnimmt. Dieser Gegenpart bezeichnet Brönsted als Base. So ist Wasser im genannten Beispiel der Stoff, der das Proton aufnimmt und somit in dieser Reaktion die Base.

Ein Stoff kann nur dann als Säure reagieren, wenn eine Base vorhanden ist. Ein Protonendonator benötigt immer einen Protonenakzeptor.

Beispiel: Chlorwasserstoff als Säure mit Wasser

Ein Stoff kann nur unter bestimmten Voraussetzungen als Säure oder als Base reagieren. Die offensichtliche Voraussetzung für eine Säure ist das Vorhandensein mindestens eines Wasserstoffatoms in der Bindung. Allerdings genügt dies alleine nicht. So zeigt Methan (CH_4) trotz vier Wasserstoffatomen in der Bindung keine nennenswerte Tendenz ein Proton abzugeben, Chlorwasserstoff hingegen gibt sein Proton sehr leicht an Wasser ab (vgl. Springbrunnenversuch).

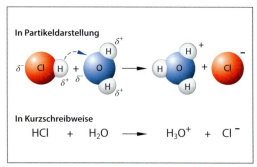

Bild 1: Vorgänge bei der Reaktion von Chlorwasserstoff mit Wasser

Die Ursache liegt an der polaren Bindung zwischen dem Wasserstoff (EN = 2,2) und dem Chlor (EN = 3,2), der Elektronegativitätsunterschied von 1,0 steht für eine starke Polarität, das bindende Elektronenpaar wird vom elektronegativeren Partner stark angezogen (**Bild 1**). Zwischen den polaren Molekülen von Chlorwasserstoff und dem Wasser wirken elektrostatische Anziehungskräfte. Bei der Reaktion wird zunächst die Bindung im HCl-Molekül gelockert und zugleich baut der positive Wasserstoff zum freien Elektronenpaar des Sauerstoffs eine Bindung auf, bis es schließlich zu einem vollständigen Protonenübergang kommt.

Nach Brönsted hat eine Säure (mindestens) ein polar gebundenes Wasserstoffatom.

Beispiel: Ammoniak als Base mit Wasser

Springbrunnenversuch: In einer Ampulle gibt man zwei bis drei kleine Spatelspitzen Ammoniumchlorid. Anschließend werden zwei Plätzchen Natriumhydroxid auf das Salz gelegt und mit ein paar Tropfen Wasser befeuchtet. Um die Gasbildung zu beschleunigen, kann man die Ampulle vorsichtig erhitzen, es darf dabei kein Wasserdampf entstehen. Das bei dieser Reaktion entstehende Ammoniak wird mit einer zweiten Ampulle aufgefangen (**Bild 1**).

Die mit dem stechend riechendem Gas befüllte Ampulle wird mit einem Stopfen, in dem eine Spritzenkanüle steckt, verschlossen. Die Öffnung der Kanüle ausreichend tief in Indikator gefärbtes Wasser halten. Nach kurzer Wartezeit strömt Wasser nach oben in die mit Gas gefüllte Ampulle.

Bild 1: Ammoniakspringbrunnen

Ammoniak löst sich ausgesprochen gut in Wasser. So entsteht in der Ampulle ein Unterdruck und Wasser strömt in das Gefäß, es entsteht ein Springbrunnen.

Der Versuch zeigt durch die Färbung des Indikators, dass eine Lauge entstanden ist. Es haben sich Hydroxid-Ionen gebildet, das Wasser hat ein Wasserstoff-Ion an den Reaktionspartner abgegeben.

In Partikeldarstellung

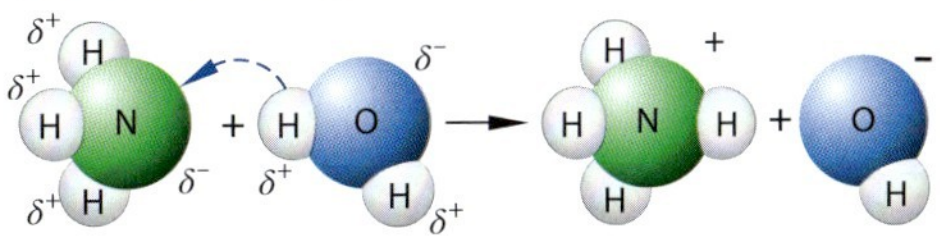

In Kurzschreibweise

$$NH_3 + H_2O \longrightarrow NH_4^+ + OH^-$$

Bild 2: Vorgänge bei der Reaktion von Ammoniak mit Wasser

> Ammoniakwasser ist eine Lauge.

Das Ammoniakmolekül zeigt bei dieser Reaktion die Eigenschaften einer Base. Treffen die beiden polaren Moleküle aufeinander, so wirken auch hier elektrostatische Anziehungskräfte (**Bild 2**).

Zunächst wird eine Bindung im Wassermolekül gelockert und zugleich baut der positive Wasserstoff zum freien Elektronenpaar des Stickstoffs eine Bindung auf, bis es schließlich zu einem vollständigen Protonenübergang kommt. Es entsteht das positiv geladene Ammonium-Ion und das negativ geladene Hydroxid-Ion. Ammoniak reagiert als Base, Wasser hier als Säure.

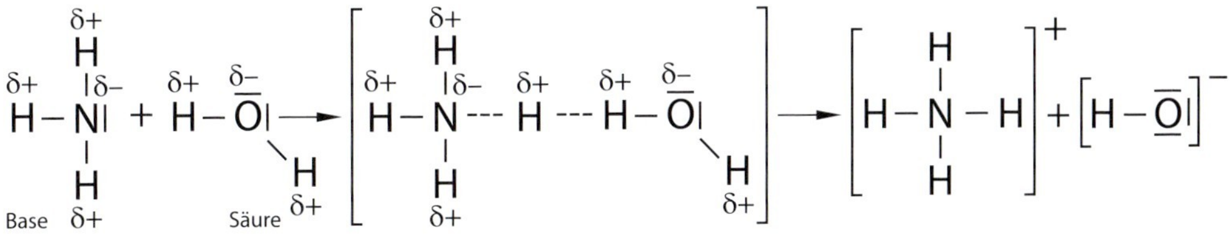

$$\delta^+ H - N_I^{|\delta^-} + H - \overline{\underline{O}}_I \longrightarrow \left[H - N^{|\delta^-} --- H --- H - \overline{\underline{O}}_I \right] \longrightarrow \left[H - N - H \right]^+ + \left[H - \overline{\underline{O}}_I \right]^-$$

Base   Säure

> Ammoniak reagiert mit Wasser als Base.

Die Voraussetzung, dass ein Stoff als Base reagieren kann, ist die Möglichkeit ein Proton aufnehmen zu können. Dazu bedarf es zum einen einer elektrostatischen Anziehung (ein negatives Ion wie das S^{2-} oder ein negativer Pol eines Dipol-Moleküls) und zum anderen muss dort mindestens ein freies Elektronenpaar vorhanden sein.

> Nach Brönsted hat eine Base (mindestens) ein freies Elektronenpaar.

Beispiel: Chlorwasserstoff als Säure mit Ammoniak als Base

Vermischen sich die Dämpfe von konzentriertem Ammoniakwasser (25 %) und konzentrierter Salzsäure (37 %), so entsteht weißer Rauch (Abzug!). Das stechend riechende gasförmige Ammoniak reagiert mit dem gasförmigen Chlorwasserstoff zu Ammoniumchlorid, welches für die weiße Farbe verantwortlich ist. Nach kurzer Zeit erkennt man am Uhrenglas auch die Bildung des Salzes als Feststoff (**Bild 1**).

Chlorwasserstoff ist in dieser Reaktion die Säure, es gibt ein Proton ab. Ammoniak nimmt dieses auf, es reagiert als Base. Nach Brönsted können Säure/Base-Reaktionen durchaus auch ohne Vorhandensein von Wasser ablaufen.

Bild 1: Dämpfe von Ammoniak (links) und Salzsäure (rechts) bilden weißen Rauch

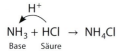

$$\overset{\displaystyle H^+}{\underset{\text{Base} \qquad \text{Säure}}{NH_3 + HCl \;\rightarrow\; NH_4Cl}}$$

> Eine Säure-Base-Reaktion nach Brönsted geht auch ohne Wasser.

Aufstellen einer Säure-Base-Reaktion

Beispiel: Kohlensäure reagiert mit Wasser. Die zweiprotonige Säure kann zwei Protonen abgeben, entsprechend verläuft die Reaktion in zwei Schritten ab. Zuerst gibt die Säure ein erstes Proton ab, es entsteht ein Hydrogencarbonat-Ion und ein Oxonium-Ion. Im zweiten Schritt entsteht ein Carbonat-Ion und erneut ein Oxonium-Ion.

1. Schritt:

$$\underset{\text{Säure} \qquad \text{Base}}{H_2CO_3 + H_2O \;\rightarrow\; HCO_3^- + H_3O^+}$$

2. Schritt:

$$\underset{\text{Säure} \qquad \text{Base}}{HCO_3^- + H_2O \;\rightarrow\; CO_3^{2-} + H_3O^+}$$

> Bei einer Säure/Base-Reaktion nach Brönsted wird nur ein Protolyseschritt durchgeführt.

Anmerkung: Das Lösen von Metallhydroxiden (z. B. Natriumhydroxid) ist im Sinne von Brönsted keine echte Säure/Base-Reaktion, da es hier zu keinem Protonenübergang kommt. Die in der Lösung vorhandenen Hydroxid-Ionen sind starke Basen in einem wässrigen System, sie nehmen Protonen auf und werden dadurch auch neu gebildet.

$$NaOH_{(s)} \xrightarrow{\;H_2O\;} Na^+_{(aq)} + OH^-_{(aq)} \qquad\qquad \text{NaOH ist nach Brönsted keine Base.}$$

$$\underset{\text{Base} \quad \text{Säure}}{OH^- + H_2O \;\rightarrow\; H_2O + OH^-} \qquad\qquad \text{Hydroxid ist hier die Base.}$$

Beim Lösen eines Salzes wie beispielsweise Natriumcarbonat findet nach dem Lösungsvorgang ebenfalls eine Säure/Base-Reaktion statt:

$$Na_2CO_{3(S)} \xrightarrow{\;H_2O\;} 2\,Na^+_{(aq)} + CO_3^{2-}{}_{(aq)} \qquad\qquad \text{Auflösen in Wasser}$$

Reaktion von Carbonat-Ionen mit Wasser:

$$\underset{\text{Base} \qquad \text{Säure}}{CO_3^{2-} + H_2O \;\rightarrow\; HCO_3^- + OH^-} \qquad\qquad \text{Carbonat ist hier die Base.}$$

Ampholyte

Um als Säure (oder als Base) reagieren zu können, wird ein Reaktionspartner wie z. B. Wasser benötigt. Der negative Bereich des Wassermoleküls zieht z. B. den positiven Wasserstoff vom Chlorwasserstoff so stark an, dass sich dieser aus dem Elektronenverband herauslöst und sich am Wassermolekül anlagert – Wasser reagiert hier als Base. Bei der Reaktion mit Ammoniak gibt das Wasser aber ein Proton ab – hier ist Wasser eine Säure. Stoffe wie Wasser, welche sowohl als Säure wie auch als Base reagieren können, werden als Ampholyte bezeichnet.

Ein Ampholyt ist ein Stoff, der je nach Reaktionspartner als Säure oder als Base reagieren kann.

Beispiel Wasser: Bei der Reaktion mit Chlorwasserstoff reagiert Wasser als Base, bei der Reaktion mit Ammoniak als Säure:

$$HCl + H_2O \rightarrow Cl^- + H_3O^+ \qquad\qquad NH_3 + H_2O \rightarrow NH_4^+ + OH^-$$

Bei der Autoprotolyse reagiert Wasser mit sich selbst als Säure bzw. als Base:

$$H_2O + H_2O \rightarrow H_3O^+ + OH^-$$

Verbindungen, die wie Wasser zur Autoprotolyse neigen, sind Ampholyte.

Beispiel Hydrogencarbonat: Bei der Reaktion mit Wasser kann das Anion sowohl als Säure, als auch als Base reagieren.

$$HCO_3^- + H_2O \rightarrow CO_3^{2-} + H_3O^+ \qquad\qquad \text{(Hydrogencarbonat als Säure)}$$
$$HCO_3^- + H_2O \rightarrow H_2CO_3 + OH^- \qquad\qquad \text{(Hydrogencarbonat als Base)}$$

ALLES VERSTANDEN?

1. Was versteht man unter dem Begriff Protolyse?

2. Was versteht man nach Brönsted unter einer Säure?

3. Worin unterscheidet sich eine saure Lösung von einer Säure nach Brönsted?

4. Welche Voraussetzungen muss ein Stoff mitbringen, um als Säure (Base) reagieren zu können?

5. Was versteht man unter einem Ampholyt?

AUFGABE

1. Stellen Sie die Reaktionsgleichung folgender Reaktionen auf und kennzeichnen Sie jeweils die Brönstedsäure und -base.
   a) Salpetersäure mit Wasser
   b) Salpetersäure mit Ammoniak
   c) Essigsäure mit Wasser

2. Schwefelsäure reagiert mit Wasser in zwei Schritten. Stellen Sie die beiden Reaktionsgleichungen auf, kennzeichnen Sie jeweils die Säure bzw. Base und benennen Sie die Produkte.

3. Calciumoxid löst sich in geringem Umfang in Wasser zu Calcium (Ca^{2+}) und dem Oxid-Ion (O^{2-}). Unverzüglich setzt eine Säure-Base-Reaktion ein. Stellen Sie die entsprechende Reaktionsgleichung auf und beurteilen Sie die entstandene Lösung bezüglich des pH-Wertes.

5.3.2   Das Säure-Base-Gleichgewicht (Ausbildungsrichtung T/ABU)

Wird in eine Petrischale konzentrierte Ammoniak-Lösung und in eine andere konzentrierte Salzsäure gegeben, so entsteht weißer Rauch, wenn diese nahe beieinander stehen. Das gasförmige Ammoniak reagiert mit dem gasförmigen Chlorwasserstoff zu dem weißen Salz Ammoniumchlorid.

$$NH_{3\,(g)} + HCl_{(g)} \rightarrow NH_4Cl_{(s)}$$

Versuch 1: Thermische Zersetzung von Ammoniumchlorid. In ein Reagenzglas gibt man eine Spatelspitze Ammoniumchlorid. An der Innenwand des Reagenzglases werden oberhalb des Salzes zwei Streifen befeuchtetes Indikatorpapier geklebt, welche durch einen Wattebausch getrennt sind. Durch Erhitzen mit dem Bunsenbrenner zersetzt sich das Salz ab 350 °C vollständig, der untere Indikatorstreifen färbt sich rot, der obere Abschnitt wird blau (**Bild 1**). Es bilden sich Ammoniak und Chlorwasserstoff:

Bild 1: Thermische Zersetzung von $NH_4Cl_{(s)}$

$$NH_4Cl_{(s)} \rightarrow NH_{3\,(g)} + HCl_{(g)}$$

Andererseits ist aber auch wieder eine weiße Rauchbildung zu beobachten, Ammoniumchlorid bildet und zersetzt sich in einer dynamischen Reaktion.

→ Der Protonenübergang bei der Synthese ist reversibel, er lässt sich rückgängig machen. Solche Reaktionen, die nach beiden Seiten ablaufen können, werden mit einem Doppelpfeil dargestellt.

$$NH_{3\,(g)} + HCl_{(g)} \rightleftharpoons NH_4Cl_{(s)}$$

Reaktionen, die in beide Richtungen ablaufen, werden mit einem Doppelpfeil dargestellt.

Versuch 2: Auf ein Uhrenglas wird eine Spatelspitze Ammoniumchlorid in Wasser gelöst. Gibt man dieser Lösung ein Plätzchen Natriumhydroxid zu, so ergibt die Geruchsprobe Ammoniak. Jeweils ein mit Wasser angefeuchtetes Indikatorpapier wird an die Innen- und Außenseite eines zweiten Uhrenglases angebracht. Das so präparierte Glas wird nun als Deckel verwendet. Nach kurzer Zeit färbt sich das innere Indikatorpapier blau. Das Natriumhydroxid setzt Ammoniak frei, die so genannte „Kreuzprobe" verläuft positiv (**Bild 2**).

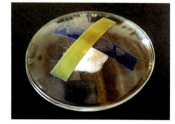

Auflösen von Ammoniumchlorid und Natriumhydroxid in Wasser:

$$NH_4Cl_{(s)} \xrightarrow{H_2O} NH_4^+{}_{(aq)} + Cl^-{}_{(aq)}$$
$$NaOH_{(s)} \xrightarrow{H_2O} Na^+{}_{(aq)} + OH^-{}_{(aq)}$$

Bild 2: positive Kreuzprobe

Die eigentliche Reaktion geschieht bei dem Zusammentreffen des Ammonium-Ions mit dem Hydroxid-Ion. Dabei gibt das Ammonium ein Proton ab, es fungiert als Säure, und das Hydroxid nimmt das Proton auf: Es ist in der Reaktion die Base.

$$\underset{\text{Säure}}{NH_4^+} + \underset{\text{Base}}{OH^-} \rightarrow NH_3 + H_2O$$

Das Ammonium-Ion reagiert als Säure mit dem Hydroxid-Ion.

Zugleich zeigt die Blaufärbung des Indikatorpapiers eine Lauge an. Das gasförmige Ammoniak reagiert mit dem Wasser zu Ammonium und Hydroxid. Diese Reaktion von Ammoniak mit Wasser ist schon vom Springbrunnenversuch (Kapitel 5.3.1) bekannt. $NH_3 + H_2O \rightarrow NH_4^+ + OH^-$

Die Reaktion verläuft also in beide Richtungen und wird entsprechend mit einem Doppelpfeil gekennzeichnet.

$$NH_3 + H_2O \rightleftharpoons NH_4^+ + OH^-$$
Base 1   Säure 2   Säure 1   Base 2

Bei der Betrachtung der Reaktion erkennt man, dass sich das NH_4^+ und das NH_3 nur um ein Proton unterscheiden, aus der Saure wird eine Base und umgekehrt. Dies wird korrespondierendes Säure-Base-Paar genannt. Dasselbe gilt bei dieser Reaktion aber auch für das Wasser, das zweite korrespondierende Säure-Base-Paar ist hier H_2O und OH^- (**Bild 1**).

Allgemein lässt sich das Funktionsschema wie folgt darstellen: Durch die Abgabe eines Protons (H^+) wird die Säure zur Base, dieses Paar ist korrespondierend. Damit diese Reaktion ablaufen kann, wird noch ein zweites korrespondierendes Säure-Base-Paar benötigt (**Bild 2**).

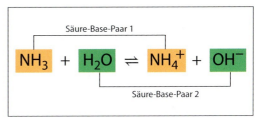

Bild 1: korrespondierende Säure-Base-Paare

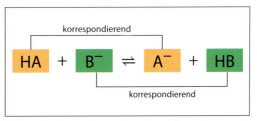

Bild 2: Funktionsschema korrespondierender Säure-Base-Paare

Anmerkung: Aus einer starken Säure wird eine entsprechend schwache Base, die Rückreaktion findet dann kaum statt. So verläuft die Reaktion $HCl + H_2O \rightleftharpoons Cl^- + H_3O^+$ praktisch nur von links nach rechts. Bei den starken Säuren Schwefelsäure und Salpetersäure (negativer pK_S-Wert) verhält es sich ebenso (**Tabelle 1**).

Tabelle 1: Einige wichtige korrespondierende Säure-Base-Paare

Säure HA		pK_S	Base A^-		pK_B
Chlorwasserstoff	HCl	–7	Chlorid	Cl^-	21
Schwefelsäure	H_2SO_4	–3	Hydrogensulfat	HSO_4^-	17
Oxonium	H_3O^+	–1,74	Wasser	H_2O	15,74
Salpetersäure	HNO_3	–1,32	Nitrat	NO_3^-	15,32
Hydrogensulfat	HSO_4^-	1,92	Sulfat	SO_4^{2-}	12,08
Phosphorsäure	H_3PO_4	2,12	Dihydrogenphosphat	$H_2PO_4^-$	11,88
Flusssäure	HF	3,14	Fluorid	F^-	10,86
Ameisensäure	HCOOH	3,75	Formiat	$HCOO^-$	10,25
Essigsäure	CH_3COOH	4,75	Acetat	CH_3COO^-	9,25
Kohlensäure	H_2CO_3	6,52	Hydrogencarbonat	HCO_3^-	7,48
Dihydrogenphosphat	$H_2PO_4^-$	7,20	Hydrogenphosphat	HPO_4^{2-}	6,80
Ammonium	NH_4^+	9,25	Ammoniak	NH_3	4,75
Hydrogencarbonat	HCO_3^-	10,40	Carbonat	CO_3^{2-}	3,60
Hydrogenphosphat	HPO_4^{2-}	12,36	Phosphat	PO_4^{3-}	1,64
Wasser	H_2O	15,74	Hydroxid	OH^-	–1,74
Hydroxid	OH^-	24	Oxid	O^{2-}	–10
pK_S und pK_B-Werte bei 22 °C					

ALLES VERSTANDEN?

1. Weshalb werden Säure-Base-Reaktionen häufig mit einem Doppelpfeil dargestellt?

2. Was versteht man unter einem korrespondierenden Säure-Base-Paar?

AUFGABEN

1. Vervollständigen Sie folgende korrespondierende Säure-Base-Paare:

   a) NH_4^+ / ....
   b) .... / CN^-
   c) HBr / ....

   d) H_2SO_3 / ....
   e) HS^- / ....
   f) .... / CO_3^{2-}

   g) .... / $CHOO^-$
   h) OH^- / ....
   i) .... / HPO_4^{2-}

2. In wässriger Lösung reagiert in folgenden Beispielen das erstgenannte Teilchen als Säure. Erstellen Sie für die Säure-Base-Reaktion die Reaktionsgleichung. Kennzeichnen Sie die korrespondierenden Säure-Base-Paare!

   a) $H_2SO_4 + NH_3$
   b) $NH_4^+ + ClO^-$
   c) $HNO_3 + CN^-$

   d) $COOH + OH^-$
   e) $HPO_4^{2-} + CH_3COO^-$
   f) $H_2S + PO_4^{3-}$

   g) $HCO_3^- + O^{2-}$
   h) $HBr + OH^-$
   i) $HSO_3^- + NH_2^-$

5.4   Die Neutralisation

Nach der Bearbeitung dieses Abschnitts können Sie

- die Reaktion einer sauren mit einer basischen Lösung als Neutralisationsreaktion beschreiben.
- Neutralisationsgleichungen auf Stoffebene aufstellen.
- saure und basische Lösungen neutralisieren und sie fachgerecht entsorgen.

Die Abwasserverordnung regelt, dass in die Kanalisation eingeleitete Abwässer an der Einleitungsstelle den pH-Wert von 6,0 nicht unterschreiten und von 9,0 nicht überschreiten dürfen. Einige Säuren oder Laugen wie Salzsäure oder Natronlauge können nach einer Vorbehandlung, sprich einer Neutralisation, im Abguss entsorgt werden. Salpetersäure gilt als gefährlicher Abfall und darf deshalb nicht in die Kanalisation geleitet werden. Sie muss neutralisiert in einem Sammelbehälter der Entsorgung zugeführt werden.

Salzbildung durch Neutralisation

Vermischt man eine saure Lösung mit einer Lauge im richtigen Verhältnis, so hebt die Lauge die Wirkung der sauren Lösung auf (und umgekehrt), die Lösungen neutralisieren sich gegenseitig. Beispiel: Werden exakt 100 ml verdünnte Salzsäure mit einer Konzentration von 1,0 mol/l mit exakt 100 ml Natronlauge der gleichen Konzentration gemischt, so entsteht eine Lösung mit neutralem pH-Wert, in dem das Salz Natriumchlorid gelöst ist. (**Bild 1**).

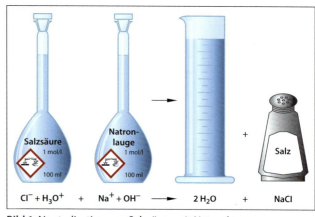

$$Cl^- + H_3O^+ \quad + \quad Na^+ + OH^- \longrightarrow 2\,H_2O \quad + \quad NaCl$$

Bild 1: Neutralisation von Salzsäure mit Natronlauge

Unter Neutralisation versteht man das Aufheben der Wirkungen von sauren oder basischen Lösungen.

Starke Säure mit einer starken Lauge neutralisiert. Versuch: In einem Erlenmeyerkolben mit 100 ml Salzsäure der Konzentration 0,1 mol/l gibt man einige Tropfen Universalindikator, die saure Lösung färbt den Indikator rot. Es wird nach und nach Natronlauge mit der Konzentration 1,0 mol/l zugetropft, der Magnetrührer sorgt für eine gute Durchmischung. Nach einiger Zeit schlägt die Farbe des Indikators um. Diesen Punkt nennt man **Äquivalenzpunkt**, der pH-Wert beträgt 7.

Auf der Bürette kann der Verbrauch der Lauge mit 10 ml abgelesen werden. Dampft man die Lösung ab, so bleibt weißes Kochsalz (NaCl) zurück. Diese Arbeitsweise wird als **Titration** bezeichnet (**Bild 1**).

Bei dem Anwendungsbeispiel bleibt der pH-Wert lange niedrig. Erst kurz vor dem Äquivalenzpunkt zeigt sich eine nennenswerte Änderung (**Bild 2**). Titriert man darüber hinaus, so steigt der pH-Wert in einen hohen Bereich. Liegen Lauge und Säure im richtigen stöchiometrischen Verhältnis vor, so neutralisieren sich die Säure und die Base bei einem pH-Wert von pH = 7.

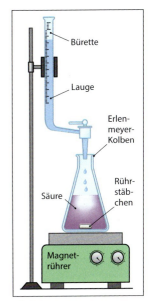

Bild 1: Titration

Beim Äquivalenzpunkt sind die Stoffmengen von Hydroxid und Oxonium gleich groß.

Die H_3O^+-Ionen der Salzsäure und die OH^--Ionen der Natronlauge reagieren zu Wasser. Die Neutralisation ist eine Säure/Base-Reaktion: Das Oxonium-Ion gibt ein Proton ab, es reagiert als Säure. Das Hydroxid-Ion nimmt dieses Proton auf, es reagiert als Base. Das Chlorid-Anion und das Natrium-Kation sind bei der Reaktion nicht beteiligt.

Neutralisationsgleichung: $H_3O^+ + OH^- \rightarrow 2H_2O$
                            Säure   Base

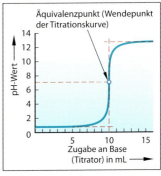

Bild 2: Titrationskurve

Saure Lösung + Lauge → Wasser + Salz

Die Reaktion kann als Stoffgleichung oder als Ionengleichung formuliert werden:

Stoffgleichung: HCl $+ NaOH$ $\rightarrow NaCl + H_2O$
Ionengleichung: $H_3O^+ + Cl^- + Na^+ + OH^- \rightarrow Na^+ + Cl^- + 2H_2O$

Bei der Neutralisation gleichen sich Oxonium- und Hydroxid-Ionen aus:

Beispiel: Zu 20 ml Schwefelsäure der Konzentration 0,10 mol/l wird Natronlauge der Konzentration (0,10 mol/l) langsam und tropfenweise zugegeben (= titriert), bis die Lösung den pH-Wert 7 erreicht hat. Der Verbrauch an Lauge beträgt 40 ml.

Stoffgleichung: H_2SO_4 + $2NaOH$ $\rightarrow$ Na_2SO_4 $+ 2H_2O$
Ionengleichung: $2H_3O^+ + SO_4^{2-} + 2Na^+ + 2OH^- \rightarrow 2Na^+ + SO_4^{2-}$ $+ 4H_2O$

Aus den Gleichungen ist ersichtlich, dass zur Neutralisation von einem Mol Schwefelsäure zwei Mol Natronlauge erforderlich sind, denn die Schwefelsäure liefert bei der Protolyse zwei Oxonium-Ionen pro Molekül. ($H_2SO_4 + 2H_2O \rightarrow 2H_3O^+ + SO_4^{2-}$)

Anmerkung: Nur wenn eine starke Säure mit einer starken Base vermischt wird, dann ist der Äquivalenzpunkt auch bei pH = 7. Grund: Das Salz einer schwachen Säure (bzw. Base) reagiert selbst als Base (bzw. Säure).

Das Aufstellen der Neutralisationsgleichung

Um die Stoffgleichung der Neutralisation aufzustellen, muss das Augenmerk auf die Anzahl der Protonen und der Hydroxid-Ionen gelegt werden. Ein Proton ergibt zusammen mit einem Hydroxid-Ion ein Wassermolekül. Das Kation der Lauge und der Säurerest bleiben als gelöstes Salz zurück.

Lauge + Säure → Wasser + Salz

Beispiel 1: Natronlauge wird mit Salzsäure neutralisiert, es entstehen Wasser und Natriumchlorid.

$$NaOH + HCl \rightarrow H_2O + NaCl$$

Bei der Neutralisation einer Lauge mit einem OH^--Ion mit einer einprotonigen Säure (mit einem H) geht die Stoffgleichung glatt auf.

Beispiel 2: Eine Lösung von Magnesiumhydroxid wird mit Salpetersäure neutralisiert, es entstehen Wasser und Magnesiumnitrat.

$$Mg(OH)_2 + 2\,HNO_3 \rightarrow 2\,H_2O + Mg(NO_3)_2$$

Bei der Neutralisation einer Lauge mit zwei OH^--Ionen mit einer einprotonigen Säure muss die Stoffgleichung ausgeglichen werden. Es wird je OH^- ein Proton benötigt, von der Säure muss die doppelte Stoffmenge genommen werden.

Beispiel 3: Kalilauge wird mit Schwefelsäure neutralisiert, es entstehen Wasser und Kaliumsulfat.

$$2\,KOH + H_2SO_4 \rightarrow 2\,H_2O + K_2SO_4$$

Bei der Neutralisation einer Lauge mit einem OH^--Ion mit einer zweiprotonigen Säure (mit zwei H) muss von der Lauge die doppelte Stoffmenge genommen werden.

Beispiel 4: Natronlauge wird mit Phosphorsäure neutralisiert, es entstehen Wasser und Natriumphosphat.

$$3\,NaOH + H_3PO_4 \rightarrow 3\,H_2O + Na_3PO_4$$

Bei der Neutralisation einer Lauge mit einem OH^--Ion mit einer dreiprotonigen Säure (mit drei H) muss von der Lauge die dreifache Stoffmenge genommen werden.

Zusammenfassung: Die Salze, welche bei der Neutralisation entstehen, bestehen aus einem Anion und einem Säurerest. Beim Aufstellen einer Salzformel müssen die Ladungen der Anionen und der Kationen berücksichtigt werden. Die Ladung des Säurerestes kann an der Zahl der H-Atome der Säure abgelesen werden, die Ladung der Metall-Ionen entspricht bei Hauptgruppenelementen der Hauptgruppennummer bzw. der Anzahl an OH-Ionen.

Saure oder basische Lösungen fachgerecht entsorgen

In die Kanalisation eingeleitete Abwässer dürfen den pH-Wert von 6,0 nicht unterschreiten und von 9,0 nicht überschreiten. Salpetersäure soll neutralisiert in einem Sammelbehälter der Entsorgung zugeführt werden.

Beispiel 1: Bei einem Experiment sind 20 ml Salpetersäure mit der Konzentration $c\,(HNO_3) = 1,0$ mol/l übrig geblieben und sollen entsorgt werden. Die einfachste Möglichkeit wäre 20 ml Natronlauge oder Kalilauge derselben Konzentration ($c = 1,0$ mol/l) zuzugeben:

Neutralisationsgleichung: $NaOH + HNO_3 \rightarrow NaNO_3 + H_2O$

→ Auf ein Mol Salpetersäure kommt ein Mol Natronlauge.

Sollte aber nur Natronlauge mit der Konzentration von $c(NaOH) = 0,1$ mol/l vorliegen, so benötigt man die 10-fache Menge: 200 ml.

Die neutrale Salzlösung in den Sammelbehälter für anorganische Salzlösungen geben (**Bild 1**).

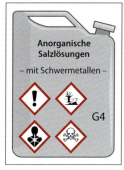

Beispiel 2: Bei einem Experiment sind 30 ml Natronlauge mit der Konzentration $c(NaOH) = 1,0$ mol/l übrig geblieben und sollen entsorgt werden. Zur Neutralisation steht Schwefelsäure der Konzentration $c(H_2SO_4) = 1,0$ mol/l zur Verfügung. Achtung: Schwefelsäure ist eine zweiprotonige Säure!

Neutralisationsgleichung: $2\,NaOH + H_2SO_4 \rightarrow Na_2SO_4 + 2\,H_2O$

Bild 1: Sammelbehälter

→ Auf ein Mol Schwefelsäure kommen zwei Mol Natronlauge.
→ Für 30 ml Natronlauge werden nur 15 ml Schwefelsäure der gleichen Konzentration benötigt.

Die neutrale Salzlösung kann im Ausguss entsorgt werden.

Beispiel 3: Bei einem Experiment sind 30 ml Salzsäure mit einer unbekannten Konzentration übrig geblieben und sollen entsorgt werden. Zur Neutralisation steht Natronlauge zur Verfügung. Die Menge an benötigter Lauge ist unbekannt. Hier wird über den pH-Wert neutralisiert. Entweder ein paar Tropfen Universalindikator zugeben und langsam unter Umrühren die Lauge zugeben bis die Farbe umschlägt oder mit einem pH-Tester den Wert überwachen und ebenfalls die Lauge zugeben bis der Wert auf pH = 7 springt.

Die neutrale Salzlösung kann im Ausguss entsorgt werden.

Anmerkung: Zum Abschätzen der Säurekonzentration kann der pH-Wert gemessen werden. Bei pH = 0 beträgt die Konzentration 1 mol/l, bei pH = 1 sind es 0,1 mol/l und bei pH = 2 nur noch 0,01 mol/l. Dennoch ist es ist so praktisch nicht möglich, pH = 7 zu treffen, da bereits ein Tropfen zuviel an Lauge den pH-Wert in die Höhe treibt. Das ist jedoch kein Problem, eine schwach basische Lösung ist der sauren zu bevorzugen.

Unbekannte Konzentration einer sauren oder alkalischen Lösung bestimmen (Exkurs)

Mithilfe der Neutralisation und der damit verbundenen gleichen Konzentration von Oxonium- und Hydroxid-Ionen lässt sich recht einfach eine unbekannte Konzentration einer sauren oder basischen Lösung bestimmen.

Beispiel 1: Es liegen 30 ml Natronlauge mit unbekannter Konzentration vor. Es wird nach und nach Salpetersäure mit bekannter Konzentration $c(HNO_3) = 1,0$ mol/l zugegeben, bis der Äquivalenzpunkt erreicht und die Lösung neutral ist. Der Verbrauch an Salpetersäure wird mit 7,5 ml abgelesen.

Neutralisationsgleichung: $NaOH + HNO_3 \rightarrow NaNO_3 + H_2O$

→ Für die Neutralisation von einem Mol Natriumhydroxid wird ein Mol Salpetersäure benötigt.
→ Verbrauch der Stoffmenge an Salpetersäure: $n(HNO_3) = 7,5$ ml $\cdot$ 1,0 mol/l = 7,5 mmol
→ Stoffmenge an Natriumhydroxid: $n(NaOH) = 7,5$ mmol

→ Konzentration der Natriumhydroxid: $c(NaOH) = \dfrac{n(NaOH)}{V} = \dfrac{7,5\ mmol}{30\ ml} = 0,25$ mol/l

Beispiel 2: Es liegen 40 ml Schwefelsäure mit unbekannter Konzentration vor. Es wird nach und nach Kalilauge mit bekannter Konzentration $c(KOH) = 1,0$ mol/l zugegeben, bis der Äquivalenzpunkt erreicht und die Lösung neutral ist. Der Verbrauch an Kalilauge wird mit 10 ml abgelesen.

Neutralisationsgleichung: $2\,KOH + H_2SO_4 \rightarrow K_2SO_4 + 2\,H_2O$

→ Für die Neutralisation von einem Mol Schwefelsäure werden zwei Mol Kalilauge benötigt.

→ Verbrauch der Stoffmenge an Kalilauge: $n(KOH) = 10\,ml \cdot 1{,}0\,mol/l = 10\,mmol$

→ Stoffmenge an Schwefelsäure: $n(H_2SO_4) = 10\,mmol : 2 = 5{,}0\,mmol$

→ Konzentration der Schwefelsäure: $c(H_2SO_4) = \dfrac{n(H_2SO_4)}{V} = \dfrac{5{,}0\,mmol}{40\,ml} = 0{,}125\,mol/l$

ALLES VERSTANDEN?

1. Was entsteht, wenn man eine saure Lösung und eine Lauge im richtigen Verhältnis mischt?

2. Welche Aussage bezüglich der Oxonium-Ionenkonzentration gilt am Äquivalenzpunkt?

AUFGABE

1. Übernehmen Sie das Schema auf ein Blatt und vervollständigen Sie folgende Reaktionsgleichungen:

				Name des Salzes
1 KOH	+ 1 HCl	→ KCl	+ H_2O	Kaliumchlorid
... NaOH	+ ... H_2SO_4	→	+	....
... LiOH	+ ... HNO_3	→	+	....
... $Ba(OH)_2$	+ ... CH_3COOH	→	+	....
... $Ca(OH)_2$	+ ... CHOOH	→	+	....
....	+	→	+	Calciumnitrat
....	+	→	+	Kaliumbromid
....	+	→	+	....
Kalilauge	Phosphorsäure			
....	+	→	+	....
Kalkwasser	Flusssäure			
....	+	→	+	....
Natronlauge	Kohlensäure			
....	+	→	+	....
Aluminiumhydroxid	Salpetersäure			

2. Beschreiben Sie das Vorgehen bei der Entsorgung von:
   a) 50 ml Natronlauge mit der Konzentration 1,0 mol/l.
   b) 30 ml Salpetersäure mit einem pH-Wert von 1,5.
   c) 20 ml Schwefelsäure mit einer Konzentration von 0,5 mol/l.

3. Bei der Neutralisation von 15 ml Salpetersäure wurden 3,0 ml Bariumhydroxid mit einer Konzentration $c(Ba(OH)_2) = 1{,}0\,mol/l$ verbraucht. Berechnen Sie die Konzentration der Salpetersäure in der vorgegebenen Lösung.

6   Organische Chemie

Nach der Bearbeitung dieses Kapitels werden Sie

- funktionelle Gruppen der organischen Chemie kennen,
- organische Moleküle mit funktionellen Gruppen mithilfe der Nomenklatur benennen können,
- die säurekatalysierte Esterkondensation aus Alkoholen und Carbonsäuren kennen,
- einige wichtige Ester kennen,
- wissen, wie man Ester im Labor herstellen kann,
- die Eignung eines Stoffes als Lösungsmittel für organische Substanzen beurteilen und dies mithilfe der Molekülstruktur begründen können,
- die Bedeutung von Erdöl und Erdölprodukten im Alltag und für die Technik beurteilen und die Konsequenzen des Einsatzes für die Umwelt abschätzen können,
- die Reaktionsgleichung zur Bildung eines Fettmoleküls aus einem Glycerinmolekül und drei Fettsäuremolekülen kennen,
- zwischen gesättigten und ungesättigten Fettsäuren unterscheiden können,
- die Eigenschaften von Fetten und Ölen verstehen,
- die Verseifung von Fetten zu Seifen nachvollziehen können.

6.1   Funktionelle Gruppen und deren Benennung

Nach der Bearbeitung dieses Abschnitts können Sie

- funktionelle Gruppen der organischen Chemie unterscheiden und benennen.
- organische Moleküle mit funktionellen Gruppen mithilfe der Nomenklatur benennen.

Viele organische Moleküle enthalten nicht nur Kohlenstoff und Wasserstoff, sondern auch noch andere Elemente. Dabei kommen Sauerstoff, Stickstoff, Schwefel und Halogene am häufigsten vor. Da diese Elemente die physikalischen und chemischen Eigenschaften der Verbindungen stark beeinflussen, werden sie als funktionelle Gruppen bezeichnet. Nach diesen Merkmalen fasst man Stoffe zu Stoffgruppen zusammen.

Tabelle 1 auf Seite 156 zeigt eine Übersicht der funktionellen Gruppen, die nach <u>abnehmender</u> Priorität geordnet sind.

Die Skelettformel (Gerüstformel)

In Skelettformeln wird das Vorhandensein der C-Atome und H-Atome nicht dargestellt, sondern automatisch vorausgesetzt. Die Darstellung des Kohlenstoffgerüstes erfolgt über das Zeichnen der Bindungen zwischen den Kohlenstoffatomen. Dabei stellt jede Ecke der Kette ein Kohlenstoffatom dar (**Bild 1**).

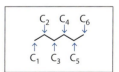

Bild 1: Skelettformel des Hexans

Da Kohlenstoffatome vier Atombindungen (Elektronenpaarbindungen) ausbilden, kann die Anzahl der angelagerten Wasserstoffatome bestimmt werden.

So besitzt das in **Bild 1** mit „C1" bezeichnete Kohlenstoffatom nur eine Bindung, also müssen drei Wasserstoffatome an dieses Kohlenstoffatom gebunden sein (**Bild 2**).

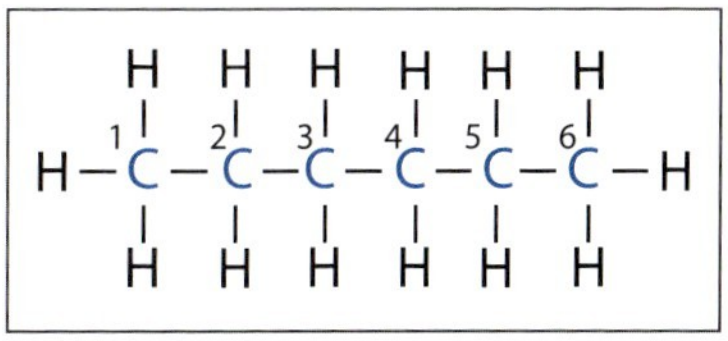

$$H-\underset{\underset{H}{|}}{\overset{\overset{H}{|}}{C}}_1-\underset{\underset{H}{|}}{\overset{\overset{H}{|}}{C}}_2-\underset{\underset{H}{|}}{\overset{\overset{H}{|}}{C}}_3-\underset{\underset{H}{|}}{\overset{\overset{H}{|}}{C}}_4-\underset{\underset{H}{|}}{\overset{\overset{H}{|}}{C}}_5-\underset{\underset{H}{|}}{\overset{\overset{H}{|}}{C}}_6-H$$

Bild 2: Strukturformel des Hexans

Tabelle 1: Übersicht der funktionellen Gruppen

Stoffklasse	Funktionelle Gruppe	Präfix	Suffix
Carbonsäure	$\begin{smallmatrix} & O \\ & \| \\ & C \\ R & OH \end{smallmatrix}$	Carboxy-	-säure
Ester	$\begin{smallmatrix} & O \\ & \| \\ & C & R^2 \\ R^1 & O \end{smallmatrix}$	Alkyloxycarbonyl-	-oat -ester (Trivialname)
Aldehyde	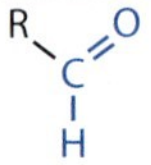 $\begin{smallmatrix} R & O \\ & C \\ & H \end{smallmatrix}$	Oxo-	-al
Ketone	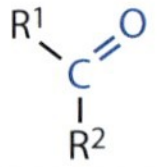 $\begin{smallmatrix} R^1 & O \\ & C \\ & R^2 \end{smallmatrix}$	Oxo-	-on
Alkohole	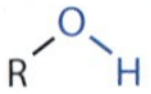 $\begin{smallmatrix} & O \\ R & H \end{smallmatrix}$	Hydroxy-	-ol
Amine	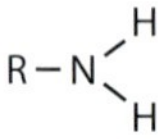 $\begin{smallmatrix} & & H \\ R-N \\ & & H \end{smallmatrix}$	Amino-	-amin

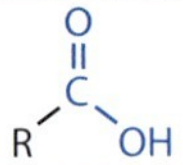

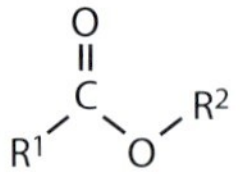

Für die Benennung benötigt man Präfixe und Suffixe. Dabei wird der Name des Moleküls folgendermaßen aufgebaut:

Präfix – Stammname – Suffix

Der Stammname entspricht der Kohlenstoffkette des Moleküls.

Das Suffix gibt die funktionelle Gruppe mit der höchsten Priorität an.

(Griechische Zahlwörter vor Suffixen werden hinzugefügt, falls eine funktionelle Gruppe mehrfach im Molekül vorhanden ist).

Das Präfix gibt weitere funktionelle Gruppen mit niedrigerer Priorität an.

(Verschiedene Präfixe werden in alphabetischer Reihenfolge angegeben. Ziffern vor einem Präfix geben die Position des Kohlenstoffs an, an den die funktionelle Gruppe gebunden ist. Griechische Zahlwörter vor Präfixen werden hinzugefügt, falls eine funktionelle Gruppe mehrfach im Molekül vorhanden ist).

Beispiel (vgl. **Bild 1**).

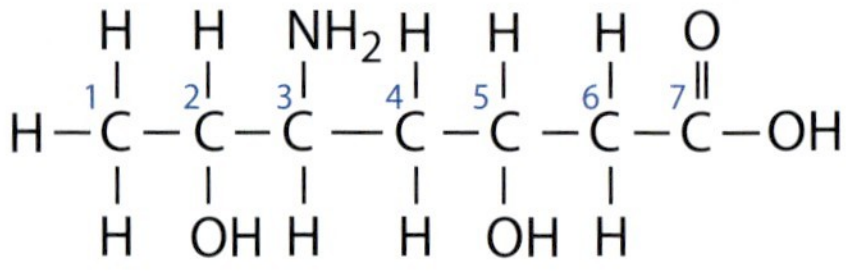

Bild 1: Beispiel

1. Die längste Kette wird benannt:

Heptan

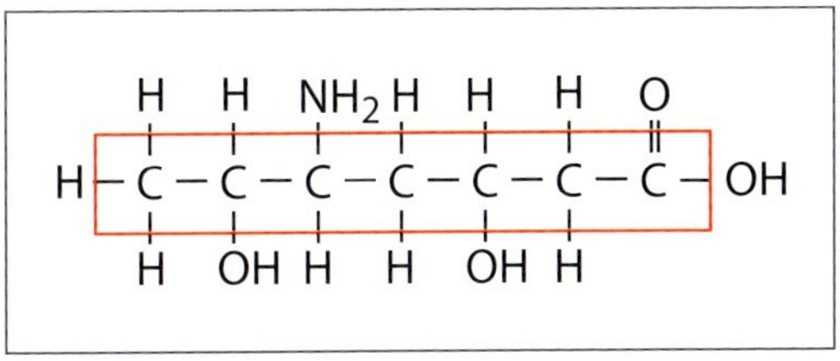

Bild 1: Stammname

2. Die funktionelle Gruppe mit der höchsten Priorität wird als Suffix angehängt:

Heptansäure

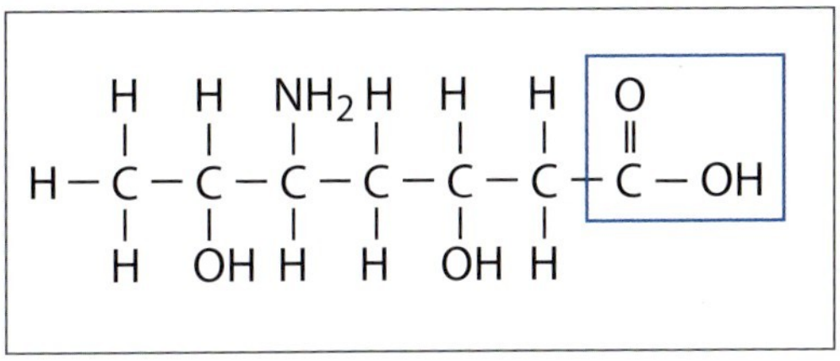

Bild 2: Suffix

3. Die drei weiteren funktionellen Gruppen werden alphabetisch geordnet (Amino- vor -hydroxy) und als Präfix vorangestellt:

3-Amino-2,5-dihydroxyheptansäure

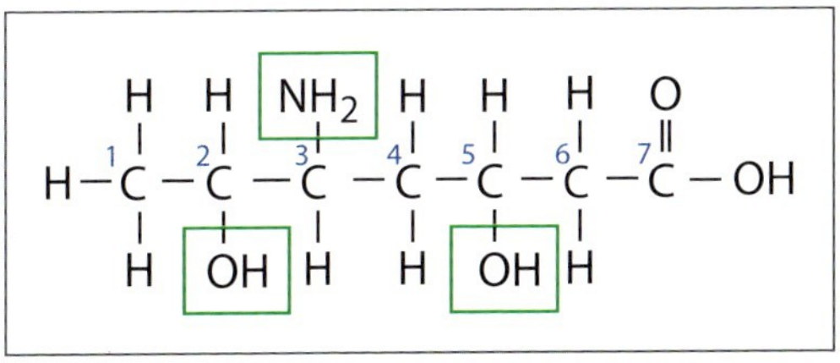

Bild 3: Präfix

Ester entstehen bei der Reaktion einer Carbonsäure mit einem Alkohol. Abgeleitet davon gibt es für die Benennung der Ester zwei gängige Nomenklatursysteme.

Die **systematische** Nomenklatur stellt den Alkoholrest voran. Dabei wird bei der Benennung des Esters an die Grundstruktur der Carbonsäure die Silbe -oat angehängt. Der Alkohol wird als Suffix vorangestellt.

Beispiel:

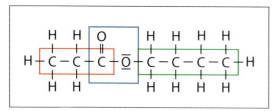

Bild 1: Benennung von Estern nach der systematischen Nomenklatur

Benennung von Estern

Beispiel:

1. Benennung der Kohlenstoffkette der Säure:
   Propan

2. Suffix (-oat) anhängen:
   Propanoat

3. Der Alkylrest des Alkohols wird mit der Endsilbe -yl als Präfix ergänzt:
   Butylpropanoat

Im **deutschen Sprachraum** erfolgt die Namensgebung in der Regel über die Ausgangssäure. Dabei wird der Name der Säure vorangestellt und der Alkyl-Rest des beteiligten Alkohols folgt. Anschließend wird die Bezeichnung Ester angehängt.

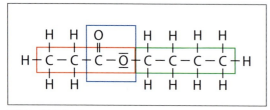

Bild 2: Übliche Benennung von Estern

1. Alkylrest des Alkohols mit der Endsilbe -yl anhängen:
   butyl

2. Suffix (-ester) anhängen:
   butylester

3. Name der Säure voranstellen:
   Propansäurebutylester

Häufig wird bei Estern auch der Trivialname verwendet. So wird der Ester aus der Reaktion von Propansäure und Butanol (Alkylrest = 'butyl') als Propionsäurebutylester bezeichnet.

Zusammengefasst bedeutet dies: Entweder man nennt zuerst den Alkoholrest und hängt dann die Endung -oat an den Wortstamm des Säurerestes an oder man nennt erst die Säure, dann den Wortstamm des Alkoholrestes und schließlich die Endung -ester. Butylpropanoat und Propansäurebutylester sind also ein und dasselbe.

ALLES VERSTANDEN?

1. Welche funktionellen Gruppen gibt es?

2. Welche funktionellen Gruppen enthalten ein Sauerstoffatom?

3. Welche Möglichkeiten gibt es Ester zu benennen?

AUFGABEN:

1. Benennen Sie folgende funktionelle Gruppen:

a)
$$R - C \underset{H}{\overset{O}{\lessgtr}}$$

b)
$$R - C \underset{O-H}{\overset{O}{\lessgtr}}$$

c)
$$R_1 - \overset{\overset{\displaystyle H}{|}}{\underset{\underset{\displaystyle H}{|}}{C}} - \overset{\overset{\displaystyle O}{\|}}{C} - \overset{\overset{\displaystyle H}{|}}{\underset{\underset{\displaystyle H}{|}}{C}} - R_2$$

d)
$$R - N \underset{H}{\overset{H}{\lessgtr}}$$

2. Benennen Sie folgende Moleküle:

a)
$$H - \overset{\overset{\displaystyle H}{|}}{\underset{\underset{\displaystyle H}{|}}{C}} - \overset{\overset{\displaystyle O}{\|}}{C} - \overline{O} - \overset{\overset{\displaystyle H}{|}}{\underset{\underset{\displaystyle H}{|}}{C}} - \overset{\overset{\displaystyle H}{|}}{\underset{\underset{\displaystyle H}{|}}{C}} - H$$

b)
$$H - \overset{\overset{\displaystyle H}{|}}{\underset{\underset{\displaystyle H}{|}}{C}} - \overset{\overset{\displaystyle OH}{|}}{\underset{\underset{\displaystyle H}{|}}{C}} - \overset{\overset{\displaystyle H}{|}}{\underset{\underset{\displaystyle OH}{|}}{C}} - \overset{\overset{\displaystyle O}{\|}}{\underset{\underset{\displaystyle H}{|}}{C}} - \overset{\overset{\displaystyle H}{|}}{\underset{\underset{\displaystyle H}{|}}{C}} - H$$

c)
$$H - \overset{\overset{\displaystyle H}{|}}{\underset{\underset{\displaystyle H}{|}}{C}} - \overset{\overset{\displaystyle NH_2}{|}}{\underset{\underset{\displaystyle H}{|}}{C}} - \overset{\overset{\displaystyle H}{|}}{\underset{\underset{\displaystyle H}{|}}{C}} - \overset{\overset{\displaystyle O}{\|}}{C} - OH$$

d)
$$- \overset{\overset{\displaystyle H}{|}}{\underset{\underset{\displaystyle H}{|}}{C}} - \overset{\overset{\displaystyle OH}{|}}{\underset{\underset{\displaystyle H}{|}}{C}} - \overset{\overset{\displaystyle}{|}}{\underset{\underset{\displaystyle H}{|}}{C}} - \overset{\overset{\displaystyle NH_2}{|}}{\underset{\underset{\displaystyle H}{|}}{C}} - \overset{\overset{\displaystyle}{|}}{\underset{\underset{\displaystyle H}{|}}{C}} - C \underset{H}{\overset{O}{\lessgtr}}$$

6.2   Esterkondensation (= Esterbildung)

Nach Bearbeitung dieses Abschnitts können Sie:

- die Reaktionsgleichung für säurekatalysierte Esterkondensation aus Alkoholen und Carbonsäuren aufstellen,
- einige wichtige Ester nennen,
- Ester im Labor herstellen.

Ester bilden in der Chemie eine Stoffgruppe chemischer Verbindungen, die durch die Reaktion einer Säure und eines Alkohols unter Abspaltung von Wasser (eine Kondensationsreaktion) entstehen. Die Rückreaktion, also die Spaltung von Estern mit Hilfe von Laugen nennt man Hydrolyse.

Das Aroma von Früchten besteht häufig aus einer Vielzahl verschiedener Verbindungen, einen hohen Anteil bilden dabei die sogenannten Fruchtester. Damit bezeichnet man Ester kurzer bis mittellanger Carbonsäuren und Alkohole.

Manchmal reicht aber auch ein einziger Ester, um die Frucht zu erkennen. Essigsäurebutylester ist der typische Apfelduft und Essigsäurepentylester der von Birnen.

Ester aus langkettigen Alkoholen und Carbonsäuren bezeichnet man als Wachs. Das bekannteste Wachs ist das Bienenwachs, das heutzutage vor allem in Kosmetikprodukten, wie Cremes, Salben oder Lotionen, vorkommt.

Essigsäureethylester ist das am häufigsten eingesetzte Lösungsmittel in Klebstoffen. Auch zur Aromatisierung von Limonaden, Bonbons und Arzneimitteln wird er verwendet. Wegen seiner starken Lösungskraft findet Essigsäureethylester auch als Bestandteil von Nagellackentferner Verwendung.

Aspirin enthält den Wirkstoff Acetylsalicylsäure (einen Ester der Salicylsäure und der Essigsäure). Im Körper wirkt es in erster Linie schmerzstillend und fiebersenkend. Acetylsalicylsäure (ASS) wird aber nicht nur als Schmerzmittel, zur Fiebersenkung und als Antirheumatikum eingesetzt, sondern auch zur Hemmung der Verklumpung von Blutplättchen und damit zur Vorbeugung von Herzinfarkten und Schlaganfällen.

Verwendet man für die Esterkondensation Alkohole mit zwei Hydoxidgruppen (Alkandiole) und Carbonsäuren mit zwei Säuregruppen (Dicarbonsäuren), können diese Moleküle an beiden Seiten eine Esterbindung eingehen. Es entstehen lange Ketten, sogenannte Polyester (vgl. **Bild 1**).

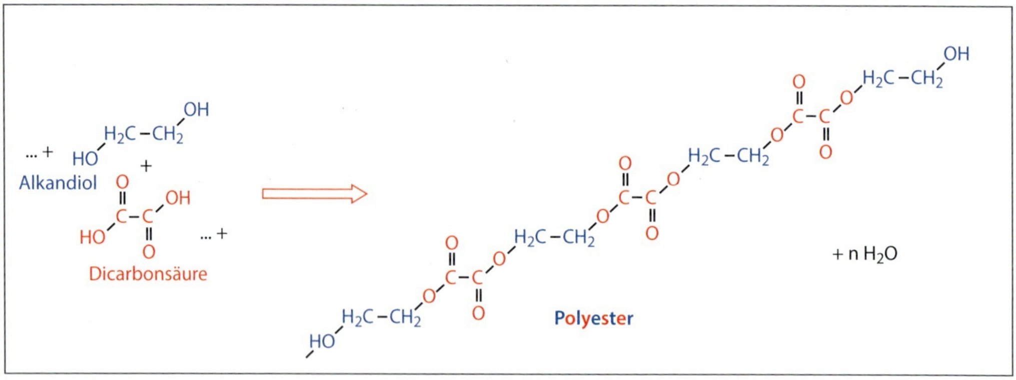

Bild 1: Polyester

Der bekannteste Polyester ist Polyethylenterephthalat (PET). Hergestellt wird dieses Polymer aus Terephthalsäure (1,4-Benzoldicarbonsäure) und Ethylenglykol (1,2-Ethandiol). PET wird in vielen Formen verarbeitet und findet vielfältige Einsatzmöglichkeiten. Zu den bekanntesten Verwendungszwecken zählt die Herstellung von Kunststoffflaschen und die Verarbeitung zu Textilfasern. Auch zur Herstellung von sehr dünnen Folien wird PET verwendet.

Mechanismus der säurekatalysierten Veresterung

Die Esterkondensation kann in vier Schritte unterteilt werden.
- Zuerst wird die Carbonsäure protoniert. Das dafür notwenige Proton kommt von der Schwefelsäure.
- Im zweiten Schritt erfolgt ein nucleophiler Angriff des Alkohols. Das Sauerstoffatom des Alkohols hat eine negative Teilladung und greift deshalb das positiv geladene C-Atom der Carbonsäure an.
- Im dritten Schritt erfolgt eine Protonenwanderung innerhalb des Moleküls und Wasser wird abgespalten.
- Im vierten und letzten Schritt wird ein Proton abgespalten und lagert sich wieder am Katalysator an (vgl. **Bild 1** auf Seite 160).

Bruttogleichung für die Esterkondensation aus Carbonsäure und Alkohol:

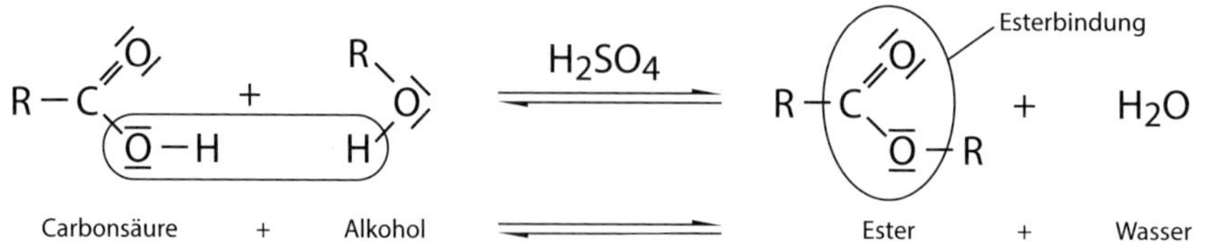

Mechanismus der säurekatalysierten Veresterung:

1. Schritt: Protonierung der Carbonsäure

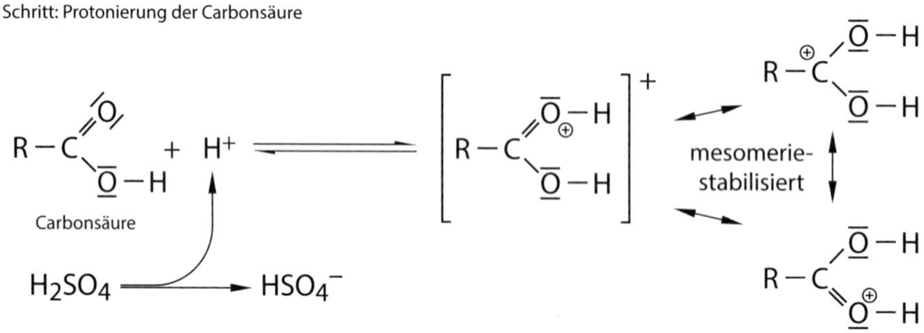

2. Schritt: nucleophiler Angriff des Alkohols:

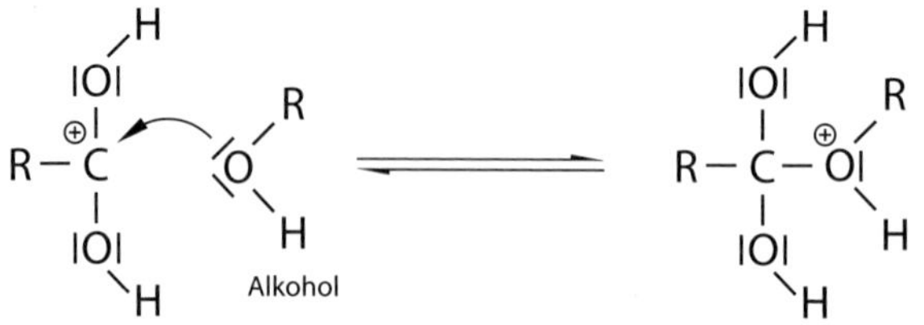

3. Schritt: Protonenwanderung und Wasserabspaltung

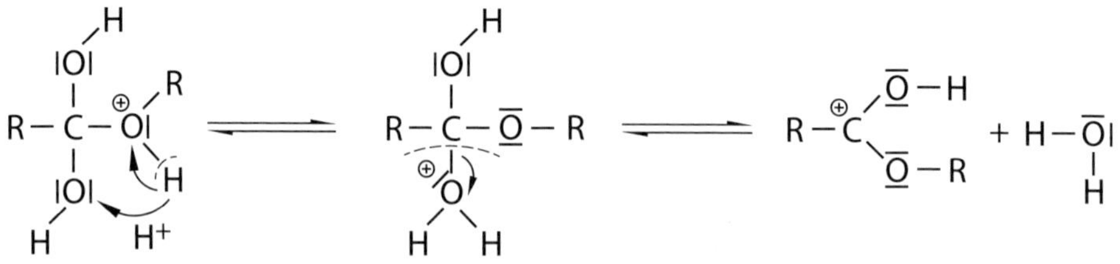

4. Schritt: Protonenabspaltung (Regnerieren des Katalysators)

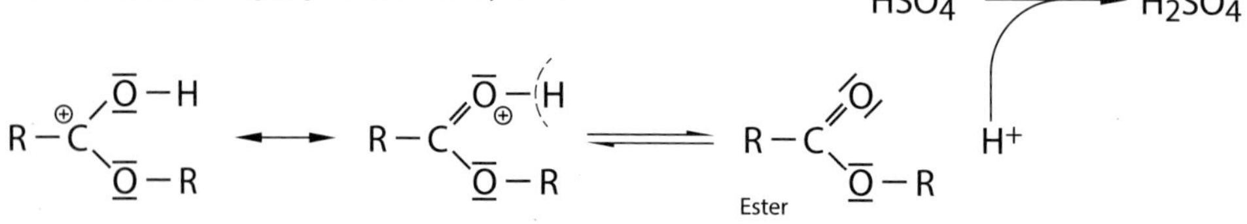

Bild 1: Mechanismus der säurekatalysierten Veresterung

Versuch: Esterkondensation

Bild 1: Gefahrensymbole

Chemikalien:
- Essigsäure
- Benzoesäure
- Salicylsäure
- Methanol
- Ethanol
- Butanol
- Pentanol
- Natriumhydrogensulfat

Geräte:
- 5 Reagenzgläser
- Becherglas
- Pipetten
- Wasserbad

Durchführung:
Es werden fünf Ester hergestellt (s. Tabelle unten). Da Essigsäure bei Raumtemperatur flüssig ist und Benzoesäure und Salicylsäure fest, ist das Vorgehen unterschiedlich.

Für die Herstellung der ersten drei Ester mit Essigsäure werden je 2 ml Alkohol mit 2 ml Essigsäure und einer Spatelspitze Natriumhydrogensulfat, der Katalysator, im Reagenzglas gut durchmischt und ins heiße Wasserbad gestellt. Immer wieder regelmäßig vorsichtig durchmischen.

Bei Benzoesäure 1 Spatelspitze mit 3 ml Ethanol versetzen, bei Salicylsäure eine Spatelspitze mit 1 ml Methanol versetzen und jeweils eine Spatelspitze Natriumhydrogensulfat dazugeben.

Jeden Ester auf Geruch prüfen. Falls nur ein geringer Geruch auftritt, den Reagenzglasinhalt in ein mit Wasser gefülltes Becherglas gießen. Der Ester setzt sich auf dem Wasser ab und kann anschließend mithilfe eines Filterpapiers aufgesaugt und erneut auf den Geruch getestet werden.

Entsorgung:
Alle Lösungen werden im organischen Abfall entsorgt.

---

1. Was können Sie beobachten? Übernehmen Sie die Tabelle und ergänzen Sie den Geruch und die Namen der entstehenden Ester.

Carbonsäure	Alkohol	Kataysator	Geruch	Ester
Essigsäure	Ethanol	×		
Essigsäure	Butan-1-ol	×		
Essigsäure	Pentan-1-ol	×		
Benzoesäure	Ethanol	×		
Salicylsäure	Methanol	×		

2. Geben Sie diesbezüglich eine Erklärung.

ALLES VERSTANDEN?

1. Welche Ester kennt man aus dem Alltag?

2. Wieso benötigt man für die Esterkondensation einen Katalysator?

AUFGABEN:

1. Formulieren Sie die Gesamtgleichung (Bruttogleichung) für die Reaktion von Essigsäure und Propanol. Verwenden Sie dafür Strukturformeln.

2. Zeichnen Sie die Strukturformel von Butansäurepentylester.

3. Erklären Sie, warum bei der Esterkondensation Gleichgewichtspfeile verwendet werden.

6.3   Lösungsmittel für organische Substanzen

Nach der Bearbeitung dieses Kapitels werden Sie in der Lage sein,

• die Eignung verschiedener Stoffe als Lösungsmittel für organische Substanzen zu untersuchen.
• die Unterschiede mithilfe der Molekülstruktur und den auftretenden zwischenmolekularen Wechselwirkungen zu begründen.

Lösungsmittel

Um organische Gase, Flüssigkeiten oder Feststoffe lösen zu können, bedarf es eines Lösungsmittels (vgl. Kapitel 4.6.2 Löslichkeit). Soll ein polarer Stoff wie beispielsweise Ameisensäure gelöst werden, so eignet sich das polare Wasser. Man spricht in diesem Fall von einem **hydrophilen** („wasserliebenden") Stoff.

Ein polarer Stoff ist hydrophil, er löst sich gut in polaren Losungsmitteln.

Mischt man allerdings einem unpolaren Stoff, wie beispielsweise Speiseöl, Wasser zu, so bilden sich zwei Phasen, das Öl ist **hydrophob** („wassermeidend"). Für solche Fälle benötigt man ein unpolares Lösungsmittel wie beispielsweise Reinigungsbenzin.

Allgemein gilt: Je ähnlicher die Wechselwirkungskräfte zwischen den Molekülen des Lösungsmittel und dem zu lösenden Stoff sind, desto besser ist die Löslichkeit.

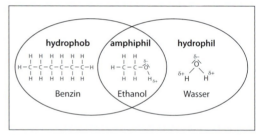

Ethanol ist zum einen hydrophil, es lässt sich uneingeschränkt mit Wasser mischen. Zum anderen wird der Alkohol aber auch dem Ottokraftstoff E10 mit bis zu 10 % beigemischt, was für eine hydrophobe Eigenschaft spricht. Das Molekül C_2H_5OH hat eine polare Hydroxy-Gruppe und bildet einen Dipol aus, aus diesem Grund ist

Bild 1: Amphiphile Stoffe sind sowohl hydrophil als auch hydrophob

es wasserlöslich. Zudem hat Ethanol auch einen unpolaren Alkylrest, welcher für den hydrophoben Charakter verantwortlich ist. Der Alkohol zeigt somit beide Eigenschaften: hydrophil und hydrophob (**Bild 1**). Man spricht in einem solchen Fall auch von **amphiphil** („beides liebend").

Amphiphile Stoffe sind sowohl hydrophil als auch hydrophob.

Das Verhalten eines Lösungsmittels lässt sich anhand der Polarität abschätzen. Unpolare Stoffe wie Hexan oder Pentan sind hydrophob, polare Stoffe wie Wasser oder Methanol sind hydrophil. Viele Alkohole oder Aceton sind beides und somit amphiphil (**Tabelle 1**). Mit steigender Kettenlänge nimmt aber bei den Alkoholen der hydrophile Charakter ab (vgl. Kapitel 4.6.2).

Tabelle 1: Ausgewählte Lösungsmittel		
hydrophob	**amphiphil**	**hydrophil**
• Tetrachlorkohlenstoff	• Aceton	• Acetonitril
• Chloroform	• Ethanol	• Wasser
• Pentan, Hexan, Heptan	• Propan-1-ol	• Methanol
• Terpentin	• Propan-2-ol	• Dimethylsulfoxid

Eignung verschiedener Lösungsmittel für n-Heptan

Chemikalien
- n-Heptan, Waschbenzin, Ethanol (96 % vergällt)

- rotes Paprikapulver
- Wasser, Methylenblau-Lösung

Bild 1: n-Heptan in Wasser, Ethanol und Waschbenzin

Geräte
- Erlenmeierkolben, Becherglas, Trichter, Stativ, Filterpapier, Reagenzgläser, Reagenzglasständer, Pipetten, Gummistopfen

Herstellung der farbigen Waschbenzinlösung: 10 g Paprikapulver in einen Erlenmeierkolben mit 100 ml Waschbenzin geben, durchschütteln, etwa 10 Minuten stehen lassen und dann filtrieren.

Versuchsdurchführung: Reagenzgläser mit Wasser, Ethanol bzw. farbigen Waschbenzin etwa 2 cm befüllen, das Wasser mit Methylenblau anfärben. Zu den Reagenzgläsern gibt man jeweils etwa 2 cm hoch n-Heptan, die Gläser mit einem Stopfen verschließen und kurz schütteln.

Beobachtung: Das n-Heptan löst sich nicht in Wasser, es bilden sich zwei Phasen. In Waschbenzin und Ethanol ist keine Phasenbildung zu beobachten, Heptan ist hier löslich.

Erkenntnis: Für das unpolare n-Heptan eignet sich ein unpolares Lösungsmittel wie das Waschbenzin oder das amphiphile Lösungsmittel Ethanol.

Das unpolare Heptan lässt sich im sehr ähnlichen Waschbenzin problemlos lösen. Aufgrund der Van der Waals-Wechselwirkungen zwischen den Heptan-Molekülen und den Ethanol-Molekülen erklärt sich diese Löslichkeit (**Bild 2**). Da Wasser-Moleküle Wasserstoffbrücken ausbilden, ist das unpolare Heptan dort nicht löslich.

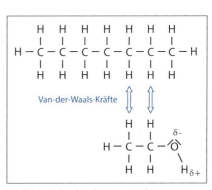

Bild 2: Wechselwirkung zwischen n-Heptan und Ethanol

> Die Eignung eines Stoffes als Lösungsmittel lässt sich anhand der Molekülstruktur und der auftretenden Wechselwirkungen (Van-der-Waals oder Dipol) abschätzen.

ALLES VERSTANDEN?

1. Was ist ein hydrophiles, hydrophobes bzw. amphiphiles Lösungsmittel?

2. Woran erkennt man einen hydrophilen Stoff?

AUFGABEN

1. Untersuchen Sie die Löslichkeit von 1,0 g Zitronensäure in 3,0 ml Lösungsmittel (Wasser, Ethanol, Pentan-1-ol und Waschbenzin). Recherchieren Sie die Strukturformel der Zitronensäure und schätzen Sie im Vorfeld ab, welche der Flüssigkeiten sich am besten eignet.

2. Etwas Kerzenwachs ist auf einen Glastisch getropft. Wählen Sie ein geeignetes Lösungsmittel (Wasser, Ethanol oder Waschbenzin) und begründen Sie ihre Wahl aufgrund der Molekülstruktur der beteiligten Stoffe.

6.4   Erdöl und Erdölprodukte

Nach der Bearbeitung dieses Abschnitts können Sie

- die Verarbeitung von Erdöl beschreiben.
- die Bedeutung von Erdöl und Erdölprodukten im Alltag und für die Technik beurteilen.
- die Konsequenzen des Einsatzes von Erdölprodukten abschätzen.

Benzin, Diesel, Kunststoff, Silikon und Futtermittel sind nur einige Produkte aus der organischen Chemie, die großtechnisch hergestellt werden. Als Ausgangsstoffe dienen unter anderem Alkane, Alkene und Alkine. Solche Grundchemikalien werden in riesigen Mengen produziert, umgesetzt und überwiegend (noch) aus den fossilen Rohstoffen wie Erdöl, Erdgas oder Kohle gewonnen.

Bild 1: Erdöl

Nach wie vor zählt das Erdöl (**Bild 1**) zu den wichtigsten Rohstoffen der chemischen Industrie. Die schwarze bis schwarzbraune Flüssigkeit ist mit einer Dichte von 0,8 kg/dm³ bis 0,9 kg/dm³ leichter als Wasser und besteht im Wesentlichen aus Alkane (Parafine), Alkene (Olefine) und ringförmigen Kohlenwasserstoffen (Cycloalkane und Aromate). Zudem sind in geringen Mengen noch Schwefel-, Sauerstoff- oder Stickstoffverbindungen enthalten. Die Zusammensetzung, Farbe und Viskosität (Zähflüssigkeit) variiert je nach Herkunft des Öles.

6.4.1   Entstehung und Gewinnung

Die meist zähflüssige Substanz hat überwiegend ihren Uhrsprung in der Jura- und Kreidezeit. Vor etwa 100 bis 150 Millionen Jahren entstand der fossile Rohstoff nach heutigem Kenntnisstand in flachen Binnenmeeren aus abgestorbenen Algen und Kleinstlebewesen (hauptsächlich Plankton), welche sich auf dem Meeresgrund bei Sauerstoffmangel nicht zersetzten konnten. Es bildete sich in Mulden und Senken zusammen mit Sand, Ton und Kalk ein Faulschlamm. Im Laufe der Zeit wurde dieser von Sedimenten wie Sand und Ton überlagert, die Schicht aus organischem Material wurde so verfestigt, wanderte immer tiefer in das Erdinnere und bildete das sogenannte Muttergestein. Wenn die äußeren Bedingungen stimmten, entstand daraus Erdöl und Erdgas.

Bei hohem Druck, wie er in 1,5 bis 4 km Tiefe herrscht, und Temperaturen ab etwa 70 °C bis 150 °C kann so mithilfe von Bakterien über Jahrmillionen durch Umbildung der organischen Moleküle das Erdöl entstehen. Durch den hohen Druck in der Tiefe wird das Öl aus dem Muttergestein gepresst und gelangt so in porösere Gesteinsschichten. Da es eine geringere Dichte als das ebenfalls vorhandene Wasser besitzt, steigt es vom Entstehungsort weg nach oben, bis es

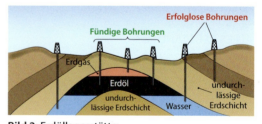

Bild 2: Erdöllagerstätte

von einer undurchlässigen Bodenschicht aufgehalten wird. In einer Art Kuppel ist so das schwarze Gold gefangen. Es bilden sich Lagerstätten, welche ausfindig gemacht und durch Bohrungen erschlossen werden (**Bild 2**).

Die größten Lagerstätten liegen im mittleren Osten, Südamerika, Nordamerika und Osteuropa. Im Jahr 2018 waren die bedeutendsten Förderländer Saudi-Arabien, Russland, die Vereinigten Staaten und der Irak.

Erdölförderung

Erdöl wird zu etwa 1/3 offshore gefördert. Vor der Küste befinden sich auf dem Gewässergrund stehende oder auch schwimmende Bohrplattformen. Diese sind meist durch Pipelines mit dem Festland verbunden. Die Onshore-Förderung (landseitige Förderung) macht den größeren Anteil aus.

Anlagen treiben eine Bohrung durch das Gestein bis zum Erdöl vor, diese wird verrohrt und Förderarmaturen werden angebracht. Zu Beginn strömt das Öl wegen des Lagerdrucks noch selbstständig an die Oberfläche (= Primärförderung). Wenn der Fluss nachlässt, werden Maßnahmen ergriffen, um den Druck aufrecht zu erhalten. Häufig wird dazu Wasser eingepresst (= Sekundärförderung). Durch Eindrücken von Wasserdampf oder Chemikalien (= Tertiärförderung) wird die Förderung weiter verlängert (**Bild 1**). Allerdings können auch so selten mehr als 50 % des vorhandenen Öls gefördert werden.

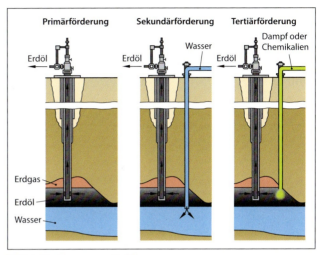

Bild 1: Förderung von Erdöl

Nach der Förderung wird das Erdöl im noch unbehandelten Zustand auch als Rohöl bezeichnet.

Fracking: Erdöl und Erdgas, welche in Sandstein, oder auch in Schiefer-, Ton, Mergel- und Kohleflözgestein gebunden sind, können konventionell nicht gefördert werden. Durch hydraulische Frakturierung, kurz Fracking (engl. to fracture: „aufbrechen") kann solches Öl und Gas gewonnen werden. Diese Fördermethode wird vor allem bei Erdgas eingesetzt, kommt aber auch vermehrt bei Erdöl zum Einsatz. Im Jahr 2019 produzierte die USA etwa 60 % des Öls mithilfe dieser Technik – mehr als jedes andere Land der Erde.

Zunächst wird senkrecht bis zum erdölhaltigen Gestein gebohrt, die anschließende sogenannte Richtbohrung verläuft parallel zu den Gesteinsschichten. In die Bohrlöcher wird unter sehr hohem Druck das Fracturing Fluid gepresst, ein Gemisch aus Wasser, Sand und Chemikalien. Dadurch bricht das Gestein auf und gibt das Öl frei, durch den Sand bleiben die Risse offen (**Bild 2**). Ein Teil der eingepressten Flüssigkeit tritt an der Oberfläche des Bohrlochs als Rückflusswasser

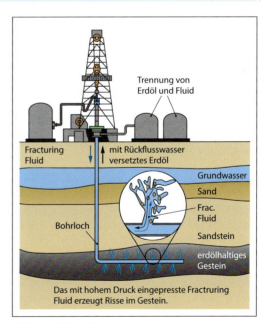

Bild 2: Erdöl-Fracking

(Flowback) wieder aus, das darin enthaltene Öl wird abgetrennt. Bei diesem deutlich aufwendigeren und teureren Verfahren ist der Wasser- und Flächenverbrauch sehr groß. Vor allem aufgrund der im Flowback enthaltenen Chemikalien sowie der Gefahr einer Verunreinigung des Grundwassers ist Fracking umstritten.

ALLES VERSTANDEN?

1. Woraus besteht Erdöl und woraus ist es entstanden?

2. Wo befinden sich die bedeutendsten Erdöllagerstätten?

3. Was versteht man unter Offshore-Förderung?

4. Wie funktioniert Fracking?

AUFGABE

1. Beschreiben Sie in Stichpunkten die Entstehung von Erdöl.

2. Erläutern Sie die drei Stufen der konventionellen Erdölförderung.

3. Beurteilen Sie die Gefahren für die Umwelt durch Fracking.

4. Nehmen Sie Stellung zu folgender Aussage: Die Verbraucher sind wegen dem hohen Kraft- und Heizstoffbedarfs mitverantwortlich, dass immer mehr Erdöl unkonventionell mittels Fracking gefördert wird. Dies wird durch die Bereitschaft, immer höhere Preise für Benzin, Diesel oder Heizöl zu bezahlen, noch verstärkt.

6.4.2   Erdölverarbeitung (Ausbildungsrichtung ABU)

Das aus der Erde geförderte Öl wird nach Möglichkeit noch vor Ort von Verunreinigungen und Salzwasser befreit. Das Rohöl wird dann mittels Pipelines, Schiffen oder Tanklastern zu den Raffinerien befördert, in denen technisch die Auftrennung des Kohlenwasserstoffgemisches durch die fraktionierte Destillation erfolgt.

Fraktionierte Destillation

Die einzelnen Bestandteile des Erdöles haben unterschiedliche Siedetemperaturen, weshalb sich diese mittels Destillation trennen lassen (vgl. Kapitel 4.6). Dies geschieht in Destillationskolonnen. Im Inneren eines solchen Turms befinden sich zahlreiche Zwischenböden, die sogenannten **Glockenböden (Bild 1)**.

Das Rohöl wird in einem Röhrenofen auf etwa 400 °C erhitzt und im unteren Drittel der Kolonne zugeführt. Der aus dem siedenden Erdöl austretende Dampf steigt nach oben und wird durch Glocken in das Kondensat des nächst höheren Zwischenboden geleitet. Dadurch kondensieren die Dampfanteile mit höherem Siedepunkt. Die Kondensationswärme lässt die Flüssigkeit weiter sieden, Dampf steigt erneut zum nächsten Boden auf. Überläufe führen einen Teil des Kondensates auf darunter liegende Böden zurück. So wird der Destillationsvorgang wiederholt, was zu einer wirksameren Trennung führt. Die Anteile an leichter siedenden Bestandteile reichern sich von unten nach oben an. Da die Siedepunkte der einzelnen Komponenten sehr

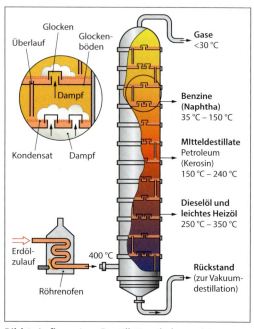

Bild 1: Aufbau einer Destillationskolonne (atmosphärische Destillation)

nahe zusammen liegen, ist eine exakte Auftrennung des Flüssigkeitsgemischs weder möglich noch notwendig. Die Kondensate eines bestimmten Siedebereichs werden vielmehr zu den sogenannten Fraktion zusammengefasst.

Eine Fraktion ist ein Flüssigkeitsgemisch mit einem bestimmten Siedebereich.

Bei der Destillation unter Normaldruck (Umgebungsluftdruck) spricht man von der atmosphärischen Destillation. Oben am Kolonnenkopf verlassen leicht siedende Kopfprodukte die Kolonne, das Raffineriegas und Benzin (Naphtha). Die Komponenten, welche einen Siedepunkt oberhalb von 360 °C haben, sammeln sich am Boden des Turmes. Diese lassen sich bei Normaldruck nicht weiter trennen, da sich die Komponenten bei noch höheren Temperaturen zersetzen würden. Dieser Rückstand wird einer Destillation unter Vakuum zugeführt (**Bild 1**).

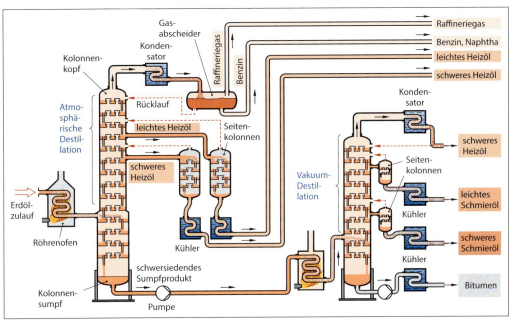

Bild 1: Schema der fraktionierten Destillation

So wird durch die fraktionierte Destillation das Erdöl in bestimmte Fraktionen wie Raffineriegas (Siedepunkt < 30°), Rohbenzin (Siedebereich 30 bis etwa 150 °C), leichtes und schweres Heizöl (bis etwa 350 °C) und Bitumen aufgetrennt.

Je nach Herkunft des Erdöles variiert dessen Zusammensetzung. Die Menge der aus der fraktionierten Destillation gewonnenen Produkte entspricht nicht der Nachfrage. Es wird weit mehr Rohbenzin für die Produktion von Kraftstoffen verbraucht, als die Anlage liefert. Auch der Bedarf an chemischen Grundstoffen wie Ethen oder Buten könnte so nicht gedeckt werden. Stattdessen fällt weit mehr schweres Heizöl oder Bitumen an, als benötigt wird (**Bild 2**). Mithilfe der chemischen Verfahren Cracken und Reformieren kann eine entsprechende Stoffumwandlung (Konversion) vorgenommen werden.

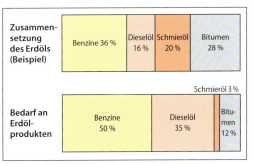

Bild 2: Zusammensetzung von Erdöl und Bedarf an Erdölprodukten

Vor der Weiterverarbeitung wird in Entschwefelungsanlagen (Hydrofiner) der chemisch gebundene Schwefel abgetrennt. Dazu werden die Fraktionen bei 60 bar und etwa 300 °C mit Wasserstoff vermischt. Unter der Wirkung eines Cobalt/Molybdän-Katalysators bildet sich Schwefelwasserstoff der abgetrennt wird, im Claus-Verfahren wird daraus elementarer Schwefel gewonnen.

Cracken

Beim Cracken (engl. to crack: „zerbrechen") werden die langkettigen Kohlenwasserstoffe von schwerem Heizöl oder Bitumen bei Temperaturen von 300-600 °C in einer endothermen Reaktion in kürzere umgewandelt. Die schwereren Stoffe mit über 20 C-Atome werden in mehrere leichtere gespalten, wobei auch Koks (elementarer Kohlenstoff) als Produkt anfällt. Dabei wird im Wesentlichen zwischen thermischen und katalytischen Cracken unterschieden.

> Cracken ist das Aufspalten langkettiger Alkane in Moleküle mit kürzerer Kettenlänge.

Beim **thermischen Cracken** werden die langkettigen Anteile des Erdöls durch Überhitzen gespalten. Ab Temperaturen von etwa 370 °C beginnen die Moleküle so stark zu schwingen, dass die C-C-Bindungen brechen. Ein wichtiger thermischer Cracker für schweres Heizöl ist der **Visbreaker**. Bei Temperaturen von etwa 460 °C und einem Druck von 15 bis 70 bar brechen die Elektronenpaarbindungen zwischen den Kohlenstoffatomen auf und es entstehen kurzkettige, sehr reaktive Radikale, welche umgehend mit anderen Kohlenwasserstoffen reagieren. Dadurch bilden sich kurzkettige ungesättigte Kohlenwasserstoffe (Alkene), aber auch durch Rekombination langkettige Alkane (**Bild 1**). Durch **Coking** wird Bitumen bei Temperaturen von etwa 500 °C und einem Druck von 2 bis 5 bar thermisch umgewandelt. Hierbei entsteht neben Raffineriegas, Benzine oder Mitteldestillate hauptsächlich Koks, welches in der Stahl- und Aluminiumproduktion benötigt wird.

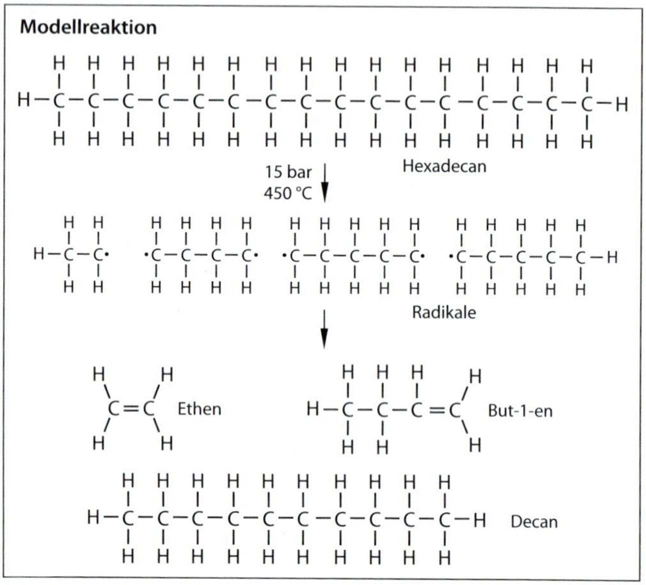

Bild 1: Modellreaktion beim thermischen Cracken

Beim **katalytischen Cracken** werden die langkettigen Parafine der Schmierölfraktion bei Temperaturen von 400 °C bis 500 °C mithilfe eines Katalysators zerlegt. In einem Wirbelschichtreaktor (auch Wirbelbettreaktor genannt) reagiert das Schmierölgas an Katalysatorkügelchen zu kurzkettigen Alkanen. Die Crackprodukte werden anschließend mittels Destillation getrennt (**Bild 2**). Im Gegensatz zu den thermischen Verfahren ist die Reaktionsgeschwindigkeit größer und der Anteil an kurzkettigen Alkanen deutlich höher.

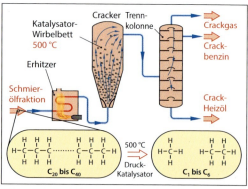

Bild 2: katalytisches Cracken (schematisch)

Als **Hydrocracken** wird ein katalytisches Crackverfahren in Gegenwart von Wasserstoff bezeichnet. Das Element fängt die entstehenden Radikale ab weshalb nur gesättigte Alkane entstehen. Durch die hohe Zugabe von bis zu 500 m^3 Wasserstoff je Tonne Einsatzstoff wird zudem die Bildung von Koks gehemmt. Die Umsetzung erfolgt unter einem sehr hohen Druck von 80 bar bis 200 bar und Temperaturen von 270 °C bis 450 °C. Durch Änderungen der Reaktionsbedingungen lässt sich die erwünschte Produktausbeute steuern und dem Bedarf anpassen (**Bild 1**).

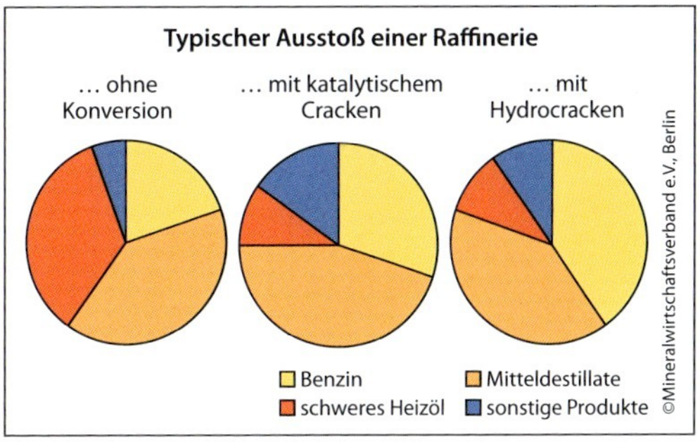

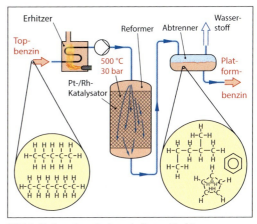

Bild 1: Typischer Ausstoß einer Raffinerie

Reformieren

Für die Verwendung als Kraftstoff ist das aus der fraktionierten Destillation gewonnene Rohbenzin (= Topbenzin) nur bedingt geeignet. Die geradekettigen und unverzweigten Alkane haben nur eine geringe Klopffestigkeit. Verzweigte Alkane, Cykloalkane oder Aromate sind als Ottokraftstoff besser geeignet. Unter Reformieren (von lat. reformare = „umgestalten") versteht man in diesem Zusammenhang die Umwandlung der geradekettigen Alkane. Im sogenannten Reformer wird das Topbenzin im gasförmigen Zustand (bei 500 °C) und 30 bar über einen Platin/Rhodium-Katalysator geleitet. Dabei entstehen überwiegend verzweigte Alkane, Aromate und Wasserstoff (**Bild 2**). Der Wasserstoff wird abgetrennt und beispielsweise zum Entschwefeln verwendet.

Bild 2: Reforming-Anlage (schematisch)

ALLES VERSTANDEN?

1. Was versteht man unter einer Fraktion des Erdöls? Nennen Sie Beispiele.

2. Weshalb erfolgt nach der Destillation unter Normaldruck eine Vakuumdestillation?

3. Was versteht man unter Cracken?

4. Warum kann das Topbenzin aus der fraktionierten Destillation nicht direkt als Ottokraftstoff verwendet werden und was geschieht beim Reformieren?

AUFGABEN

1. Beschreiben Sie in Stichpunkten die fraktionierte Destillation von Erdöl.

2. Beschreiben Sie die Funktionsweise der Glockenböden.

3. Begründen Sie die Tatsache, dass mit Hilfe der Destillation keine absoluten Reinstoffe wie n-Hexan aus Rohöl gewonnen werden können.

4. Aus Pent-1-en kann durch Polymerisation ein Kunststoff hergestellt werden. Beim Cracken von Decan kann auch Pent-1-en entstehen. Stellen Sie diesen Vorgang mit Hilfe von Struktur-, Halbstruktur- oder Skelettformeln dar und formulieren Sie die entsprechende Reaktionsgleichung.

6.4.3   Erdölprodukte und deren Verwendung

Eine Vielzahl von Produkten wird aus dem fossilen Rohstoff Erdöl hergestellt. Die Raffinerien erzeugen aus den verschiedenen Fraktionen nach Entschwefelung und Konversion (Cracken und Reforming) Produkte, welche als Kraft-, Schmier oder Heizstoffe dienen. Selbst die Rückstände finden im Straßenbau Verwendung (**Bild 1**).

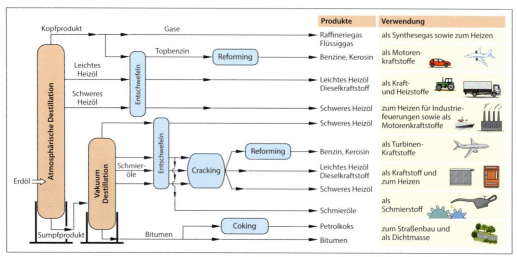

Bild 1: Fliesschema der Erdöldestillation und die Verwendung der Fraktionen

Die Anlagen produzieren aber darüber hinaus Grundchemikalien wie Ethen, Buten, Propen, Butadien, Benzol oder Xylole, welche die chemische Großindustrie zu Kunststoff, Farben, Düngemittel oder Waschmittel weiter verarbeitet.

Kunststoffe sind allgegenwärtig und aus dem Alltag nicht mehr wegzudenken. Durch ihre vielseitige Verwendung sowie der Möglichkeit, die Eigenschaften dem Verwendungszweck anpassen zu können, haben die synthetisch hergestellten organischen Werkstoffe in den vergangenen Jahrzehnten immer mehr an Bedeutung gewonnen. Der relativ kostengünstige Werkstoff kann nahezu überall eingesetzt werden. Im Wesentlichen lassen sich die sogenannten Polymere aufgrund ihrer physikalischen Eigenschaften in drei große Gruppen einteilen: Thermoplaste, Duroplaste und Elastomere.

> Kunststoff ist ein synthetisch hergestellter Werkstoff, welcher hauptsächlich aus Makromolekülen (sehr große Moleküle) besteht.

Die mengenmäßig größte Kunststoffgruppe stellen die **Thermoplaste** dar. Dazu zählen unter anderem Kunststoffbehälter oder Folien aus Polyethylen (PE) (**Bild 2**), aber auch Abwasserrohe aus Polypropen (PP) oder Bodenbeläge aus Polyvinylchlorid (PVC). Ob Dämm- oder Verpackungsmaterial aus Polystyrol (PS) oder Acrylglas (PMMA), den Rohstoff liefert das Erdöl. Polyacrylnitril (PAN) wird zur Herstellung von Synthesefasern verwendet, die weich und knitterarm sind und oft mit der Naturfaser Baumwolle vermischt und verarbeitet wird. Unter der Bezeichnung Nylon oder Perlon ist die Textilfaser Polyamid (PA) bekannt.

Bild 2: Verwendungsmöglichkeit von PE, hergestellt aus Ethen

Einige PKW-Karosserieteile oder die Gehäuse von elektronischen Bauelementen werden aus einem nicht verformbaren **Duroplast** gefertigt. Zu dieser Kunststoffgruppe gehören ungesättigte Polyester, Epoxidharze, Formaldehydharze und Polyurethane.

Synthesekautschuk wie Styrol-Butadien-Kautschuk (SBR) werden auf der Basis petrochemischer Rohstoffe hergestellt. Diese werden den **Elastomeren** zugeordnet. SBR wird hauptsächlich für die Reifenherstellung verwendet (**Bild 1**).

Bild 1: Epoxidharzkleber und PKW Reifen

Weitere Verwendungsmöglichkeiten von Erdöl:

Neben der Verwendung als Kunststoff werden die Grundchemikalien noch für viele weitere Endprodukte des täglichen Lebens benötigt (**Bild 3**). Ob in synthetischen Düngemitteln in Farben und Lacken oder in Waschmitteln (**Bild 2**): Oft dient als Rohstoff das Erdöl.

Aus den sogenannten Schmierölschnitten der Vakuumdestillation wird das **Paraffin** gewonnen. Die Alkane mit einer Kettenlänge zwischen 18 und 32 C-Atomen finden bei der Herstellung von preiswerten Kerzen, Grillanzündern oder in vielen kosmetischen Cremes, Lotionen und Lippenstiften Verwendung (z. B. Vaseline und Labello).

Bild 2: Produkte, in denen Erdöl enthalten ist

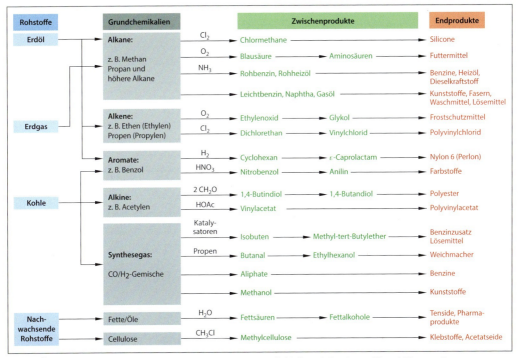

Rohstoffe	Grundchemikalien		Zwischenprodukte	Endprodukte
Erdöl	**Alkane:**	Cl_2	Chlormethane	Silicone
	z. B. Methan	O_2	Blausäure ⟶ Aminosäuren	Futtermittel
	Propan und höhere Alkane	NH_3	Rohbenzin, Rohheizöl	Benzine, Heizöl, Dieselkraftstoff
			Leichtbenzin, Naphtha, Gasöl	Kunststoffe, Fasern, Waschmittel, Lösemittel
Erdgas	**Alkene:**	O_2	Ethylenoxid ⟶ Glykol	Frostschutzmittel
	z. B. Ethen (Ethylen) Propen (Propylen)	Cl_2	Dichlorethan ⟶ Vinylchlorid	Polyvinylchlorid
	Aromate:	H_2	Cyclohexan ⟶ ε-Caprolactam	Nylon 6 (Perlon)
	z. B. Benzol	HNO_3	Nitrobenzol ⟶ Anilin	Farbstoffe
Kohle	**Alkine:**	$2\ CH_2O$	1,4-Butindiol ⟶ 1,4-Butandiol	Polyester
	z. B. Acetylen	HOAc	Vinylacetat	Polyvinylacetat
		Katalysatoren	Isobuten ⟶ Methyl-tert-Butylether	Benzinzusatz Lösemittel
	Synthesegas:	Propen	Butanal ⟶ Ethylhexanol	Weichmacher
			Aliphate	Benzine
	CO/H_2-Gemische		Methanol	Kunststoffe
Nachwachsende Rohstoffe	**Fette/Öle**	H_2O	Fettsäuren ⟶ Fettalkohole	Tenside, Pharmaprodukte
	Cellulose	CH_3Cl	Methylcellulose	Klebstoffe, Acetatseide

Bild 3: Übersicht der Verwendungsmöglichkeiten von Erdöl (ohne Schmierstoff und Bitumen)

Zusammenfassung:

Der überwiegende Anteil der Erdölprodukte wird zum Heizen und für den Verkehrssektor verwendet (**Bild 1**). Benzin, Diesel und Heizöl wird verbrannt, um sich fortzubewegen oder die Wohnung warm zu halten. Erdöl liefert die Energie für Kraftwerke und Industrie. Schlussendlich werden so über 80 % des Erdöls verbrannt. Bitumen wird für den Straßenbau benötigt, bei Maschinen verringert Schmieröl die Reibung und führt Wärme ab. Nur ein kleiner Anteil der Erdölproduktion wird zu petrochemischen Rohstoffen verarbeitet und für Kunststoffe, Kleidung, Dünger, Reinigungsmittel oder Kosmetika verwendet.

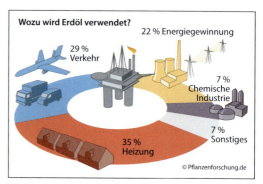

Bild 1: Verwendung von Erdöl

ALLES VERSTANDEN?

1. Wozu wird Erdöl hauptsächlich verwendet?

2. Welche Grundchemikalien werden aus Erdöl hergestellt?

3. Welche drei Gruppen von Kunststoffen gibt es?

4. Wozu wird Paraffin verwendet?

AUFGABE

Ein Leben ohne Erdöl. Machen Sie sich bewusst, wie der fossile und endliche Rohstoff ihr tägliches Leben prägt!

1. Erstellen Sie eine Liste aller Gegenstände (z. B. Möbel und elektrische Geräte) im Klassenzimmer, welche direkt aus dem Rohstoff Erdöl produziert wurden. Überlegen Sie sich alternative Werkstoffe.

2. Betrachten Sie sich selbst! Welche Produkte aus Erdöl haben Sie heute schon verwendet, tragen Sie am Körper oder sind in ihrer Schultasche verstaut? Wie könnten Sie diese ersetzen?

3. Viele Prozesse laufen mithilfe von Erdölprodukten ab. Erstellen Sie ein Gedächtnisprotokoll ihres heutigen Tages (vom Aufstehen, Frühstücken, in die Schule fahren, bis zum jetzigen Zeitpunkt). Notieren Sie alle Prozesse, bei denen sie (vermutlich) auf Erdölprodukte angewiesen waren. Wie würde dies an einem Wintertag bei –5 °C aussehen?

4. Während der Erdölverbrauch in Deutschland tendenziell zurückging, stieg der weltweite Verbrauch die letzten 30 Jahre deutlich an (**Bild 2**). Recherchieren Sie die Länder mit dem größten Verbrauch an Erdöl. Worauf ist der weltweite Anstieg zurückzuführen?

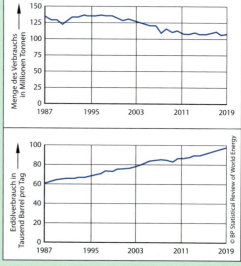

Bild 2: Erdölverbrauch in Deutschland (oben) und weltweit (unten) von 1987 bis 2019

6.4.4   Umweltfolgen durch die Verwendung von Erdölprodukten

Der vergleichsweise billige Rohstoff verursacht enorme ökologische Probleme. Schon bei der Förderung von Erdöl wird die Umwelt geschädigt, im Besonderen wenn dies durch Fracking geschieht. Beim Transport kommt es immer wieder zu Unfällen, bei denen Öltanks beschädigt werden und Tonnen von Öl ins Meer fließen.

Da der überwiegende Anteil des Erdöls als Benzin, Heizöl oder Dieselkraftstoff verbrannt wird, entstehen durch die Verwendung als Energielieferant riesige Mengen an Kohlenstoffdioxid. Beispiel: Bei der Verbrennung von Oktan als Bestandteil des Ottomotoren-Kraftstoffs reagiert dieses mit Sauerstoff, es entstehen bei idealen Reaktionsbedingungen Kohlenstoffdioxid und Wasserdampf.
$$2\,C_8H_{18} + 25\,O_2 \;\rightarrow\; 16\,CO_2 + 18\,H_2O$$

Jedes Molekül Oktan verbrennt zu acht Moleküle Kohlenstoffdioxid. So entsteht bei der Verbrennung von einem Liter Ottokraftstoff (entsprechen 748 g) etwa 2,3 kg des Treibhausgases.

$M(CO_2) = 44{,}01$ g/mol; $M(C_8H_{18}) = 114{,}23$ g/mol

$$\rightarrow\; m(CO_2) = 8 \cdot \frac{748\,\text{g} \cdot 44{,}01\,\frac{\text{g}}{\text{mol}}}{114{,}23\,\frac{\text{g}}{\text{mol}}} = 2{,}3\ \text{kg}$$

Im Durchschnitt verursacht jeder Autofahrer bei einem Benzinverbrauch von 1070 Liter pro Jahr etwa 2,5 t CO_2.

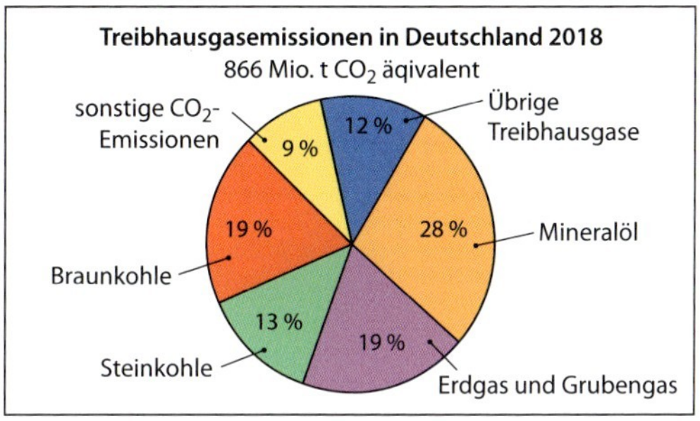

Treibhausgasemissionen in Deutschland 2018
866 Mio. t CO_2 äqivalent

sonstige CO_2-Emissionen — 9 %
Übrige Treibhausgase — 12 %
Braunkohle — 19 %
Mineralöl — 28 %
Steinkohle — 13 %
Erdgas und Grubengas — 19 %

Bild 1: Anteil an Treibhausgasemissionen in Deutschland nach Energieträgern

Das Gas reichert sich in der Atmosphäre an und ist so hauptverantwortlich für den sogenannten **Treibhauseffekt**. Im Jahr 2018 waren mehr als ein Viertel der Treibhausgasemissionen auf die Verwendung von Mineralölprodukten zurückzuführen (**Bild 1**).

Wird Erdöl zu Kunststoff verarbeitet, so ergibt sich ein anderes Problem. Nach Schätzungen werden etwa 5 % bis 10 % der erzeugten Kunststoffteile nicht sachgerecht entsorgt sondern gelangen z. B. über Abwasser und Flüsse ins Meer (**Bild 2**). Dort geben die Polymere bei der Zersetzung giftige Stoffe wie Weichmacher in die Gewässer ab. Zudem gibt es keine Mikroorganismen, welche in der Lage sind, das Plastik vollständig zu zersetzen. Pulverförmige

Bild 2: Kunststoffmüll im Meer

Kleinstpartikel verbleiben so im Meer. Dieses (sekundäre) **Mikroplastik** wird von vielen Fischen gefressen und gelangt so in die Nahrungskette. Viele Kosmetikprodukte wie Peelings oder Duschgels enthalten winzige Kunststoffpartikel. Auch Kunstfasern aus Polyester oder Polyacryl gelangen durch die Abwässer der Waschmaschinen letztendlich in das Meer (primäres Mikroplastik).

ALLES VERSTANDEN?

1. Welchen Anteil haben Mineralölprodukte am Treibhauseffekt?

2. Wie kommt Plastik in das Meer und wie lässt sich das Mikroplastik verhindern?

AUFGABE

Es gibt bereits heute Alternativen zum Kraftstoff Benzin, die in Deutschland verfügbar sind. Diskutieren Sie diese bezüglich der CO_2-Emission bei selber Fahrleistung.

6.5   Fette und Seifen

Nach der Bearbeitung dieses Abschnitts können Sie

- die Reaktionsgleichung zur Bildung eines Fettmoleküls aus einem Glycerinmolekül und drei Fettsäuremolekülen aufstellen,
- zwischen gesättigten und ungesättigten Fettsäuren unterscheiden,
- die Eigenschaften von Fetten und Ölen verstehen,
- die Verseifung von Fetten zu Seifen nachvollziehen.

6.5.1   Bau und Eigenschaften von Fetten

Fettmoleküle bestehen aus einem Glycerinmolekül und drei Fettsäuremolekülen. Bei der Reaktion wird Wasser abgespalten, man spricht von einer Kondensationsreaktion (**Bild 1**).

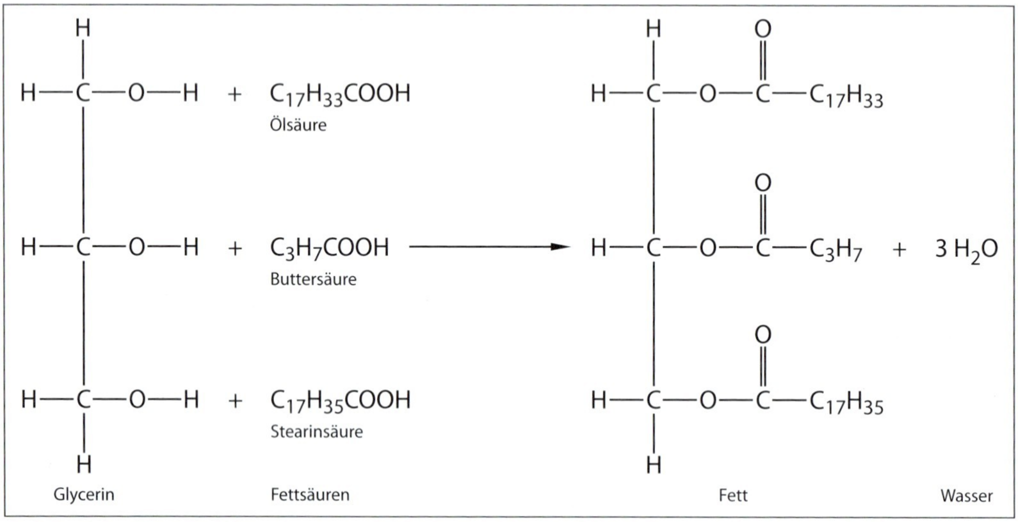

Bild 1: Reaktion eines Glycerinmolekül mit drei Fettsäuremolekülen

Ein Fettsäure-Molekül besteht aus einer langen Kohlenwasserstoffkette, die an einem Ende eine COOH-Gruppe (Carboxygruppe) trägt. Die Zahl der C-Atome ist immer gerade und liegt zwischen 8 und 24. Es wird zwischen gesättigten und ungesättigten Fettsäuren unterschieden.

Bei gesättigten Fettsäuren ist jedes C-Atom in der Kohlenwasserstoffkette mit der maximal möglichen Anzahl von Wasserstoffatomen verknüpft. Alle C-Atome sind durch Einfachbindungen verbunden. Die Kohlenstoffatome in der Kette weisen nur Einfachbindungen auf. Ein Beispiel für eine gesättigte Fettsäure ist Stearinsäure (**Bild 2**).

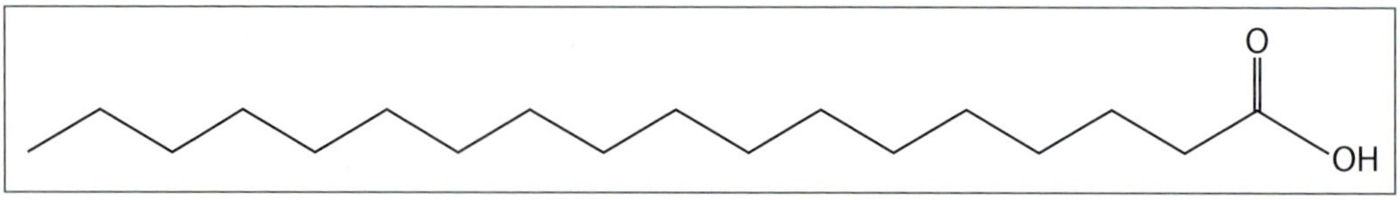

Bild 2: Stearinsäure

Ungesättigte Fettsäuren: Hier tragen nicht alle C-Atome in der Kohlenwasserstoffkette die maximale Anzahl an Wasserstoffatomen. Manche C-Atome sind durch eine Doppelbindung verknüpft. Es gibt einfach oder mehrfach ungesättigte Fettsäuren (**Tabelle 1**). Da bei Ölsäure (9-Octadecensäure) nur eine Doppelbindung vorliegt, spricht man von einer einfach ungesättigten Fettsäure (**Bild 1**).

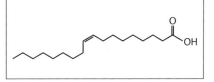

Bild 1: Ölsäure

Tabelle 1: Übersicht einiger Fettsäuren			
	Fettsäuren	**Molekülformel**	**Stellung der Doppelbindung**
Gesättigte Fettsäuren	Buttersäure	C_3H_7COOH	/
	Valeriansäure	C_4H_9COOH	/
	Capronsäure	$C_5H_{11}COOH$	/
	Stearinsäure	$C_{17}H_{35}COOH$	/
Einfach ungesättigte Fettsäuren	Palmitoleinsäure	$C_{15}H_{29}COOH$	9
	Ölsäure	$C_{17}H_{33}COOH$	9
	Vaccensäure	$C_{17}H_{33}COOH$	11
Mehrfach ungesättigte Fettsäuren	Linolsäure	$C_{17}H_{31}COOH$	9, 12
	Stearidonsäure	$C_{17}H_{27}COOH$	6, 9, 12, 15
	…		

Je nach Molekülstruktur lassen sich ungesättigte Fettsäuren auch in eine bestimmte chemische Formel, nämlich in „cis" (geknickte Form) oder „trans" (geradlinige Form), unterteilen. Man bezeichnet sie daher auch als cis-Fettsäuren oder trans-Fettsäuren bzw. Transfette.

Dies lässt sich bildlich daran erkennen, in welche Richtung die Fettsäure durch die Doppelbindung geknickt ist. Bei cis-Fettsäuren entsteht ein Knick von etwa 30° in der Kohlenwasserstoffkette. Die Wasserstoffatome befinden sich an den durch Doppelbindungen verknüpften Kohlenstoffatomen auf der gleichen Seite (lat. „cis" für diesseits"). Man spricht hierbei auch von einer cis-Anordnung bzw. von (Z)-Anordnung, wobei das „Z" für „zusammen" steht.

Bei Trans-Fettsäuren befinden sich die Wasserstoffatome an den durch die Doppelbindung verknüpften Kohlenstoffatomen auf der entgegengesetzten Seite (lat. „trans" für „auf der anderen Seite"). Man spricht hierbei auch von einer E-Anordnung, wobei das „E" für „entgegen" steht. Von 9-Octadecensäure existiert somit die cis-Form, die als Ölsäure bezeichnet wird und die trans-Form, die als Elaidinsäure bekannt ist (**Bild 2**).

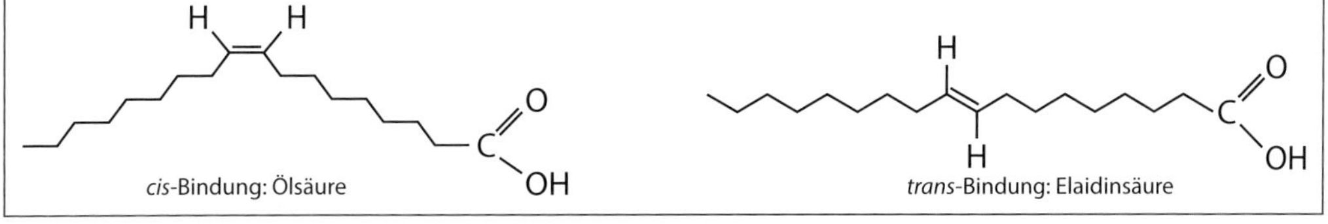

cis-Bindung: Ölsäure   *trans*-Bindung: Elaidinsäure

Bild 2: Cis- und Trans-Fettsäuren

Fettsäuren kommen in der Natur meist in der cis-Form vor. Der menschliche Körper kann nur die cis-Form gut verwerten. Nur diese Form verleiht den Zellwänden die Elastizität, die den Stofftransport begünstigt. Ab Temperaturen von 130 °C können sich cis-Fettsäuren zu trans-Fettsäuren umlagern. Bei der industriellen Herstellung von Nahrung entstehen oft trans-Fettsäuren.

ALLES VERSTANDEN?

1. Welche Stoffe benötigt man zur Fettherstellung?

2. Was ist der Unterschied zwischen gesättigten und ungesättigten Fettsäuren?

3. Wie unterscheiden sich cis- und trans-Fettsäuren?

AUFGABEN:

1. Zeichnen Sie die Strukturformel eines Fettmoleküls, das aus zwei Molekülen Buttersäure und einem Molekül Ölsäure besteht.

2. Zeichnen Sie die Strukturformel von Z (cis)- und E (trans)-Ölsäure.

6.5.2   Eigenschaften

Wasserunlöslichkeit: Die langen Fettsäurereste besitzen einen unpolaren Charakter. Nach dem Grundsatz „Ähnliches löst sich in Ähnlichem" sind Fette demnach hydrophob und lassen sich nur in unpolaren Lösungsmitteln, wie Benzin, lösen.

Geringere Dichte als Wasser: Zwischen den unpolaren Fettmolekülen wirken nur Van-der-Waals-Kräfte. Diese sind wesentlich schwächer als Wasserstoffbrücken. Der Abstand zwischen den Teilchen ist deshalb bei flüssigen Fetten größer als der zwischen Wassermolekülen, was zu einer geringeren Dichte führt. Fett schwimmt oben.

Schmelzverhalten: Gesättigte Fettsäuren sind langgestreckt gebaut. Daher lagern sie sich sehr dicht aneinander, die zwischenmolekularen Kräfte sind stärker als bei ungesättigten Fettsäuren. Diese ungesättigten Fettsäuren haben aufgrund ihrer Doppelbindungen eine gewinkelte Molekülstruktur. Die Moleküle können sich daher weitaus weniger dicht aneinander lagern und bilden weniger Van-der-Waals-Kräfte aus. Fette mit ungesättigten Fettsäuren schmelzen deshalb schon bei niedrigeren Temperaturen.
Ist ein Fett bei Raumtemperatur flüssig, spricht man von einem Öl. Da Fette und Öle immer Stoffgemische sind, haben sie keinen klaren Schmelzpunkt, sondern immer einen Schmelzbereich. Mit steigender Kettenlänge und sinkender Anzahl an Doppelbindungen steigt der Schmelzbereich.

Aggregatszustand: Fette liegen niemals als Reinstoff vor, sondern beinhalten stets viele unterschiedliche Fettmoleküle. Deshalb besitzen sie nie einen scharfen Schmelzpunkt, sondern immer einen Schmelzbereich, in dem sie vom festen in den flüssigen Zustand übergehen. Dieser Schmelzbereich hängt vom Fettsäurerest ab. Fette, die lange Fettsäuremoleküle enthalten oder wenige Doppelbindungen, sind bei Raumtemperatur fest, schmelzen aber beim Erwärmen. Liegen Fette bei Raumtemperatur flüssig vor, spricht man von Ölen.

Gute Brennbarkeit: Der hohe Brennwert von Fetten kommt durch die stark exotherme Reaktion mit Sauerstoff des Kohlenstoffgerüsts zu Kohlenstoffdioxid zustande.

ALLES VERSTANDEN?

1. Welche Eigenschaften haben Fette?

2. Wie unterscheiden sich das Schmelzverhalten von Fetten mit gesättigten Fettsäuren von Fetten mit ungesättigten Fettsäuren?

3. Wieso sind Fette gut brennbar?

AUFGABEN:

1. Welche zwischenmolekularen Wechselwirkungen treten zwischen Fettsäuremolekülen auf? Definieren Sie diese Kräfte kurz.

2. Die Schmelztemperatur eines Fettes, dass aus drei Stearinsäuremolekülen besteht liegt bei 72 °C, die Schmelztemperatur eines Fettes, das aus drei Molekülen Ölsäure aufgebaut ist, liegt bei –5 °C. Erklären Sie dies.

6.5.3 Fette in Nahrungsmitteln

Zu den Grundnährstoffen des Menschen zählen Öle und Fette. Sie werden im menschlichen Körper unter anderem benötigt als Energielieferant, Isolatoren gegen Kälte, Lösungsmittel für nur fettlösliche Stoffe wie einige Vitamine, Schutzpolster für innere Organe und das Nervensystem und als Bestandteil der Zellmembranen.

Fette sind neben den Kohlenhydraten die wichtigsten Energiespeicher der Zellen. Sie liefern doppelt so viel Energie wie Kohlenhydrate oder Proteine.

Gesättigte Fettsäuren wie sie in tierischen Produkten vorkommen, sollten wir nur in geringen Mengen zu uns nehmen. Es kann zu Übergewicht führen und den Cholesterinspiegel erhöhen. Außerdem kann es sich über Jahre in den Arterien ablagern und auch zu Herzinfarkt oder Schlaganfall führen. Ungesättigte Fettsäuren sollten wir bevorzugt essen. Sie stecken vor allem in pflanzlichen Ölen, Nüssen, Samen, Getreide und Fisch. Man unterscheidet zwischen einfach und mehrfach ungesättigten Fettsäuren.

Die einfach ungesättigten Fettsäuren benötigen wir für unseren Stoffwechsel. Sie sorgen für elastische und flexible Zellmembranen. Außerdem senken sie den Cholesterinspiegel.

Mehrfach ungesättigte Fettsäuren sind essenziell. Das heißt, unser Körper kann sie nicht selbst herstellen. Wir müssen sie mit der Nahrung aufnehmen. Diese Fette regulieren unter anderem unseren Hormonhaushalt. Unser Gehirn braucht sie, um leistungsfähig zu bleiben. Sie wirken entzündungshemmend, beugen gegen Herzerkrankungen und Depressionen vor und senken ebenfalls den Cholesterinspiegel. Ein Beispiel für mehrfach gesättigte Fettsäuren sind die sogenannten Omega-3-Fettsäuren. Sie sind in der Nahrung vor allem in Kaltwasserfischen wie Hering, Thunfisch oder Lachs enthalten. Auch Omega-6-Fettsäuren sind mehrfach ungesättigte Fettsäuren. Sie kommen in Sonnenblumenöl, Distelöl oder in Walnüssen vor und sind ein wichtiger Bestandteil der menschlichen Haut. Außerdem regulieren sie den Wasserhaushalt der Hautzellen.

Durch Fetthärtung kann man aus ungesättigten Fettsäuren durch Anlagerung von Wasserstoffatomen an die Doppelbindungen gesättigte Fettsäuren herstellen. Aus Ölen werden bei diesem Vorgang feste Fette gewonnen, die z. B. zur Margarineherstellung genutzt werden oder als Frittierfette eingesetzt werden. Dabei können durch unvollständige Fetthärtung auch trans-Fettsäuren entstehen, indem die cis-Doppelbindung in eine trans-Doppelbindung umgewandelt wird. Trans-Fettsäuren wie sie bei der Fetthärtung entstehen können, können den Körper belasten und zu Gefäßschädigungen führen und belasten das Herz und den Kreislauf. Ausgerechnet diese ungesunden Fette sind in Pommes, Burger, Chips und Croissants enthalten. Die Lebensmittelindustrie arbeitet jedoch daran, Transfette zu vermeiden, so dass in den vergangenen Jahren der Transfett-Anteil in vielen getesteten Lebensmitteln gesunken ist.

Die Deutsche Gesellschaft für Ernährung empfiehlt für einen durchschnittlichen Erwachsenen, dass die Fettaufnahme 30 Prozent der täglichen Energiezufuhr ausmachen soll. Das sind 60 bis 80 Gramm am Tag, wobei mindestens zwei Drittel davon ungesättigte Fettsäuren sein sollten.

ALLES VERSTANDEN?

1. Welche Aufgaben haben Fette im menschlichen Körper?

2. Was versteht man unter essenziellen Fettsäuren?

3. Wie werden Fette gehärtet?

AUFGABEN:

1. Formulieren Sie die Reaktionsgleichung für die Fetthärtung einer cis-Palmitoleinsäure (**Bild 1** auf Seite 177).

2. Informieren Sie sich über den Aufbau und die Benennung von Omega-3-Fettsäuren.

6.5.4 Verseifung

Seifen werden hergestellt, indem man Fette mit einer Lauge reagieren lässt. Dabei werden beim Erhitzen in basischer Lösung die Fette in Glycerin und Fettsäure-Anionen gespalten. An diese Fettsäure-Anionen lagern sich dann die positiv geladenen Ionen der Lauge an. Verseift man ein Fett mithilfe von Natronlauge, so lässt sich das Glycerin abtrennen und das entstandene Produkt ist fest. Man spricht von Kernseife (**Bild 1**).

$$H_2C-O-CO-C_{17}H_{35}$$

$$HC-O-CO-C_7H_{15} \quad + \ 3\ NaOH \longrightarrow$$

$$H_2C-O-CO-C_{11}H_{23}$$

Fett (Triglycerid)

$$H_2C-O-H \quad + \quad {}^+Na^-OOC-C_{17}H_{35}$$

$$HC-O-H \quad + \quad {}^+Na^-OOC-C_7H_{15}$$

$$H_2C-O-H \quad + \quad {}^+Na^-OOC-C_{11}H_{23}$$

Glycerin

Natriumsalze der Fettsäuren

Bild 1: Verseifung

Mit Kernseifen können viele in Wasser nicht lösliche Stoffe, wie Fette und Öle mit Wasser gelöst werden. Heutzutage werden Kernseifen nur noch zum Reinigen der Hände verwendet, da sie mit Wasser eine alkalische Lösung bilden und im Kontakt mit Schleimhäuten Hautreizungen auftreten. In Waschmitteln spielen Seifen nur noch eine untergeordnete Rolle, da in hartem Wasser schwerlösliche Calcium- oder Magnesiumsalze mit den Fettsäuren gebildet werden. Durch die Bildung dieser Kalkseifen wird die Waschwirkung vermindert, da sich die aktive Seifenmenge verringert. Die Kalkseifen setzen sich auf Oberflächen ab (Vergrauung) und bilden auch in Abwasserrohren schwer entfernbare graue Ablagerungen. Der Bildung von Kalkseifen kann mit Enthärtern, die die Calcium- und Magnesium-Ionen binden, entgegengewirkt werden. Heutzutage werden Kernseifen zur Schädlingsbekämpfung z. B. gegen Blattläuse bei Nutzpflanzen eingesetzt oder zur Formung von Dreadlocks genutzt. Verwendet man Kernseife zur Reinigung von Pinseln, halten deren Borsten länger.

Wird zur Verseifung des Fetts Kalilauge statt Natronlauge verwendet, erhält man beim Aussalzen eine halbfeste bis flüssige Masse, die Schmierseife. Schmierseifen werden vor allem zu Reinigungszwecken in Haushalten eingesetzt. Sie eignen sich besonders zum Putzen von glatten Flächen, wie Stein- oder Fliesenböden, da der Schutzfilm die Flächen kurzzeitig wasser- und staubabweisend macht. Sie können aber auch zur Bekämpfung von Blattläusen im Garten verwendet werden oder zum Verfilzen von Stoffen eingesetzt werden.

ALLES VERSTANDEN?

1. Wie kann man Fette verseifen?

2. Wie unterscheiden sich Kern- und Schmierseifen?

3. Wie werden Kern- und Schmierseifen heutzutage noch verwendet?

AUFGABE:

1. Formulieren Sie die Reaktionsgleichung für die Verseifung eines Fettmoleküls mit drei Molekülen Buttersäure mit Kalilauge (KOH).

6.5.5   Eigenschaften von Seifen-Lösungen

Kern- und Schmierseifen sind die ältesten synthetisch hergestellten Tenside und Vorläufer unserer modernen Wasch- und Reinigungsmittel. Die Eigenschaften der Seifen beruhen auf dem besonderen Aufbau der Fettsäure-Anionen.

Oberflächenspannung: Wassermoleküle sind Dipol-Moleküle und bilden Wasserstoffbrücken aus. Die starken Wasserstoffbrücken führen im Wasser dazu, dass sich eine Oberflächenspannung bildet. Legt man vorsichtig eine Büroklammer auf eine Wasseroberfläche, geht sie aufgrund der Oberflächenspannung nicht unter. Auch der Wasserläufer nutzt diese Eigenschaft des Wassers, um übers Wasser zu laufen. Jedoch wird durch den starken Zusammenhalt der Wassermoleküle das Eindringen des Wassers in einen Stoff oder ein Gewebe und die Auflösung des darin enthaltenen Schmutzes verhindert.

Seifen-Anionen besitzen ein polares Ende, die sogenannte Carboxylat-Gruppe mit einer negativen Ladung und ein unpolares ungeladenes Ende, die Kohlenwasserstoffkette (**Bild 1**). Die Carboxylat-Gruppe kann aufgrund ihrer negativen Ladung mit den Wassermolekülen Wasserstoffbrücken ausbilden, wodurch der Zusammenhalt des Wassermoleküle gestört wird.

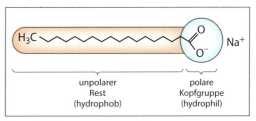

Bild 1: Aufbau eines Seifen-Anions

Durch die Seifen-Anionen wird nun die Oberflächenspannung herabgesetzt und die Wäsche wird vollständig mit Wasser befeuchtet. Diese Eigenschaft der Seifen-Anionen nennt man Grenzflächenaktivität.

Amphiphiles Verhalten: Seifen-Anionen können sich aufgrund ihres Baus, aber nicht nur in Wasser lösen, sondern auch in unpolaren Lösungsmitteln, indem der unpolare Teil des Seifen-Anions Van-der-Waals-Kräfte ausbildet. Dies bezeichnet man als amphiphiles Verhalten.

Bei einer hohen Konzentration von Seifen-Anionen haben diese an der Wasseroberfläche keinen Platz mehr. Durch die Van-der-Waals-Kräfte der unpolaren Reste lagern sich die wasserabweisenden Reste der Seifen-Anionen zusammen und es entstehen Micellen. Hierbei befinden sich die polaren Teile außen und sind von Wassermolekülen umgeben (**Bild 2**).

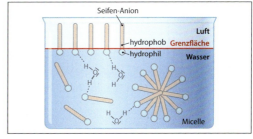

Bild 2: Seifen-Anionen in Wasser

Gibt man Öl in eine Seifenlösung, kommt es zur Einlagerung winziger Öltröpfchen in diese Micellen. Es bildet sich eine Öl-in-Wasser-Emulsion.

Waschaktivität von Seifenlösungen: Die Verschmutzungen an Geweben bestehen in aller Regel aus fetthaltigen oder anderen unpolaren Stoffen, die wasserunlöslichen sind. Beim Waschen wird durch Herabsetzen der Oberflächenspannung die Kleidung zuerst vollständig befeuchtet und die Seifen-Anionen gelangen zu den Schmutzteilchen. Dabei schieben sich die unpolaren Reste der Seifen-Anionen zwischen die Schmutzteilchen. Durch Abstoßung der polaren Gruppen der Seifen-Anionen werden die Schmutzpartikel auseinander gedrängt und lösen sich von den Fasern. In der Seifenlösung werden die Schmutzpartikel nun von den Seifen-Anionen umhüllt (Dispergieren bei festen, Emulgieren bei flüssigen Partikeln), so dass die wasserliebenden Gruppen außen zu liegen kommen. Eine Wiederanlagerung an das Gewebe wird somit verhindert. Anschließend wird der Schmutz mit der Seifenlösung weggespült.

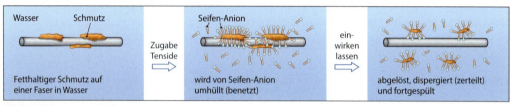

Bild 1: Wirkung von Seifen-Anionen

Nachteile von anionischen Seifen: Durch ihre Nachteile wurden Seifen allerdings weitgehend durch andere Tenside verdrängt.

So bilden Seifen in Wasser mit einer hohen Wasserhärte schwer lösliche Kalkseifen. Dabei binden sich Calcium- oder Magnesiumionen des harten Wassers an die Seifen-Anionen an. Die entstehende Kalkseife lagert sich auf der Wäsche und in der Waschmaschine ab.

Außerdem bilden Seifen mit Wasser alkalische Lösungen. Die Seifen-Anionen können ein Proton der Wassermoleküle anlagern und dabei entstehen Hydroxidionen, die den pH-Wert der Lösung erhöhen. Alkalische Lösungen können Wolle verfilzen und greifen Haut und Gewebe an.

ALLES VERSTANDEN?

1. Welche Eigenschaften haben Seifen-Lösungen?

2. Wie kann man die Grenzflächenaktivität von Seifen-Anionen erklären?

3. Welche Nachteile haben Seifen?

AUFGABEN:

1. Nennen Sie bekannte Emulsionen aus dem Haushalt.

2. Geben Sie die Reaktionsgleichung für die Reaktion von Ölsäure-Anionen und Wasser an.

3. Nach dem Bau des polaren Molekülteils unterscheiden sich die verschiedenen Tenside. Recherchieren Sie, wie man Tenside einteilt und wie diese aufgebaut sind.

6.5.6   Versuch: Herstellung von Kernseife

Bild 1: Kernseife

(Achtung: Gefahrensymbole **Tabelle 1** beachten!)

Tabelle 1: Gefahrenstoffe		
Natriumhydroxidplätzchen	H: 314, 290	P: 280, 301+330+331, 305+351+338
Speiseöl	H: –	P: –
Destilliertes Wasser	H: –	P: –

Material:
2 Bechergläser, Magnetrührer, Rührfisch, Messzylinder, Schutzbrille, evtl. Handschuhe

Chemikalien:
Natriumhydroxidplätzchen, destilliertes Wasser, Speiseöl

Durchführung:
1. Geben Sie in ein Becherglas 40 ml dest. Wasser, 4 g Natriumhydroxidplätzchen und einen Rührfisch. Lassen Sie die Lösung vorsichtig durchrühren!
2. Im zweiten Becherglas wird 28 g Speiseöl oder Margarine leicht erwärmt und dann vorsichtig zu der Lösung mit den Natriumhydroxidplätzchen gegeben.
3. Der Ansatz wird eine halbe Stunde bei schwacher Hitze gerührt, bis die Seife fest wird.
4. Nun kann man die Seife entnehmen und mit der Hand formen.

a) Was können Sie beobachten?
b) Geben Sie diesbezüglich eine Erklärung.

Entsorgung:
Die flüssigen Reste werden im Behälter für basische Lösungen entsorgt.

Anhang

H- und P-Sätze (Auswahl Stand 1. Februar 2018)

H200-Reihe: Physikalische Gefahren

H200 Instabil, explosiv.
H201 Explosiv, Gefahr der Massenexplosion.
H202 Explosiv; große Gefahr durch Splitter, Spreng- und Wurfstücke.
H221 Entzündbares Gas.
H225 Flüssigkeit und Dampf leicht entzündbar.
H228 Entzündbarer Feststoff.
H241 Erwärmung kann Brand oder Explosion verursachen.
H250 Entzündet sich in Berührung mit Luft von selbst.
H260 In Berührung mit Wasser entstehen entzündbare Gase, die sich spontan entzünden können.
H261 In Berührung mit Wasser entstehen entzündbare Gase.
H270 Kann Brand verursachen oder verstärken; Oxidationsmittel.
H280 Enthält Gas unter Druck; kann bei Erwärmung explodieren.

H300-Reihe: Gesundheitsgefahren

H300 Lebensgefahr bei Verschlucken.
H301 Giftig bei Verschlucken.
H302 Gesundheitsschädlich bei Verschlucken.
H310 Lebensgefahr bei Hautkontakt.
H311 Giftig bei Hautkontakt.
H314 Verursacht schwere Verätzungen der Haut und schwere Augenschäden.
H330 Lebensgefahr bei Einatmen.
H331 Giftig bei Einatmen.
H340 Kann genetische Defekte verursachen (Expositionsweg angeben, sofern schlüssig belegt ist, dass diese Gefahr bei keinem anderen Expositionsweg besteht).
H350 Kann Krebs erzeugen (Expositionsweg angeben, sofern schlüssig belegt ist, dass diese Gefahr bei keinem anderen Expositionsweg besteht).
H360 Kann die Fruchtbarkeit beeinträchtigen oder das Kind im Mutterleib schädigen (konkrete Wirkung angeben, sofern bekannt) (Expositionsweg angeben, sofern schlüssig belegt ist, dass die Gefahr bei keinem anderen Expositionsweg besteht).
H370 Schädigt die Organe (oder alle betroffenen Organe nennen, sofern bekannt) (Expositionsweg angeben, sofern schlüssig belegt ist, dass diese Gefahr bei keinem anderen Expositionsweg besteht).

H400-Reihe: Umweltgefahren

H400 Sehr giftig für Wasserorganismen.
H410 Sehr giftig für Wasserorganismen mit langfristiger Wirkung.
H411 Giftig für Wasserorganismen, mit langfristiger Wirkung.
H412 Schädlich für Wasserorganismen, mit langfristiger Wirkung.

P100-Reihe: Allgemeines

P102 Darf nicht in die Hände von Kindern gelangen.
P103 Vor Gebrauch Kennzeichnungsetikett lesen.

P200-Reihe: Prävention

P201 Vor Gebrauch besondere Anweisungen einholen.
P210 Von Hitze, heißen Oberflächen, Funken, offenen Flammen sowie anderen Zündquellenarten fernhalten. Nicht rauchen.
P220 Von Kleidung und anderen brennbaren Materialien fernhalten.
P231 Inhalt unter inertem Gas/… handhaben und aufbewahren. (Die vom Gesetzgeber offen gelassene Einfügung ist vom Inverkehrbringer zu ergänzen).
P232 Vor Feuchtigkeit schützen.
P233 Behälter dicht verschlossen halten.
P234 Nur in Originalverpackung aufbewahren.
P240 Behälter und zu befüllende Anlage erden.
P260 Staub/Rauch/Gas/Nebel/Dampf/Aerosol nicht einatmen.
P262 Nicht in die Augen, auf die Haut oder auf die Kleidung gelangen lassen.
P270 Bei Gebrauch nicht essen, trinken oder rauchen.
P280 Schutzhandschuhe/Schutzkleidung/Augenschutz/Gesichtsschutz tragen.

P300-Reihe: Reaktion

P301 Bei Verschlucken:
P302 Bei Berührung mit der Haut:
P303 Bei Berührung mit der Haut (oder dem Haar):
P304 Bei Einatmen:
P305 Bei Kontakt mit den Augen:
P310 Sofort Giftinformationszentrum, Arzt oder … anrufen.
P320 Besondere Behandlung dringend erforderlich (siehe … auf diesem Kennzeichnungsetikett). (Die vom Gesetzgeber offen gelassene Einfügung ist vom Inverkehrbringer zu ergänzen)
P330 Mund ausspülen.
P331 Kein Erbrechen herbeiführen.
P340 Die betroffene Person an die frische Luft bringen und für ungehinderte Atmung sorgen.
P351 Einige Minuten lang behutsam mit Wasser ausspülen.
P361 Alle kontaminierten Kleidungsstücke sofort ausziehen.
P372 Explosionsgefahr.
P380 Umgebung räumen.
P381 Bei Undichtigkeit alle Zündquellen entfernen.
P391 Verschüttete Mengen aufnehmen.

P301+P310   Bei Verschlucken: Sofort Giftinformationszentrum, Arzt oder … anrufen.
P301+P330+P331 Bei Verschlucken: Mund ausspülen. Kein Erbrechen herbeiführen.
P302+P352   Bei Berührung mit der Haut: Mit viel Wasser/… waschen.
P304+P340   Bei Einatmen: Die Person an die frische Luft bringen und für ungehinderte Atmung sorgen.
P332+P313   Bei Hautreizung: Ärztlichen Rat einholen / ärztliche Hilfe hinzuziehen.
P342+P311   Bei Symptomen der Atemwege: Giftinformationszentrum, Arzt oder … anrufen.

P400-Reihe: Aufbewahrung

P402 An einem trockenen Ort aufbewahren.
P403 An einem gut belüfteten Ort aufbewahren.
P404 In einem geschlossenen Behälter aufbewahren.
P405 Unter Verschluss aufbewahren.
P410 Vor Sonnenbestrahlung schützen.
P420 Getrennt aufbewahren.

Sachwortverzeichnis

Für Ihre Notizen

Für Ihre Notizen

Für Ihre Notizen

Für Ihre Notizen